U0247744

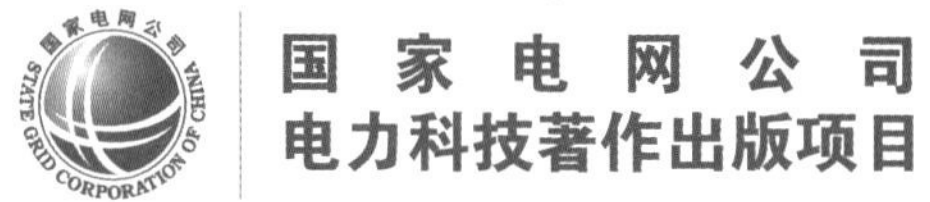


# 架空输电线路
## 杆塔基础变形破坏数值模拟技术

崔强　张振华　鲁先龙　著

中国电力出版社
CHINA ELECTRIC POWER PRESS

## 内 容 提 要

本专著以我国常见的架空输电线路杆塔基础为研究对象，采用目前国内外通用的岩土工程数值仿真软件FLAC3D和有限元分析软件ANSYS为计算工具，针对架空输电线路杆塔基础变形数值模拟技术进行编写。

本专著共分为6章，包括架空输电线路杆塔基础分类、变形破坏特征及设计，数值模拟的基本原理及执行步骤，数值模拟的前处理，数值模拟的求解，数值模拟的后处理，实例，并附有基于ANSYS软件的数值网格模型建立命令流、基于FLAC3D的杆塔基础地基变形破坏模拟程序通用命令流，方便设计人员使用。

本专著可供从事我国岩土工程数值分析的科研人员、电力系统科技工作者、输电线路工程技术人员等使用，也可供土木工程、岩土工程及电网防灾减灾等工程学科的教师、研究生等阅读。

**图书在版编目（CIP）数据**

架空输电线路杆塔基础变形破坏数值模拟技术/崔强，张振华，鲁先龙著. —北京：中国电力出版社，2018.12

ISBN 978-7-5198-1577-6

Ⅰ. ①架… Ⅱ. ①崔… ②张… ③鲁… Ⅲ. ①架空线路–输配电线路–线路杆塔–变形–破坏分析–数值模拟 Ⅳ. ①TM752

中国版本图书馆CIP数据核字（2018）第274936号

出版发行：中国电力出版社
地　　址：北京市东城区北京站西街19号（邮政编码100005）
网　　址：http://www.cepp.sgcc.com.cn
责任编辑：罗　艳（yan-luo@sgcc.com.cn，010-63412315）　高　芬
责任校对：黄　蓓　朱丽芳
装帧设计：张俊霞
责任印制：石　雷

印　　刷：三河市万龙印装有限公司
版　　次：2018年12月第一版
印　　次：2018年12月北京第一次印刷
开　　本：710毫米×1000毫米　16开本
印　　张：13.75
字　　数：258千字
定　　价：128.00元

# 序

输电线路是组成电力网的主要部分，分为架空和地下两种方式，我国主要以架空输电线路为主要输电方式。杆塔基础作为架空输电线路的主要组成部分，直接影响输电线路运行的可靠性和建设的经济性。由于架空输电线路常年暴露于外界，易受气象和环境的影响，导致杆塔基础承受竖向（上拔、下压）与水平向交变荷载的作用，其变形破坏特征较常规基础更加复杂。现有的工程设计技术是建立在对杆塔基础变形破坏机理认识清楚的基础上，正确表述杆塔地基基础的变形破坏特征，准确获取地基力学参数是杆塔基础优化设计的关键。地基岩土体在遭受外荷载作用时，其变形和破坏过程为复杂的非线性数学力学问题，很难采用准确的定值解析式来表示。数值模拟技术作为工程科学领域中的一种重要分析手段，它可将复杂的非线性映射关系经过数学处理，转换成可采用计算机手段进行运算和求解的定值问题，近年来在航天、机械、水利水电等领域得到广泛应用。而目前针对输电线路地基基础学科领域还没有一本正式出版的完整、系统地介绍数值模拟技术在输电线路杆塔地基基础工程中应用的中文专著，这也大大限制了数值模拟技术在输电线路工程领域中的应用。

在这种大背景下，著者编写了《架空输电线路杆塔基础变形破坏数值模拟技术》一书，本专著针对输电线路地基基础变形破坏非线性的科学问题，瞄准了输电线路地基基础设计参数取值、地基破裂面形态的描绘及基础承载力确定等工程需求，结合近年来大量的现场试验和理论分析结果，采用原理解读、代码展示、界面操作指引、实例分析等多种表达手段，深入浅出地介绍架空输电线路杆塔基础变形破坏数值模拟技术的基本原理、实施步骤及关键环节，并辅以工程实例。本专著的出版可作为设计技术的辅助手段，大大提高工程设计人员对杆塔基础变形破坏过程的认识水平，同时也为数值模拟技术在电网建设过程中的应用打开新的局面。

本专著由中国电力科学研究院崔强正高级工程师、合肥工业大学张振华教授、中国电科院鲁先龙教授级高工合著，他们有常年深入工程一线的科研骨干，也有精通数学力学理论，具有丰富授课经验的高校教师。

崔强正高工现为中国电科院岩土工程实验室科研骨干，自 2009 博士毕业以来，一直投身于工程一线，不仅具有扎实的理论知识，更具有丰富的工程经验。

近 10 年来，主持并参与实施了黄土、凝灰岩、石灰岩等地基条件下 150 个 1:1 尺寸的原状土（岩）基础现场原型试验及理论分析工作，将岩土反分析法和人工智能分析方法首次引入架空输电线路杆塔地基基础的研究领域，作为特邀专家参与多条特高压输电工程的审查和技术咨询，作为核心成员参与研发架空输电线路杆塔基础设计优化软件系统（TFDP），为我国架空输电线路杆塔基础的标准化建设开创了良好局面。

张振华教授现任合肥工业大学水利系副主任，早年毕业于中科院武汉岩土所，具有深厚的数学力学功底，在水库岸坡稳定性分析评价与加固技术领域具有很深的造诣，曾多次作为国土资源部三峡库区地质灾害防治专家参与相关项目的技术咨询。自 2010 年与崔强博士开展项目合作以来，相继成立合工大土体微观测试分析实验室和架空输电线路杆塔基础变形破坏分析专业方向组，先后承担中国电科院委托的多项科研课题，指导相关专业方向的研究生 10 余名。

鲁先龙教高现任中国电科院输变电工程所副总工程师，曾任岩土工程实验室主任，享受国务院政府特殊津贴专家，是我国架空输电线路行业知名专家，在架空输电线路地基基础设计领域具有很深的造诣。

本专著共 6 章，3 个附录。在第 1 章中首先介绍了架空输电线路杆塔基础的变形破坏特征及其与工程设计之间的关系，引出数值模拟技术对工程设计的重要性；第 2 章简要介绍了数值模拟的原理；第 3～5 章分别采用文字描述、视频演示等表达方式介绍数值建模、数值求解、计算结果表达的实操过程；第 6 章中结合 6 个工程算例，将数值模拟技术在工程中的应用落地，旨在便于广大读者快速而高效地将数值模拟技术应用在工程设计中。

本专著研究对象为输电线路杆塔基础，计算方法采用了有限差分法，技术手段涉及人工智能和最优化，属于多学科交叉的知识领域，全书构建出的知识体系对我国架空输电线路杆塔地基基础的设计优化和工程应用具有重要意义，填补了该方面论著的空白，为从事我国岩土工程数值分析的科研人员、电力系统科技工作者、输电线路工程技术人员等提供有益的参考，非常值得土木工程、岩土工程及电网防灾减灾等工程学科的教师、研究生等阅读。

教授级高级工程师　博士生导师

中国电力科学研究院副总工、输变电工程研究所所长

2018 年 11 月

# 前言

架空输电线路由线路杆塔、导线、绝缘子、线路金具、拉线、杆塔基础、接地装置等构成，架设在地面之上。杆塔基础作为架空输电线路工程的重要结构体，一方面承担来自上部杆塔结构作用力；另一方面又与周围地基岩土体形成整体，共同承担由于自然因素或人类活动引起的外荷载。杆塔基础的造价、工期和劳动消耗量在整个架空输电线路工程中占比很大，据不完全统计，杆塔基础的施工工期约占整个架空输电线路工程工期的 50%，运输量约占整个工程的 60%，费用约占整个工程的 20%～35%。因此，杆塔基础对于架空输电线路工程经济高效地建设和安全运行具有重要意义。

架空输电线路杆塔地基基础在外荷载作用下的变形破坏是复杂的高度非线性过程，其应力、位移等场变量的求解通常无法通过解析方法获得，目前多采用试验方法或数值模拟方法近似获得。根据模型尺寸与地基状态的不同，可分为模型试验与真型试验。模型试验一般在实验室内进行，它的优点是试验条件容易控制，缺点是难以保证地基基础模型与实际的地基基础体系完全相似，导致获得的试验结果与实际基础的受力也存在较大的差异，试验数据无法直接应用于工程实践；真型试验一般在现场进行，它的优点是能够真实再现架空输电线路杆塔基础在外荷载作用下的变形破坏过程，试验数据可靠，可直接应用于工程实践，但其成本高、耗时长、试验条件不易控制，并且无法监测地面以下岩土体的破坏过程。与试验方法相比，数值模拟方法具有成本低、耗时短、可重复性强、能再现和预测外荷载作用下杆塔地基基础的变形破坏特征、承载力等优点，因此在架空输电线路杆塔地基基础变形破坏分析方面具有广阔的应用前景。

本专著依托中国电力科学研究院青年科学基金《组合荷载作用下扩底基础上拔土体破坏模式及抗拔极限承载力计算方法理论研究》、国家电网公司基建新技术项目《强风化岩地基挖孔扩底基础设计方法研究》、甘肃省电力公司科技项目《黄土地基大荷载杆塔原状土直柱基础承载特性试验》等科研项目，以我国常见的几类架空输电线路杆塔基础为研究对象，采用目前国内外通用的岩土工程数值仿真软件 FLAC3D 和有限元分析软件 ANSYS 为计算工具，从数值模拟的前处理（几何模型的建立与数值网格划分、初始条件与边界条件的确定、本构模型和屈服准则的选取、计算参数的确定)、求解以及数值模拟结果后处理等几个方面，对架空输电线路杆塔基础变形破坏过程的数值模拟技术进行全面介绍，并以著者近年来主持完成的现场真型试验为工程实例，对数值模拟技术在架空输电线路杆塔基础变形破坏分析方面的工程应用作了详细阐述。本专著采用图示、列表、操作流程图、文字描述等不同表述方式，对计算原理、软件操作和实例分析等方面进行了形象地解释和说明，旨在使我国广大电网建设、运行、管理人员更好地理解数值模拟技术在架空输电线路杆塔基础变形破坏分析方面的应用，并为数值模拟技术在我国架空输电线路杆塔基础建设领域的推广应用提供技术参考。

本专著共分为 6 章。第 1 章介绍了架空输电线路杆塔基础的主要类型及其变形破坏特征，同时详述了数值模拟结果与杆塔基础设计之间的关联；第 2 章简要介绍了数值模拟的原理和执行步骤；第 3～5 章为数值模拟过程中的三个主要环节：建模、求解以及计算结果表达；第 6 章结合工程实例，对数值模拟技术在架空输电线路杆塔基础工程中的应用进行了实例分析。附录列出了典型杆塔基础数值建模以及分析计算的通用命令流。

本专著中的现场试验工作得到了中国能源建设集团安徽省电力设计院有限公司孟宪乔、谢枫，中国能源建设集团甘肃省电力设计院有限公司李永祥、刘生奎，佛山电力设计院有限公司邢明以及中国电力科学研究院有限公司童瑞铭、陈培、杨文智、郑卫锋、满银等专家同仁的支持和帮助。同时，合肥工业大学硕士研究生黄翔、三峡大学硕士研究生安占礼等在算例的实施、命令流的编写以及文字的编排过程中付出了辛勤的劳动，在此，著者一并表示感谢！

由于著者水平有限，书中难免存有不妥之处，敬请广大读者批评指正。

著　者

2018 年 8 月

# 目 录

1

# 架空输电线路杆塔基础分类、变形破坏特征及设计

## 1.1 架空输电线路杆塔基础分类

架空输电线路杆塔基础是一种连接杆塔结构与地基，并将杆塔结构的荷载传递到地基土或岩石中的一种结构体。杆塔基础通常采用混凝土、钢材或其他材料制成，杆塔基础型式需根据杆塔结构型式、沿线地形地貌特点、塔位处的地质条件以及施工运输条件等因素综合确定。目前，架空输电线路工程中常采用的基础型式可分为开挖基础、掏挖基础、岩石基础、桩基础和复合基础五类。

### 1.1.1 开挖基础

开挖基础的制作过程可概括为：① 开挖基坑；② 在挖好的基坑内支模、支立钢筋骨架；③ 在模板内浇筑混凝土而形成结构体；④ 待拆模后进行土体回填，并将回填土夯实。开挖基础分为刚性台阶基础和柔性板式基础两类。

#### 1.1.1.1 刚性台阶基础

刚性台阶基础是传统的开挖基础型式，适用各类地质条件和各种塔型条件，其特点是基础自重大、底板不配筋，利用土体与混凝土的重量承担上拔荷载。由于素混凝土的底板抗拉强度低，因此基础底板和台阶的高宽比不小于 1.0，刚性台阶基础示意图如图 1－1 所示。

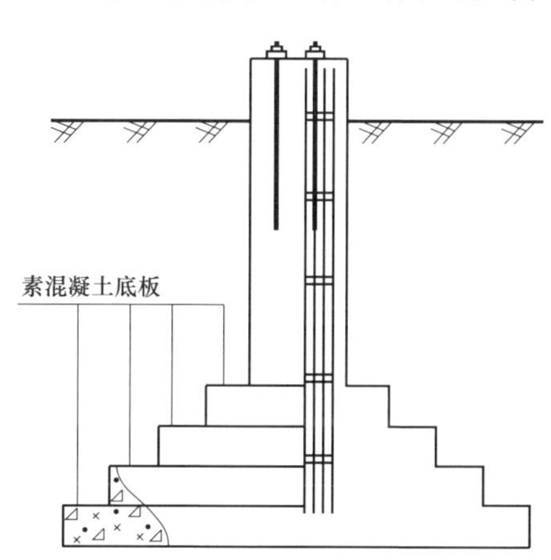


图 1－1 刚性台阶基础示意图

#### 1.1.1.2 柔性板式基础

柔性板式基础分为直柱板式和斜柱板式两种型式（见图 1-2），该类基础利用其底板大、埋深浅、底板双向配筋等结构特点，可承担由杆塔上拔、下压和水平三种荷载引起的弯矩和剪力。柔性板式基础底板一般有台阶形和锥形两种结构型式，并且底板和台阶双向配筋，用于提高底板的抗拉能力。与刚性台阶基础相比，柔性板式基础消耗混凝土量少、消耗钢筋量多。

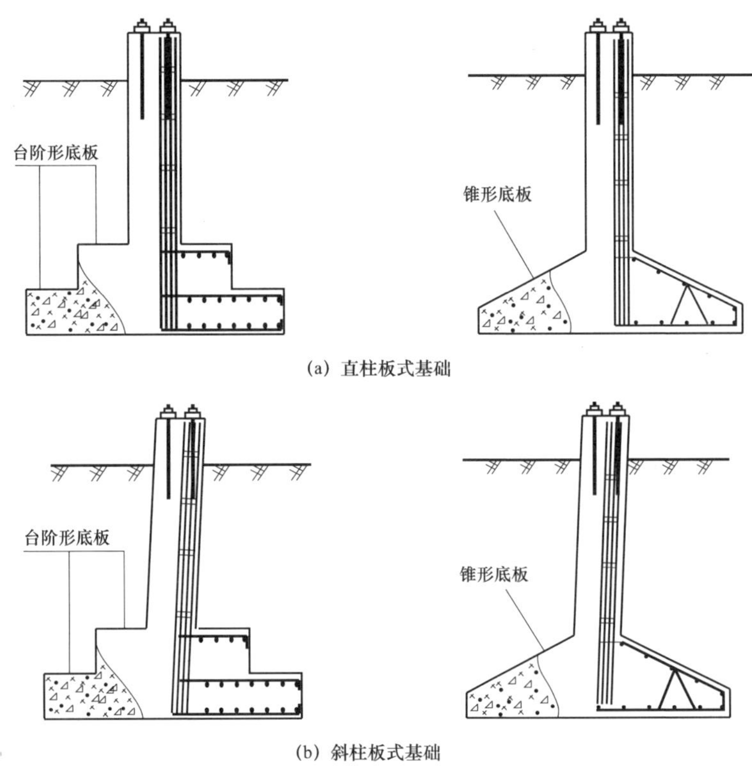


图 1-2　柔性板式基础

直柱板式基础适用范围广，是目前高压输电线路工程中最常用的基础型式之一，适用于各类地质条件及各种塔型。斜柱板式基础中的主柱坡度与塔腿主材坡度一致，施工工艺复杂，需要具备平坦的操作平面，因此一般适宜在地形简单、地势平坦、交通便利的地区使用。

### 1.1.2 掏挖基础

掏挖基础是指利用人工（或机械）在天然土体中掏挖出与基础大小一样的基坑，支立钢筋骨架，然后以土代模直接在基坑内浇筑混凝土，从而形成土体包裹混凝土于一体的结构体。对于人工开挖的掏挖基础，立柱直径一般不小于800mm；机械开挖的掏挖基础，立柱直径一般不小于600mm。工程设计中，为了提高基础的抗拔承载能力，同时减小基底平均压力，通常在立柱底部设置一定大小的扩大头，掏挖基础示意图如图1-3所示。人工掏挖基础适用于无水条件下硬塑及以上的黏性土中，机械掏挖基础可忽略塌孔造成的人员安全，主要能满足交通运输条件、机械可挖成形即可。

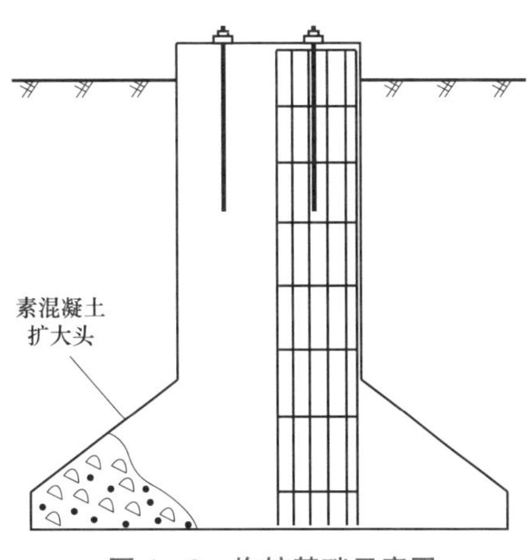


图1-3 掏挖基础示意图

掏挖基础充分发挥了原状土的承载能力，取消了支模及回填土工序，加快了工程施工进度，降低了工程造价，同时施工过程中避免了大开挖操作，减少了对塔基周围环境的破坏，有利于环境保护，因此在我国架空输电线路工程中被广泛采用。

## 1.1.3 岩石基础

岩石基础是指在岩石地基中制作而成的基础体，可分为岩石锚杆基础与岩石嵌固基础两类。

### 1.1.3.1 *岩石锚杆基础*

岩石锚杆基础是指在岩石中直接钻孔、插入锚杆，然后灌浆，使锚杆与岩石紧密黏结而形成的一种结构体。该类基础充分利用了岩石的强度，大大降低了基础混凝土和钢材用量，适用于中等风化及以上且完整性较好的岩石。

根据锚杆数量和承载能力大小，岩石锚杆基础可分为单锚基础和群锚基础两类，输电线路中通常采用群锚基础。按照基岩面上部覆盖层的情况，群锚基础又分为直锚式群锚和承台式群锚两种基础型式，如图1-4所示。其中，直锚

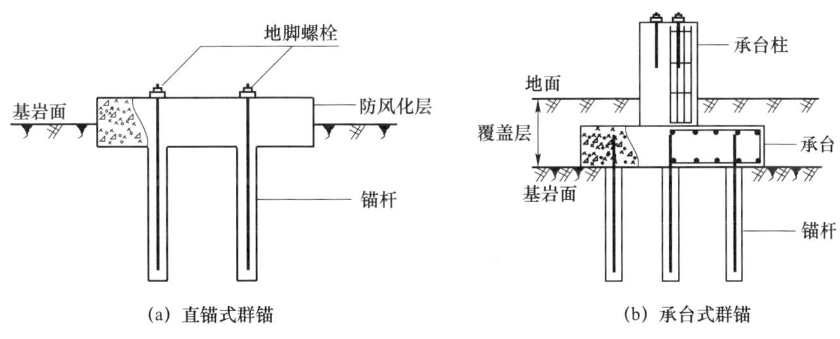


图1-4 岩石群锚基础

式群锚基础中锚杆既充当锚筋作用，又代替地脚螺栓连接基础与上部杆塔，一般适用于小电压等级且岩石直接裸露地面的输电线路工程中；承台式群锚基础由承台柱、承台和锚杆三部分组成，一般适用于高电压等级且基岩面覆盖有一定厚度强风化层的地基条件。

#### 1.1.3.2 岩石嵌固基础

岩石嵌固基础是指利用人工（或机械）在天然岩基中开挖出与基础大小一样的基坑，支立钢筋骨架，然后以石代模直接在基坑内浇筑混凝土，从而形成岩基包裹混凝土于一体的结构体，该类基础适用于覆盖层较浅或无覆盖层的强风化及以下的岩石地基中。

岩石嵌固基础充分利用了原状岩体自身的抗剪强度，施工中无需支模，节省了人力和物力；同时施工过程中避免了大开挖操作，减小了对塔基周围环境的破坏，是一种抗拔承载性能优良、钢筋混凝土消耗量小的经济型、环保型基础型式，近年来在我国山区输电线路工程中被广泛采用。

根据外形的差异，岩石嵌固基础可分为扩底型和坛子型两种基础型式，如图 1－5 所示。

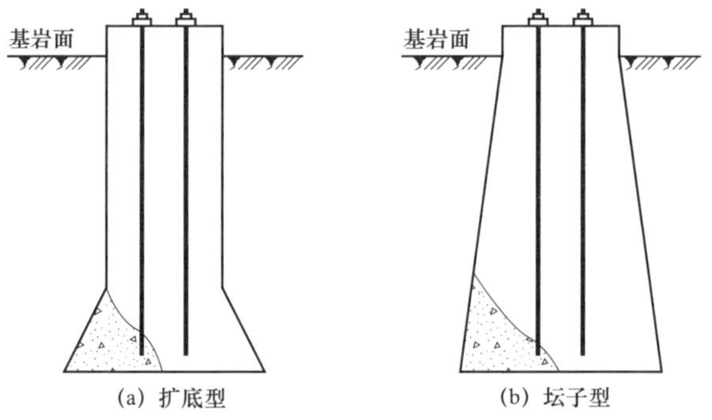


图 1－5　岩石嵌固基础

### 1.1.4 桩基础

输电线路工程中的桩基础与其他行业中桩基础型式相同，根据基桩数量和承载能力大小，桩基础可分为单桩和群桩。按照施工作业方式，单桩又分为灌注桩和人工挖孔桩，如图 1－6 所示。

### 1.1.5 复合基础

复合基础是指由下部岩石锚杆基础与上部开挖基础或掏挖基础组合而成的基础型式。根据上部基础型式的不同，可分为掏挖—岩石锚杆复合基础［见

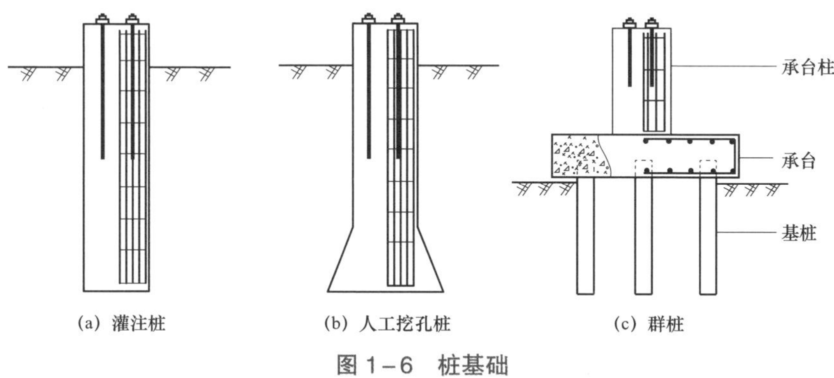


图 1-6 桩基础

图 1-7（a）]、开挖—岩石锚杆复合基础［见图 1-7（b）］两种主要型式。其中掏挖—岩石锚杆复合基础适用于基岩上覆原状土层厚度 3～7m，开挖—岩石锚杆复合基础适用于基岩上覆扰动土层厚度 1～2m，复合基础的抗拔承载力由上部基础和下部基础两部分的承载力叠加组成。

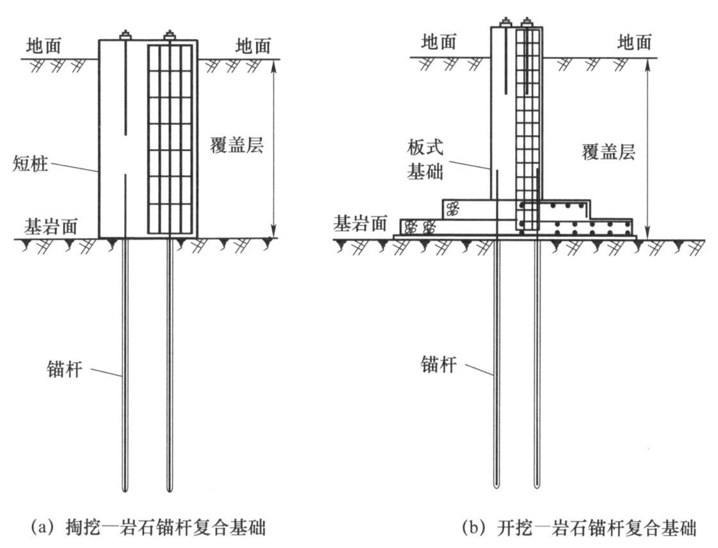


图 1-7 复合基础

## 1.2 架空输电线路杆塔基础变形破坏特征

### 1.2.1 受力特点

架空输电线路杆塔基础所承受的荷载复杂，随外界条件的变化，基础不仅承受拉/压竖向交变荷载的作用，还承受较大的水平荷载作用。一般情况下，架

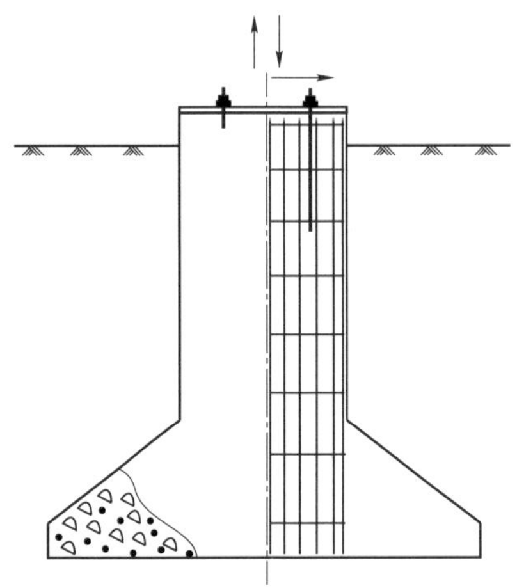

图 1-8 架空输电线路杆塔基础受力图

空输电线路杆塔基础同时受到上拔、下压和水平三种荷载的共同作用（见图 1-8）。上述三种荷载引起的地基稳定性往往是杆塔基础设计中的控制因素。一般情况下，直线塔基础的设计受到上拔稳定性控制；当地基承载力较低时（小于 100kPa），大转角或终端塔基础的设计易受到下压稳定性控制；对于山区特高压输电线路工程中的基础，由于水平荷载大，地形条件复杂，基础露头往往抬高地面 1m 以上，这时杆塔基础的设计以倾覆稳定性为控制因素。鉴于不同荷载作用下基础变形破坏的数值模拟方法和思路是相同的，本专著主要介绍上拔荷载作用下架空输电线路杆塔基础变形破坏的数值模拟技术。

### 1.2.2 变形特征

近年来，著者所在单位在我国五个省份开展的架空输电线路主要类型基础现场试验的相关信息见表 1-1，图 1-9 为表 1-1 中每个现场试验中获得的架空输电线路主要类型杆塔基础的荷载—位移曲线。

表 1-1 架空输电线路主要类型杆塔基础现场试验信息

| 序号 | 地基类型 | 基础型式 | 加载工况 | 试验地点 | 试验时间 |
|---|---|---|---|---|---|
| 1 | 黄土 | 掏挖基础 | 上拔 | 甘肃甘谷 | 2012 年 |
| 2 | 黄土 | 人工挖孔桩 | 上拔 | 甘肃甘谷 | 2012 年 |
| 3 | 粉质黏土 | 直柱板式基础 | 上拔 | 北京焦庄 | 2013 年 |
| 4 | 微风化石灰岩 | 岩石锚杆基础 | 上拔 | 湖北宜昌 | 2014 年 |
| 5 | 强风化角砾安山质凝灰岩 | 岩石嵌固基础 | 上拔 | 安徽霍山 | 2016 年 |
| 6 | 上覆红黏土，下卧石灰岩 | 掏挖—岩石锚杆复合基础 | 上拔 | 广东阳春 | 2017 年 |

从图 1-9 所示的曲线形态特征来看，所有的试验基础荷载—位移曲线（$Q$—$S$ 曲线）可分为陡降型和缓变型两种。

陡降型曲线（见图 1-10）可划分为两个特征阶段：初始直线段 $oa$ 和终了直线段 $ab$。与缓变型曲线相比，陡降型曲线存在较明显的临界荷载，即图 1-10 中的 $a$ 点。当作用于基础上的荷载较小时，基础的位移随上拔荷载的增加呈线性变化，荷载位移曲线近似直线，曲线上各点的斜率基本保持不变，地基基础

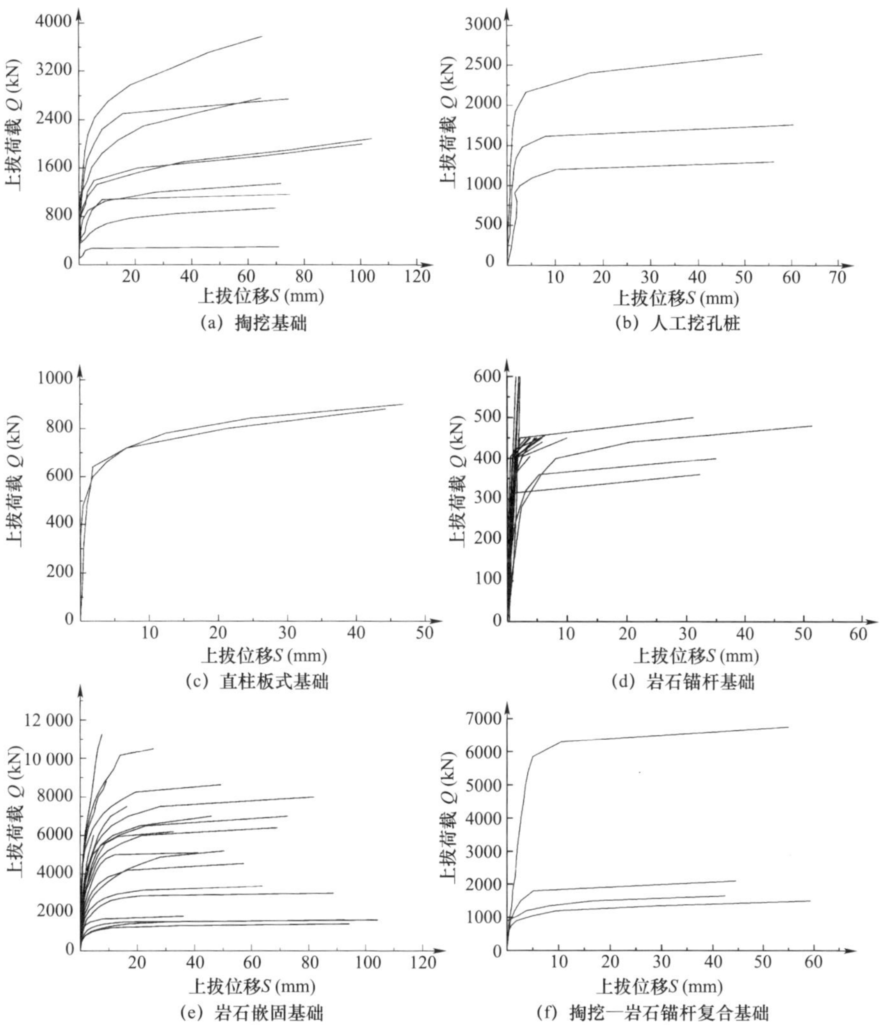

(a) 掏挖基础

(b) 人工挖孔桩

(c) 直柱板式基础

(d) 岩石锚杆基础

(e) 岩石嵌固基础

(f) 掏挖—岩石锚杆复合基础

图 1-9 架空输电线路主要类型基础上拔荷载—位移曲线

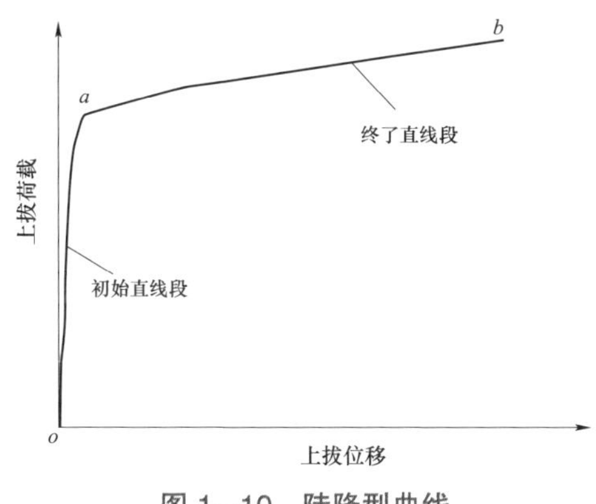


图 1-10 陡降型曲线

体系具有线弹性介质的变形特征；上拔荷载达到临界荷载时，地基基础体系快速发生失稳，变形急剧增加，此时的地基基础呈现出脆性介质的变形特性。其中，以黄土地基中人工挖孔桩的变形最为典型。对于陡降型曲线，往往取 *a* 点所示的临界荷载作为基础的极限承载力值。

缓变型曲线（见图 1－11）可划分为三个特征阶段：初始直线段（*oa*）、中间曲线段（*ab*）、终了直线段（*bc*）。初始直线段的上拔荷载约在破坏荷载的 0～30%之间，相应的位移约在破坏位移的 0～5%之间，该阶段基础的位移随上拔荷载的增加呈线性变化，荷载位移曲线近似直线，曲线上各点的斜率保持不变，地基基础体系具有线弹性变形特征；中间曲线段荷载大小约在破坏荷载的 30%～90%之间，相应的位移约在破坏位移的 5%～40%之间，该阶段基础位移随上拔荷载的增加呈非线性变化，且荷载位移曲线的上各点的斜率随着荷载增加逐渐减小，地基基础体系的变形符合弹塑性变形特征；当基础承受的荷载达到一定值时（邻近破坏荷载），基础位移随着荷载的增加迅速增加，较小的荷载增量便产生很大的位移增量，此时可认为地基基础体系已经发生破坏。

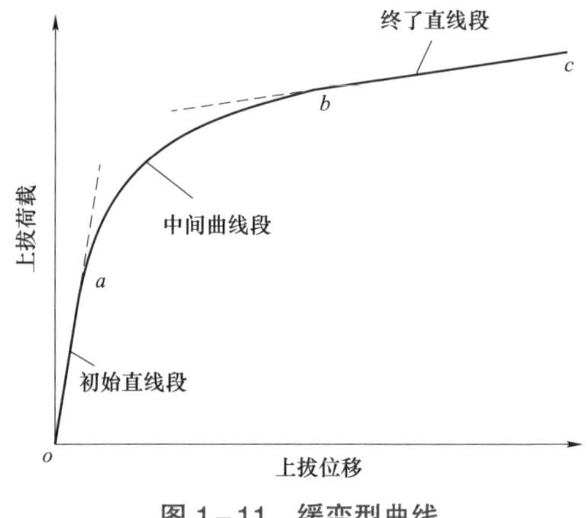


图 1－11　缓变型曲线

## 1.2.3　破坏模式

### 1.2.3.1　开挖基础

架空输电线路杆塔基础在上拔荷载作用下地基土体的破坏模式与基础的施工方式有关。开挖基础在施工过程中破坏了抗拔土体的微观结构，改变了土体中骨架颗粒的连接状态，导致抗拔土体的抗剪强度降低。当基础受到上拔荷载作用时，地基土体经历了从主动土压力到被动土压力过渡的过程。最终基础拔出前的那一刻，仅靠兜起土体自身的重量以及基础自重承受上拔荷载。试验表明，不同类型的地基土，被兜起土体的范围不同，工程设计中常采用上拔角$\alpha$来定量表示（见图 1－12）。

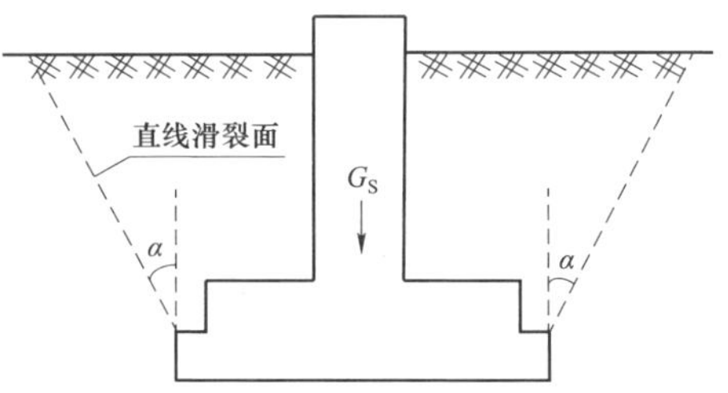


图 1－12 开挖基础上拔土体的破坏模式

### 1.2.3.2 掏挖基础

掏挖基础在施工过程中未进行大面积开挖，保持了基底以上土体的原状性，并且以土代模，直接将混凝土浇筑在事先挖好的基坑中，使得混凝土与土体之间产生良好的连结。当基础受到上拔荷载作用时，地基土体的破坏模式与基础结构型式、地基特征有关。

(a) 直柱型

(b) 扩底型

图 1－13 黄土地基中两种结构型式掏挖基础地表土体破裂面分布

黄土地基中直柱型与扩底型掏挖基础地表土体破裂面分布如图 1－13 所示。从图 1－13 中可以看出，对于直柱型掏挖基础，地面裂缝不明显且带出的土体较少，土体隆起最大影响范围约 0.7m，可明显看到基础抽出部分裸露的混凝土；而扩底型掏挖基础，地表出现明显的环状裂纹且大部分已贯通，同时带出的土体较多，土体隆起范围围绕基础平均宽度为 1.8m 左右，最大裂缝宽度达 50mm，最大裂缝扩展范围长达 3.5m。

由此可见，黄土地基中直柱型掏挖基础基本以“基础从土体中抽出”这种模式发生破坏，破坏特点是以克服桩土间摩擦力为主要阻抗的瞬时破坏。这种桩土间摩擦效应为主的直柱型掏挖基础的破坏过程可概括为图 1－14 所示的三个步骤：① 桩土界面出现间条状的剪切裂纹［见图 1－14（a）］；② 随着荷载增加，基础上拔位移逐渐增大，桩土界面发生局部滑移［见图 1－14（b）］；③ 当上拔荷载接近临界荷载时，桩土界面从局部滑移进一步发展成连续滑移，剪切裂纹进一步扩张、贯通，最终在桩土界面及附近土体中形成连续的滑移面，基础发生破坏［见图 1－14（c）］。

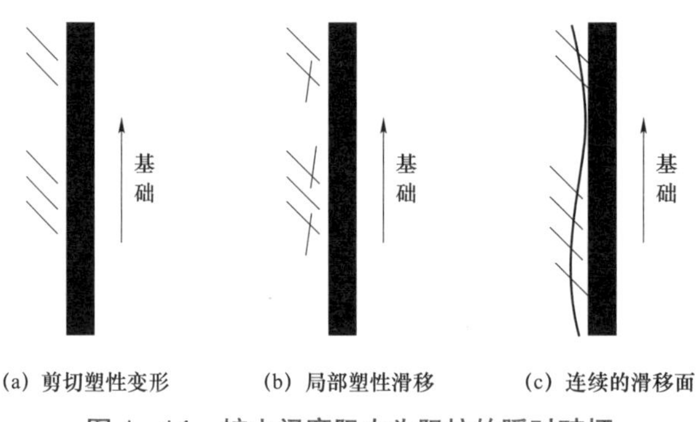


图 1－14 桩土间摩阻力为阻抗的瞬时破坏

扩底型掏挖基础较直柱型掏挖基础的地基土体破坏模式更加复杂。图 1－15 给出了扩底型掏挖基础变形破坏的全过程。从图 1－15 中可以看出，上拔荷载作用下的扩底型掏挖基础的变形破坏过程可分为以下三个阶段：

（1）土体压密阶段（对应图 1－11 中的 *oa* 段）。加载初始阶段（约为极限荷载 20%～30%），该阶段上拔荷载首先由立柱段侧摩阻力承担，此时扩底端承受的荷载很小；随着上拔荷载继续增大，立柱段摩阻力逐渐向下部转移，这时扩底端开始发挥作用，基础底板开始上抬并压密上部土体［见图 1－15（a）］。此时，土体主要以压缩变形为主。

（2）土体剪切阶段（对应图 1－11 中的 *ab* 段）。随着上拔荷载不断增加，上拔位移量逐渐增加，荷载位移曲线进入曲线过渡段，位移速率减小，基础周围土体发生剪切位移，并且土中各点应力状态发生较大变化，塑性区开始出现并逐渐扩展。此时，基础上拔位移由压缩变形和剪切变形共同引起。

（3）塑性区贯通暨滑动面形成阶段（对应图 1－11 中的 *bc* 段）。随着上拔荷载继续增加，上拔位移中的压缩变形逐渐减小而剪切变形逐渐增大；当荷载接近或达到极限荷载时，土中裂缝迅速扩展并贯通，形成较为完整的滑动面，地表产生环状和放射状裂缝，基础急剧上抬，荷载位移曲线出现陡降段（对应图 1－11 中的 *bc* 段），滑动面上土体的应力达到抗剪强度而引起基础周围地基土体发生剪切滑移破坏［对应图 1－15（b）～图 1－15（d）］。

根据沈珠江渐近破坏理论，扩底型掏挖基础在上拔荷载作用下经历了“扩

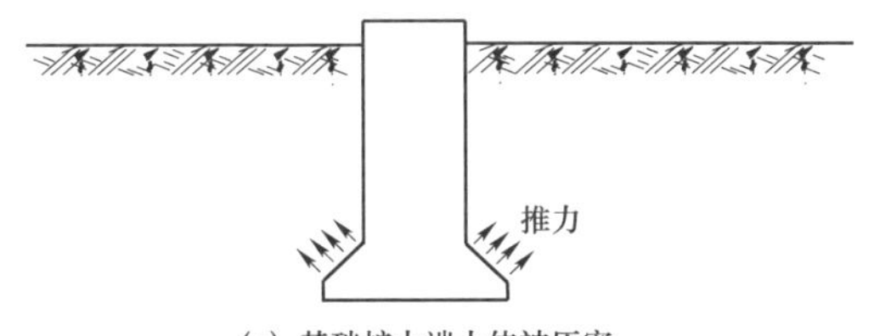


(a) 基础扩大端土体被压密

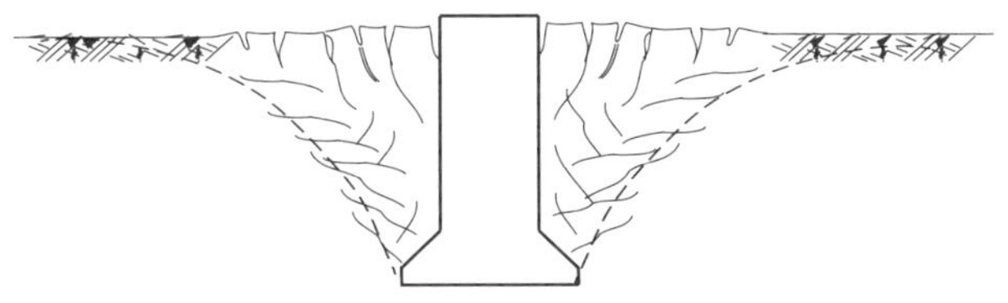

(b) 弹塑性区形成和发展，土体滑动面形成

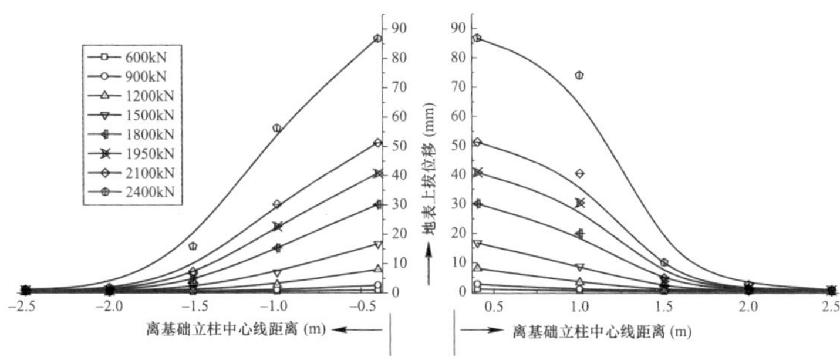


(c) 上拔荷载作用下基础周围地表位移变化

(d) 基础破坏时地表裂缝

图 1-15　扩底型掏挖基础变形破坏过程

底上部土体压缩挤密—土体塑性区出现和发展—基础周围地基土体剪切滑移破坏”的渐进破坏过程。

针对扩底型掏挖基础地基土体的破坏模式以及滑动面性状，国内外学者进行了大量的研究工作，最为典型的是 Meyerhof-Adams 直线滑动面、Matsuo 对数螺旋线与直线组合曲线滑动面、Balla 圆弧滑动面、DL/T 5219—2014《架空输电线路基础设计技术规程》圆弧滑动面，如图 1-16 所示。

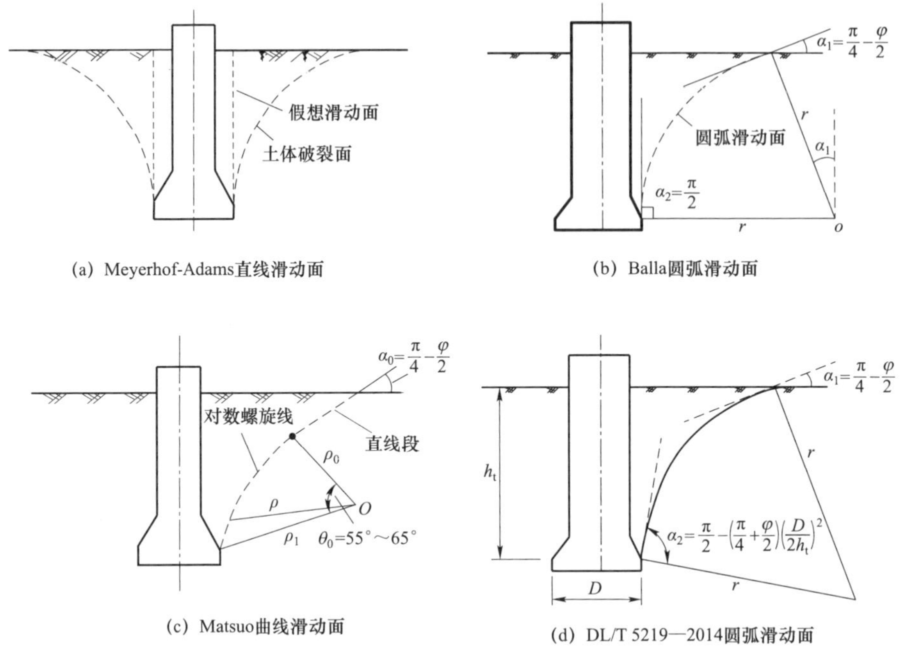


图 1-16　扩底型掏挖基础几种具有代表性的上拔土体滑动面

### 1.2.3.3　岩石基础

1. 岩石锚杆基础

输电线路岩石锚杆基础由锚筋、包裹体（细石混凝土或水泥砂浆）、岩体三种材料组成，这三种材料形成两个界面，即锚筋与包裹体界面、包裹体与岩体界面。岩石锚杆基础在上拔荷载作用下，其破坏模式与锚筋材料强度、包裹体类型、岩体强度等因素有关。试验表明，岩石锚杆基础的破坏模式主要分为以下三种：

（1）锚筋屈服破坏。当岩石锚杆基础所受拉力超过锚筋的屈服强度时，锚筋就会被拉断，如图 1-17（a）所示。

（2）材料界面破坏。当锚筋与包裹体之间的黏结强度不足以抵抗上拔荷载时，锚筋与包裹体结合面就会发生滑移破坏，导致锚筋被抽出；若包裹体与岩体之间的黏结强度较低，则破坏可能发生在包裹体与岩体的结合面上，导致包裹体连同锚筋一起被抽出，如图 1-17（b）所示。

（3）岩体剪切破坏。当锚筋材料的强度、锚筋与包裹体、包裹体与岩石结合面的黏结强度足够大时，则破坏可能发生在岩体的结构面上，即岩体发生整体剪切破坏，如图 1-17（c）所示。

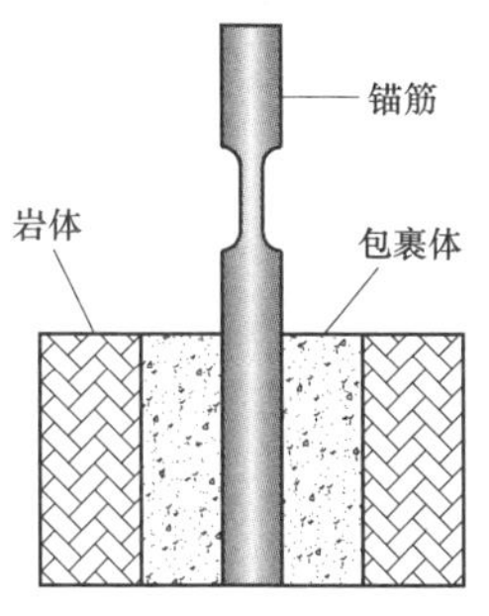

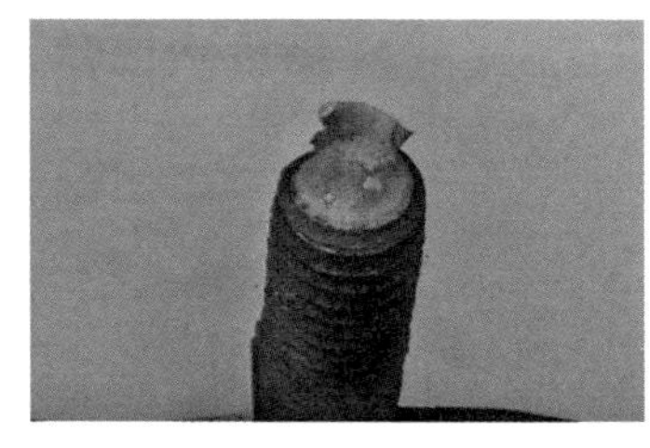

(a) 锚筋屈服破坏

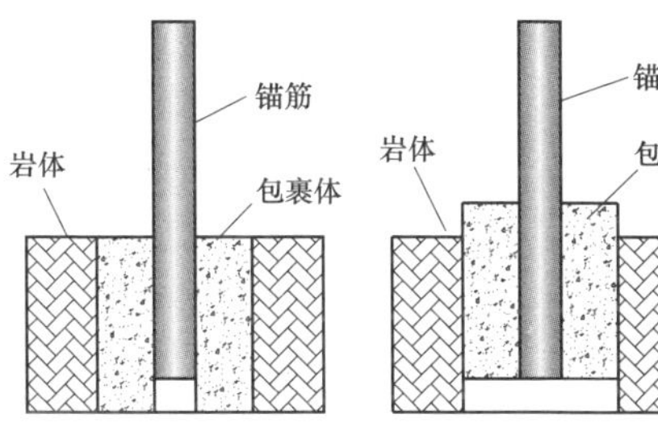

(b) 材料界面破坏

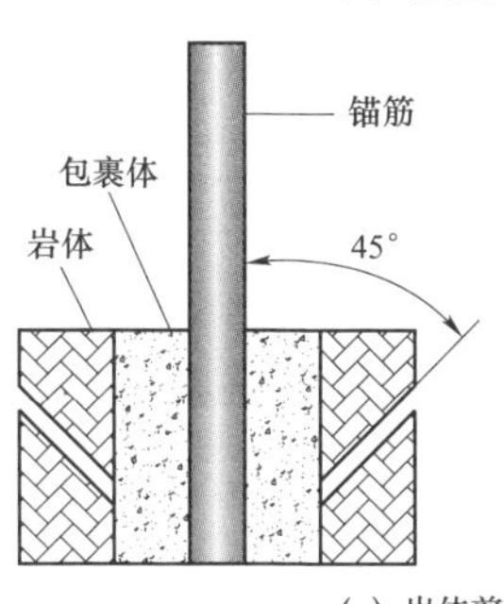

(c) 岩体剪切破坏

**图 1－17 岩石锚杆基础三种具有代表性的地基破坏模式**

2. *岩石嵌固基础*

与前文相比，有关岩石嵌固基础上拔岩石破坏模式的相关研究较少。为了研究岩石嵌固基础的抗拔承载特性，揭示上拔岩体的破坏模式，著者于 2016 年 2 月，在安徽省霍山县的凝灰岩场地中进行了 11 个不同入岩深度、不同结构型式、不同深径比的岩石嵌固基础与 5 个不同入岩深度的人工挖孔桩的现场上拔静载试验。图 1－18 为试验基础的三种结构型式，表 1－2 为试验基础尺寸参数，凝灰岩地基中嵌固基础上拔岩体裂缝分布实物图如图 1－19 所示、图 1－20 所示为根据地面破裂范围的现场量测数据绘制出的裂纹分布示意图，表 1－3 为16 个试验基础的地面岩体破坏范围及上拔角（基底上边缘与地面裂缝最远处边缘连线与垂直方向之间的夹角）。

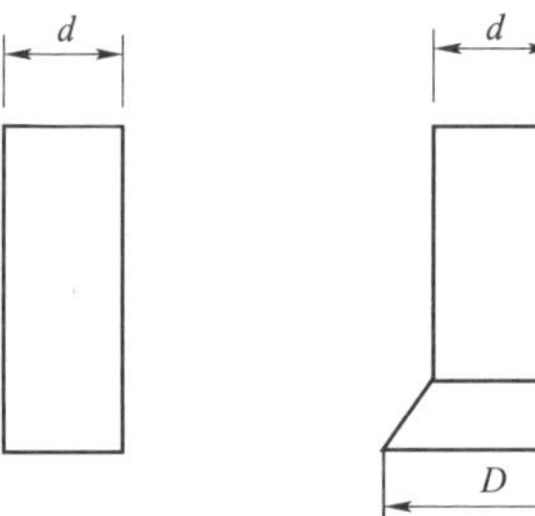


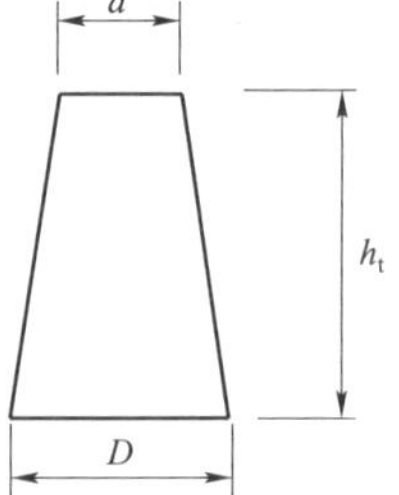


(a) 人工挖孔桩　(b) 扩底型嵌固基础　(c) 坛子型嵌固基础

图 1-18　试验基础的三种结构型式

表 1-2　　16 个试验基础尺寸参数表

| 编号 | 基础描述 | 顶部直径 $d$（m） | 底部直径 $D$（m） | 入岩深度 $h_t$（m） |
|---|---|---|---|---|
| 1 | Z1.8/1.0/1.0 | 1.0 | 1.0 | 1.8 |
| 2 | Z1.8/1.8/1.8 | 1.8 | 1.8 | 1.8 |
| 3 | TW1.8/1.4/1.8 | 1.4 | 1.8 | 1.8 |
| 4 | TW1.8/1.0/1.8 | 1.0 | 1.8 | 1.8 |
| 5 | TZ1.8/1.0/1.8 | 1.0 | 1.8 | 1.8 |
| 6 | Z3.6/1.0/1.0 | 1.0 | 1.0 | 3.6 |
| 7 | TW3.6/1.4/1.8 | 1.4 | 1.8 | 3.6 |
| 8 | TW3.6/1.0/1.8 | 1.0 | 1.8 | 3.6 |
| 9 | TZ3.6/1.0/1.8 | 1.0 | 1.8 | 3.6 |
| 10 | Z5.4/1.0/1.0 | 1.0 | 1.0 | 5.4 |
| 11 | TW5.4/1.4/1.8 | 1.4 | 1.8 | 5.4 |
| 12 | TW5.4/1.0/1.8 | 1.0 | 1.8 | 5.4 |
| 13 | TZ5.4/1.0/1.8 | 1.0 | 1.8 | 5.4 |
| 14 | Z7.2/1.0/1.0 | 1.0 | 1.0 | 7.2 |
| 15 | TW7.2/1.0/1.8 | 1.0 | 1.8 | 7.2 |
| 16 | TZ7.2/1.0/1.8 | 1.0 | 1.8 | 7.2 |

注　Z——人工挖孔桩；TW——扩底型嵌固基础；TZ——坛子型嵌固基础；TW3.6/1.0/1.8 表示 $h_t$=3.6m，$d$=1.0m，$D$=1.8m 的扩底型基础，扩底型基础锥台高度统一取 0.5m，结构示意图见图 1-18。

图 1-19　凝灰岩地基中试验基础上拔岩体裂缝分布实物图

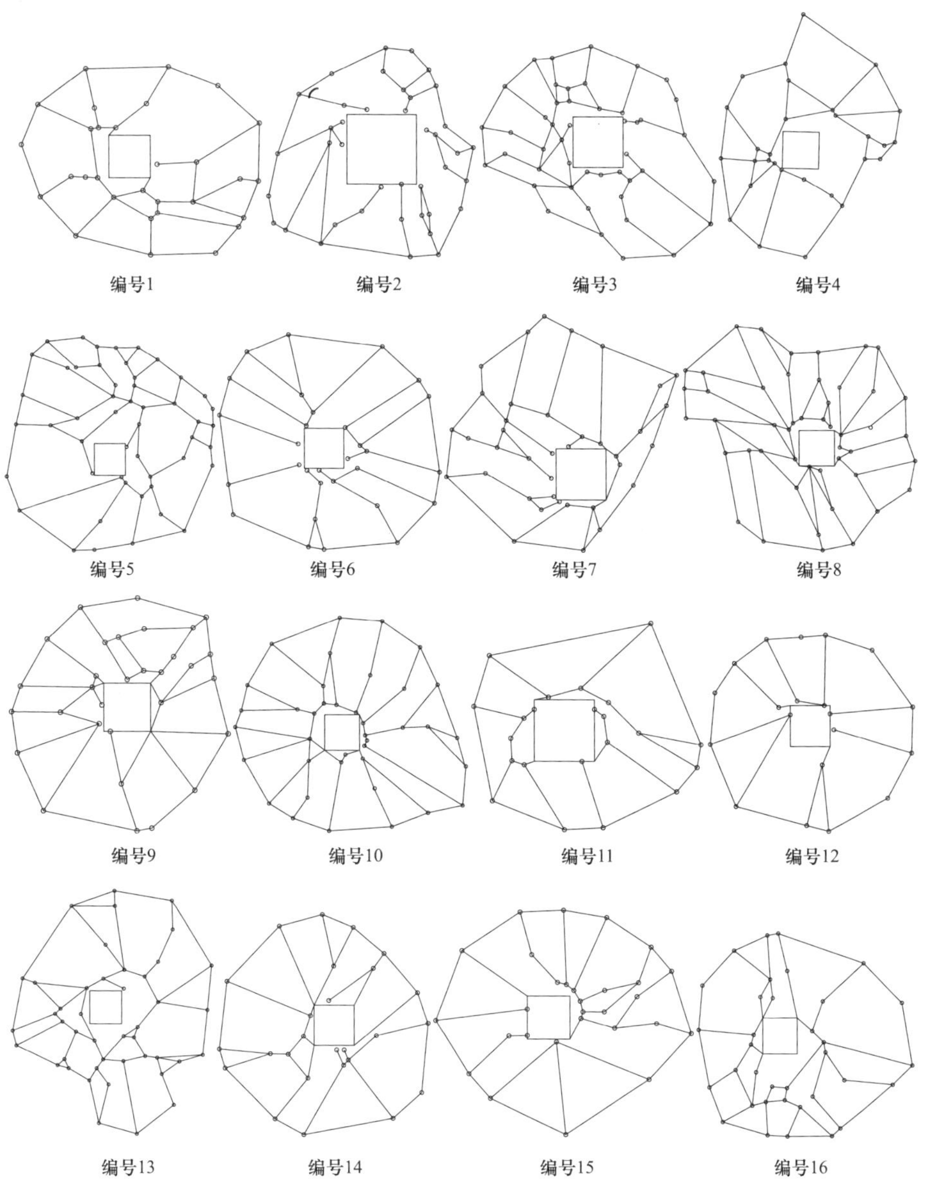


图 1-20 凝灰岩地基中试验基础上拔岩体地表裂缝分布图

表 1-3 16 个试验基础地面岩体破坏范围及上拔角

| 编号 | 基础描述 | 深径比 $h_t/D$ | 地面岩体破坏范围（m） | 上拔角（°） |
|---|---|---|---|---|
| 1 | Z1.8/1.0/1.0 | 1.8 | 2.6 | 49 |
| 2 | Z1.8/1.8/1.8 | 1.0 | 1.7 | 24 |
| 3 | TW1.8/1.4/1.8 | 1.0 | 3.0 | 49 |
| 4 | TW1.8/1.0/1.8 | 1.0 | 2.8 | 47 |

续表

| 编号 | 基础描述 | 深径比 $h_t/D$ | 地面岩体破坏范围（m） | 上拔角（°） |
|---|---|---|---|---|
| 5 | TZ1.8/1.0/1.8 | 1.0 | 3.2 | 52 |
| 6 | Z3.6/1.0/1.0 | 3.6 | 3.6 | 41 |
| 7 | TW3.6/1.4/1.8 | 2.0 | 3.4 | 35 |
| 8 | TW3.6/1.0/1.8 | 2.0 | 2.1 | 18 |
| 9 | TZ3.6/1.0/1.8 | 2.0 | 2.4 | 23 |
| 10 | Z5.4/1.0/1.0 | 5.4 | 2.5 | 20 |
| 11 | TW5.4/1.4/1.8 | 3.0 | 3.4 | 25 |
| 12 | TW5.4/1.0/1.8 | 3.0 | 3.4 | 25 |
| 13 | TZ5.4/1.0/1.8 | 3.0 | 2.1 | 13 |
| 14 | Z7.2/1.0/1.0 | 7.2 | 2.5 | 16 |
| 15 | TW7.2/1.0/1.8 | 4.0 | 3.4 | 19 |
| 16 | TZ7.2/1.0/1.8 | 4.0 | 2.9 | 16 |

由上述结果分析可知，对于同一岩石地基中的人工挖孔桩和嵌固基础，尽管结构型式、深径比、截面尺寸等参数不同，但当承受上拔荷载作用时，基础上部岩体的破坏模式均呈现出相同的规律，即从基底开始沿着一定角度的开口向地面延伸，直至裂缝贯通，地基发生破坏。而土体中的掏挖基础，其上拔土体的破坏模式与基础的结构型式和土体特性有关。直柱型掏挖基础与扩底型掏挖基础上拔土体破坏模式不同，同样结构型式的基础，在黄土地基与碎石土地基中，上拔土体的破坏模式也不同，这是土体与岩体两种类型地基在破坏模式方面存在的主要差异。

DL/T 5219—2014 中有关岩石嵌固基础抗拔承载力的计算方法，是基于岩体沿着与垂直方向成 45°上拔角的直线滑动面发生剪切破坏，如图 1－21 所示。然而，从表 1－3 统计的结果来看，同一试验场地的不同基础，其上拔角存在明显差异性，上拔角的范围为 13°～52°不等。当基础的深径比较小时，上拔角接近 45°，当深径比较大时，上拔角远小于 45°。

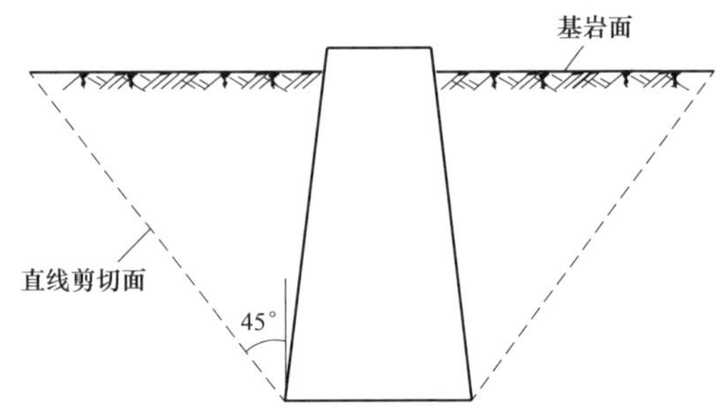


图 1－21　DL/T 5219—2014 中岩石嵌固基础滑动面模型

#### 1.2.3.4 桩基础和复合基础

抗拔桩的破坏模式与直柱型掏挖基础类似，均是以“基础从土体中抽出”这种模式发生破坏，破坏特点是以克服桩土间摩擦力为主要阻抗的瞬时破坏，如图 1－14 所示。

复合基础由两种基础结构体组合而成，并且地基条件也分为上部土体和下卧岩基两种类型，因此其破坏模式较其他型式基础复杂。

图 1－22 所示为掏挖—岩石锚杆复合基础上拔静载试验中，不同加载阶段两部分结构体抗力分配结果。从图 1－22 中分析可知：加载初始阶段，掏挖基础与岩石锚杆基础共同抵抗上拔荷载，其中掏挖基础分担抗拔力的比重较岩石锚杆基础要大（*ab* 段）；随着上拔荷载的增加，岩石锚杆基础的承载性能逐渐得到发挥，分担抗拔力的比重也不断增加；当上拔荷载达到一定值时（*b* 点，该处上拔荷载约为极限荷载的 46%），岩石锚杆基础分担抗拔力的比重超过掏挖基础（*bc* 阶段）；临近极限荷载时，岩石锚杆基础首先达到极限承载状态（*c* 点，现场试验表明，此时锚杆基础上的应变测试数据反映出锚筋已屈服），而掏挖基础的承载性能则进一步开始发挥，直至掏挖基础达到极限承载状态，此时复合基础发生整体破坏。

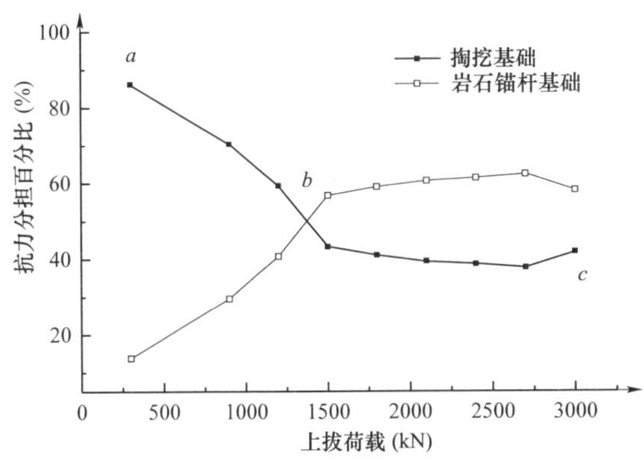


图 1－22 掏挖—岩石锚杆复合基础中各结构体抗拔力分担百分比

## 1.3 架空输电线路杆塔基础设计

### 1.3.1 设计内容及方法

架空输电线路杆塔基础设计主要包括三部分内容：① 地基基础稳定性计算，包括上拔、下压、倾覆三种受力状态下的稳定性计算；② 构件承载力计算，包括主柱、底板正截面承载力计算以及主柱斜截面承载力计算；③ 构造设计，包括配筋率、保护层、钢筋间距等。设计时需用到的参数包括荷载信息、斜坡坡角、土体参数，以及基础的基本尺寸参数等，如图 1－23 所示。

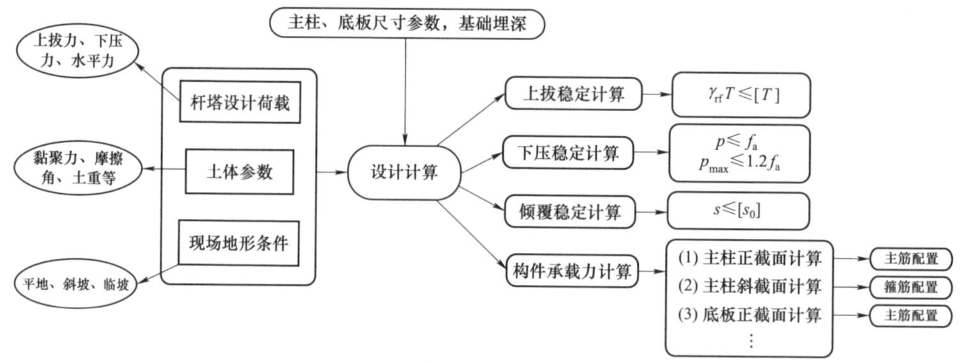


图 1－23 架空输电线路杆塔基础设计计算内容

与其他行业基础不同的是，架空输电线路杆塔基础设计主要受上拔稳定性控制。基本要求是考虑安全裕度后的上拔荷载设计值不大于抗拔承载力的设计值，其中荷载的安全裕度采用附加分项系数定量表征，不同重要性的杆塔，其附加分项系数也不同， DL/T 5219—2014 中给出了不同杆塔类型的基础附加分项系数设计值，见表 1－4。

表 1－4　　基础附加分项系数设计值

| 杆塔类型 | 上拔稳定 | | 倾覆稳定 | 上拔、下压稳定 |
|---|---|---|---|---|
| | 重力式基础 | 其他类型基础 | 各类型基础 | 灌注桩基础 |
| 悬垂型杆塔 | 0.90 | 1.10 | 1.10 | 0.80 |
| 耐张直线（0°转角）及悬垂转角杆塔 | 0.95 | 1.30 | 1.30 | 1.00 |
| 耐张转角、终端塔 | 1.10 | 1.60 | 1.60 | 1.25 |

## 1.3.2 数值模拟技术在设计中的应用

基础抗拔承载力是进行架空输电线路基础上拔稳定性计算的关键参数，因此，准确获得基础抗拔承载力是工程设计的关键。相关规程规范中给出了不同型式基础抗拔承载力的工程计算方法，归纳起来可分为土重法和剪切法，其中土重法适用于回填岩土地基的基础，剪切法适用于未扰动的原状岩土地基的基础。各类基础抗拔承载力的计算方法及参数见表 1－5。

表 1-5　架空输电线路主要类型基础抗拔承载力计算模型及参数

| 基础类型 | 地基破坏特性 | 滑动面形状 | 建立方法 | 计算参数 | 出处 |
|---|---|---|---|---|---|
| 开挖基础 | 土体克服自重被兜起 | 倒立锥台滑动面 | 极限平衡法 | $\alpha$，$\gamma$ | DL/T 5219—2014 |
| 掏挖基础 | 土体剪切破坏 | 母线为圆弧的回转面 | 极限平衡法 | $c$，$\varphi$，$\gamma$ | DL/T 5219—2014 |
| 岩石锚杆基础 | （1）锚筋屈服破坏；<br>（2）界面抽出破坏；<br>（3）岩体剪切破坏 | （1）圆柱滑动面；<br>（2）倒立锥台滑动面 | 极限平衡法 | $\tau_a$，$\tau_b$，$\tau_s$ | DL/T 5219—2014 |
| 岩石嵌固基础 | 岩体剪切破坏 | 倒立锥台滑动面 | 极限平衡法 | $\tau_s$ | DL/T 5219—2014 |
| 桩基础 | 桩体沿桩土接触面抽出 | 圆柱滑动面 | 极限平衡法 | $q_{sik}$ | DL/T 5219—2014<br>JGJ 94—2008 |

采用剪切法计算基础抗拔承载力时，首先需要知道上拔岩土体滑动面的曲线特征及参数，同时需要准确获取岩土体的强度参数。而架空输电线路沿线杆塔基础所处的地基条件千差万别，现有的试验方法无法获得适用于所有地基条件的滑动面曲线，这是困扰设计人员多年的技术难题。本专著提出的架空输电线路杆塔基础变形破坏数值模拟技术，以数值模拟作为一种技术手段，解决以下与架空输电线路杆塔基础设计息息相关的内容（见图 1-24）。

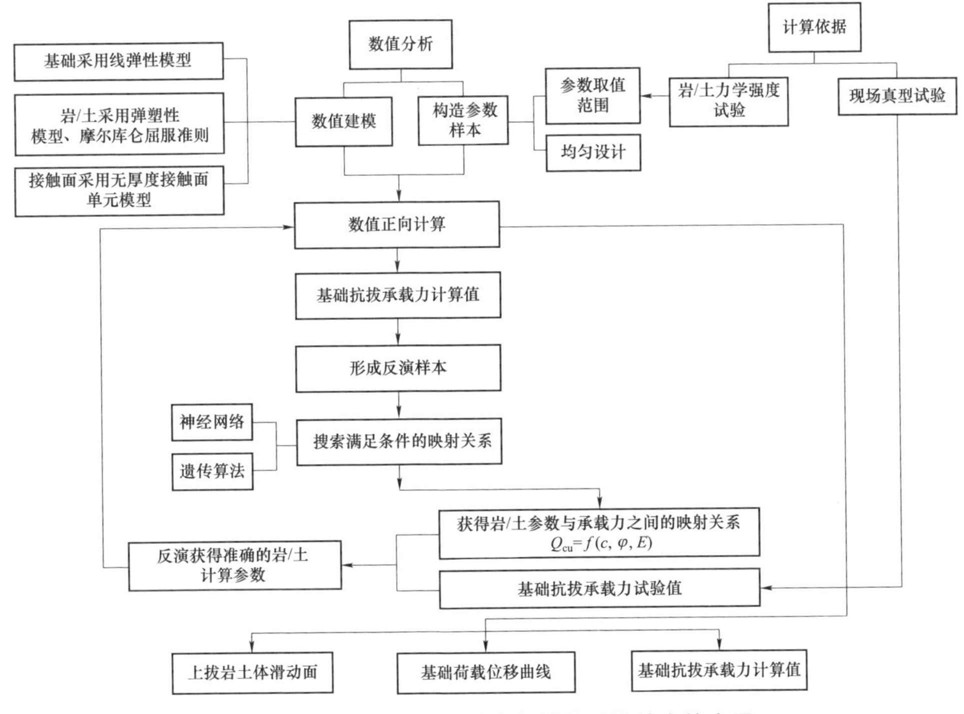


图 1-24　数值模拟技术在杆塔基础设计中的应用

（1）反演地基变形、强度计算参数。

（2）再现输电线路杆塔地基基础变形破坏过程。

（3）确定基础承载力。

（4）描绘地基滑动面形态曲线。

（5）评价基坑开挖的稳定性。

# 数值模拟的基本原理及执行步骤

大多岩土工程问题的分析，都可转化为给定边界条件下偏微分方程的求解问题。求解偏微分方程的方法包括解析法和数值法。一般情况下，对于方程相对简单、几何形态规则和边界条件单一的少数问题能够采用解析法求出其精确解。对于架空输电线路杆塔地基基础在外荷载作用下的变形破坏问题，由于地基类型多样、基础几何边界多变、地基岩土体材料在外荷载作用下应力应变行为的高度非线性等特征，很难通过解析法求得其解析解。近年来，随着计算机科学技术与数值模拟理论的发展，数值模拟法可有效获得复杂偏微分方程的数值解，并且具有成本低、耗时短、可重复性强、能再现或预测地基岩土体在外荷载作用下的滑动面等优点。因此，本专著旨在将数值模拟方法推广应用于架空输电线路杆塔地基基础在外荷载作用下的变形破坏问题的求解。

## 2.1 数值模拟的基本原理

数值模拟的基本原理可概括为：首先，通过将描述物理现象的偏微分方程（控制方程）在研究域内进行离散，用研究域内离散后的网格节点处的场变量（位移、应力等）值近似描述偏微分方程中各场变量的分布，从而实现将研究域内连续的偏微分方程的求解转换成研究域内离散网格点的未知场变量代数方程组的求解；其次，建立离散后的研究域内的边界节点的场变量代数方程组；最后，通过计算机程序对所得到的代数方程组（控制方程和边界条件组成的代数方程组）进行求解，获得研究域内网格节点处的场变量分布的近似解。

目前应用于岩土工程的数值模拟方法主要包括有限单元法、有限差分法、离散元法、非连续变形分析方法（DDA 方法）等。其中离散元法、DDA 方法适用于模拟节理裂隙发育的岩体在外荷载作用下的变形破坏特征，有限单元法和有限差分法适用于节理裂隙不发育的岩体或土体在外荷载作用下的变形破坏的模拟。鉴于架空输电线路杆塔基础大多埋设在节理裂隙不发育的岩体或土体中，且有限单元法在分析岩土体在外界作用下的高度非线性问题时，往往计算不收敛，因此，本专著采用收敛性较好的有限差分法——连续介质快速拉格朗日分析方法（Fast Lagrangian Analysis of Continua，FLAC）对输电线路杆塔基础地基岩土体的变形破坏过程进行数值模拟分析。

FLAC 是基于 Cundall P.A.提出的一种显示有限差分方法。该方法首先将地基基础计算域离散成有限个单元网格，采用差分方法近似表达每个网格节点上的运动方程和本构方程中应力、变形、速度等相关场变量关于空间和时间的导数；其次，将外荷载等效集中作用在节点上，结合求解域内的应力或位移边界条件，采用动态松弛方法（通过阻尼使系统运动衰减至平衡状态）求解计算域内网格上每个节点的运动方程和本构方程，获得求解域内地基基础的应力、位移等场变量的分布；最后，根据材料的屈服准则，计算获得杆塔地基基础体系在外荷载作用下塑性区的分布。综合上述计算结果，最终获得架空输电线路杆塔地基基础在外荷载作用下的变形破坏特征。

FLAC3D 程序中对运动方程、本构方程、边界条件、应力应变及节点不平衡力、阻尼力等的理论描述，简要叙述如下：

（1）运动方程。描述物体运动的基本方程可表达为

$$\rho\frac{\partial\dot{u}}{\partial t}=\frac{\partial\sigma_{ij}}{\partial x_i}+\rho g_i \tag{2-1}$$

式中：$\rho$ 为物体的密度，kg • m$^{-3}$；$t$ 为时间，s；$x_i$ 为坐标向量 $i$ 方向的分量，m；$g_i$ 为重力加速度 $i$ 方向的分量，m • s$^{-2}$；$\sigma_{ij}$ 为应力张量分量，Pa；$\dot{u}$ 为位移的一阶导数，m • s$^{-1}$。

FLAC3D 以节点为计算对象，将力和质量均集中在节点上，然后通过运动方程在时域内进行求解，节点运动方程可表示为

$$\frac{\partial v_i^l}{\partial t}=\frac{F_i^l(t)}{m^l} \tag{2-2}$$

式中：$F_i^l(t)$ 为 $t$ 时刻 $l$ 节点在 $i$ 方向的不平衡力分量，N；$v_i^l$ 为 $t$ 时刻 $l$ 节点在 $i$ 方向的速度，m • s$^{-1}$，可由虚功原理导出；$m^l$ 为 $l$ 节点的集中质量，kg，在分析静态问题时，采用虚拟质量以保证数值稳定，而在分析动态问题时则采用实际的集中质量。

将式（2-2）左端用中心差分来近似，则可得到

$$v_i^l\left(t+\frac{\Delta t}{2}\right)=v_i^l\left(t-\frac{\Delta t}{2}\right)+\frac{F_i^l(t)}{m^l}\Delta t \tag{2-3}$$

式中：$\Delta t$ 为时间差分增量，s。

（2）本构方程。应变速率与速度之间的关系可写成

$$\dot{e}_{ij}=\left(\frac{\partial \dot{u}_i}{\partial x_j}+\frac{\partial \dot{u}_j}{\partial x_i}\right) \tag{2-4}$$

式中：$\dot{e}_{ij}$ 为应变速率分量；$\dot{u}_i$ 为 $i$ 方向的速度分量，m/s；$\dot{u}_j$ 为 $j$ 方向的速度分量，m/s；$x_i$ 为坐标向量 $i$ 方向的坐标，m；$x_j$ 为坐标向量 $j$ 方向的坐标，m。

本构关系有如下形式

$$\sigma_{ij}=M(\sigma_{ij},\dot{e}_{ij},k) \tag{2-5}$$

式中：$k$ 为时间历史参数；$M$ 为本构方程形式。

（3）边界条件。在 FLAC3D 程序中，对于固体来说，存在应力边界条件或位移边界条件。针对位移边界，在给定的网格点上，位移用速度表示；针对应力边界条件，力 $F_i$ 由式（2－6）求出

$$F_i=\sigma_{ij}^{b}n_i\Delta s \tag{2-6}$$

式中：$n_i$ 为边界段外法线方向的单位矢量；$\Delta s$ 为应力 $\sigma_{ij}^{b}$ 作用的边界段的面积，$m^2$。

对于特定的网格节点，力 $F_i$ 被加到相应网格点外力和之中。

（4）应变、应力及节点不平衡力。FLAC3D 由速率来求某一时步单元的应变增量，见式（2－7）

$$\Delta e_{ij}=\frac{1}{2}(v_{i,j}+v_{j,i})\Delta t \tag{2-7}$$

式中：$v_{i,j}$ 为 $i$ 方向的速度对 $j$ 坐标的偏导数，$s^{-1}$；$v_{j,i}$ 为 $j$ 方向的速度对 $i$ 坐标的偏导数，$s^{-1}$。

根据式（2－7）求得应变增量，再代入式（2－5）可求出应力增量，各时步的应力增量叠加即可求出总应力。

（5）阻尼力。对于静态问题，在式（2－2）的不平衡力中加入了非黏性阻尼，以使系统的振动逐渐衰减至平衡状态（即不平衡力接近于零）。此时，式（2－2）变为

$$\frac{\partial v_i^l}{\partial t}=\frac{F_i^l(t)+f_i^l(t)}{m^l} \tag{2-8}$$

阻尼力为

$$f_i^l(t)=-\alpha\left|F_i^l(t)\right|\mathrm{sign}(v_i^l) \tag{2-9}$$

$$\mathrm{sign}(y)=\begin{cases}1 & (y>0)\\ -1 & (y<0)\\ 0 & (y=0)\end{cases} \tag{2-10}$$

式中：$\alpha$ 为阻尼系数。

## 2.2 数值模拟的执行步骤

外荷载作用下架空输电线路杆塔地基基础变形破坏过程的数值模拟可按照以下步骤实现（见图 2-1）：

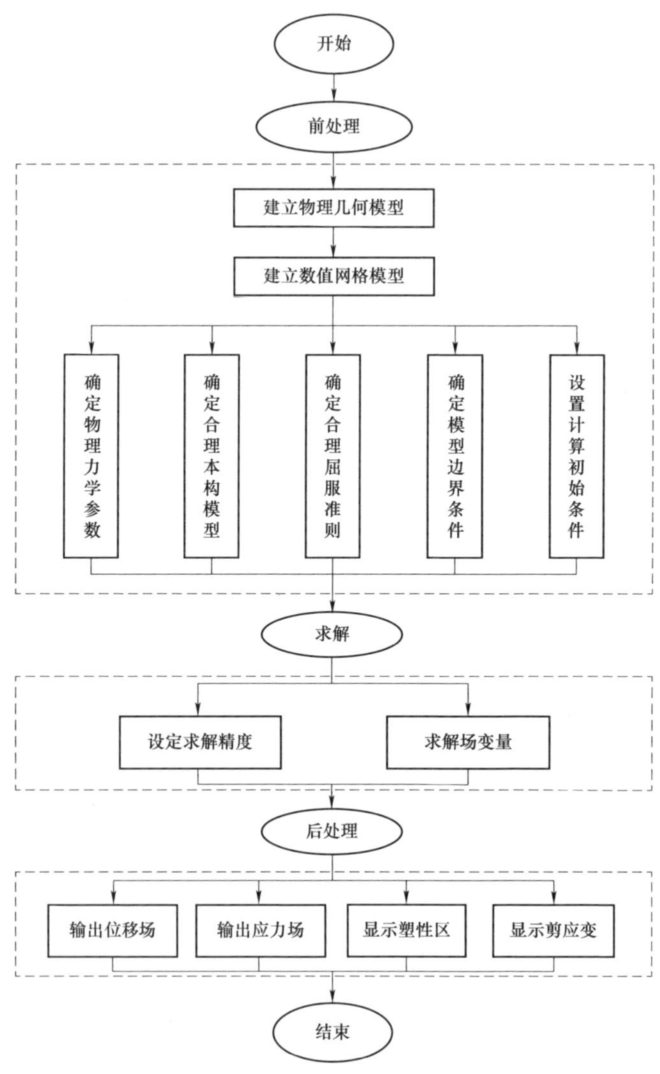


图 2-1 数值模拟实施步骤流程图

（1）前处理。数值模拟的前处理是指数值模拟的前期准备工作。外荷载作用下架空输电线路杆塔地基基础变形破坏问题的前处理工作包括以下五项内容：

1）架空输电线路杆塔基础及地基几何模型的建立。

2）数值网格的划分及数值网格模型的建立。

3）地基岩土体及基础材料物理力学参数的确定。

4）地基岩土体及基础本构模型和屈服准则的选取。

5）计算初始条件和边界条件的确定。

（2）求解。数值模拟的求解是指对研究域内离散节点未知场变量方程组的求解。外荷载作用下架空输电线路杆塔地基基础变形破坏问题的求解过程包括求解精度的设定和地基基础场变量（位移、应力、塑性区等）的求解两部分。

（3）后处理。数值模拟的后处理是指对求解结果的显示和表达。外荷载作用下架空输电线路杆塔地基基础变形破坏问题求解的后处理主要包括以下内容：

1）地基基础位移场和应力场的显示。

2）地基基础塑性区、剪应变等的显示。

3）荷载位移曲线的绘制。

## 2.3　数值模拟的建模及原则

数值模拟的建模是指建立地基基础的几何模型，并且将几何模型离散成可采用数值模拟方法进行变形破坏问题求解的网格模型的过程，包括几何模型的建立和数值网格模型的建立两部分内容。目前可用于架空输电线路杆塔地基基础体系数值模拟建模的商用软件主要有 ANSYS 和 FLAC3D 两种。

ANSYS 软件具有良好的图形用户界面（Graphical User Interface，GUI）可用于地形、地基地层及基础几何形态较复杂的地基基础几何模型的建立及数值网格的划分，FLAC3D 软件主要以命令驱动为主，用户只能依靠命令流实现对几何模型的建立和数值网格的划分。对于几何形状简单、规则的模型的建立和网格划分，可利用 FLAC3D 软件内置的网格生成器，通过命令流来实现；对于几何形状复杂、不规则的模型，建议首先采用 ANSYS 软件完成几何建模和网格划分，然后通过接口程序，将网格单元信息由 ANSYS 软件导入 FLAC3D 软件进行数值计算。本专著主要介绍基于 ANSYS 软件的复杂地基基础体系几何模型的建立和数值网格的划分，并辅以实例进行说明。

基于 ANSYS 软件的复杂模型数值网格模型建立流程如图 2－2 所示。

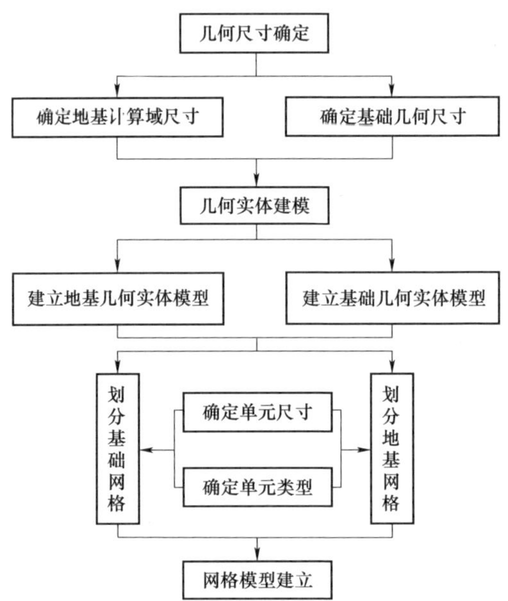


图 2-2　基于 ANSYS 软件的复杂模型数值网格模型建立流程图

实际工程中的地基可以看作半无限体，数值模拟中近似采用有限地基域模拟地基半无限体。为减小由有限的地基域代替半无限体地基引起的计算误差，依据弹塑性力学中的圣维南原理，地基计算域的几何尺寸应不小于基础三维几何尺寸中最大尺寸的 3～5 倍。

3

# 几何模型的建立

本章节以架空输电线路常见类型的杆塔基础为例，详细演示基于 ANSYS 软件建立复杂几何形状的基础地基基础体系模型的菜单（GUI[1]）操作方法，并附以相应 ANSYS 命令流文件（见附录 A）。

## 3.1 掏挖基础地基基础体系几何模型的建立

图 3-1 为典型掏挖基础结构示意图，根据掏挖基础的结构特点，将整个结构体分割为扩底圆柱段、扩底圆台段、直圆柱段和出露直圆柱段四个部分，各部分尺寸参数如下：$h_0=0.2$m，$h_1=0.8$m，$h_2=0.2$m，$d=1.6$m，$h_t=3.6$m，$D=2.3$m。由图 3-1 可知，掏挖基础三维尺寸中最大值为 $h_0+h_t=3.8$m（高度方向），依据上文地基计算域尺寸确定原则，本实例中设置地基计算域中长、宽、高三个方向的尺寸均为 20m，且大于掏挖基础三维尺寸中最大值 $h_0+h_t=3.8$m 的 5 倍。

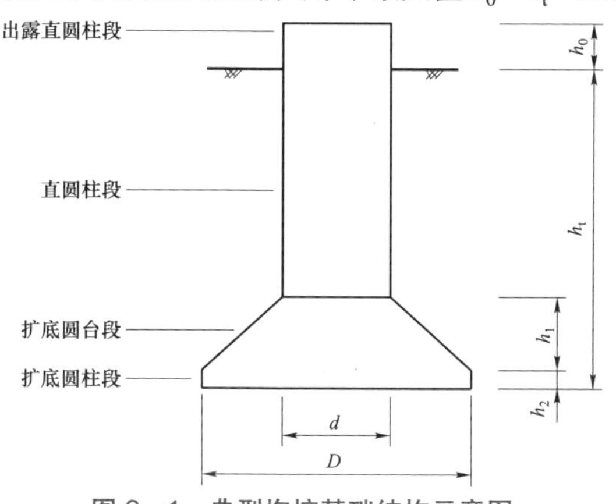


图 3-1　典型掏挖基础结构示意图

（1）基础几何模型的建立。掏挖基础几何模型建立的过程可概括为：首先，

[1] Graphical User Interface，图形用户界面。

分别建立掏挖基础扩底圆柱段、扩底圆台段、直圆柱段、出露直圆柱段四个部分的几何模型；其次，通过布尔粘接操作将四部分的几何模型连成一个整体。具体详述如下：

打开并启动 ANSYS，进入 GUI。

第一步，建立扩底圆柱段几何模型。

1）菜单操作路径：【Preprocessor】/【Modeling】/【Create】/【Volumes】/【Cylinder】/【Solid Cylinder】；

2）弹出【Solid Cylinder】对话框，在对话框中输入圆柱体尺寸，其中 *WPX* 和 *WPY* 分别表示圆心坐标，*Radius* 和 *Depth* 分别表示底面圆半径与圆柱高度；

3）根据已知条件，输入 *WPX*=0，*WPY*=0，*Radius*=1.15，*Depth*=0.2，并点击【OK】按钮进行确认，完成基础扩底圆柱段几何模型的建立，如图 3－2 所示。

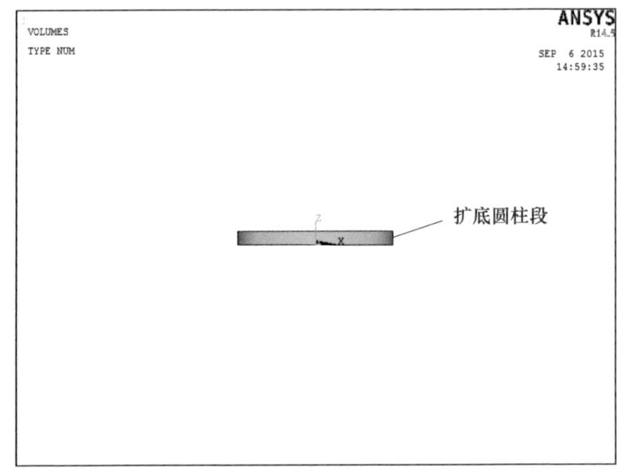


图 3－2　掏挖基础扩底圆柱段几何模型的建立

第二步，建立扩底圆台段几何模型。

1）菜单操作路径：【Preprocessor】/【Modeling】/【Create】/【Volumes】/【Cone】/【By Dimensions】；

2）弹出【Create Cone by Dimensions】对话框，在对话框中输入圆台尺寸，其中 *Bottom radius* 表示圆台底面圆半径，*Optional top radius* 表示圆台顶面圆半径，$Z_1$ 和 $Z_2$ 分别表示圆台底高程与圆台顶高程，*Starting angle* 表示旋转面开始旋转的起始角，*Ending angle* 表示旋转面旋转结束的终止角；

3）根据已知条件，输入 *Bottom radius*＝1.15，*Optional top radius*＝0.8，*Z1*＝0.2，*Z2*＝0.8，*Starting angle*＝0，*Ending angle*＝360，并点击【OK】按钮进行确认，完成掏挖基础扩底圆台段几何模型的建立，如图 3－3 所示。

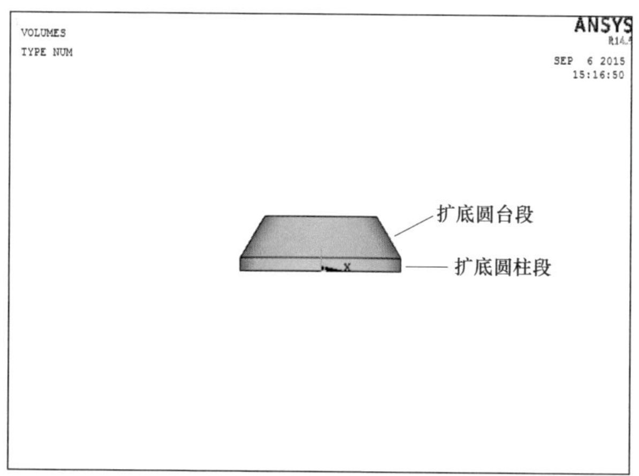


图 3-3 掏挖基础扩底圆台段几何模型的建立

第三步，移动工作平面。

在建立基础直圆柱段之前，需先将工作平面沿竖直方向（*Z* 方向）上移，上移距离为扩底圆柱段与扩底圆台段高度之和，具体操作如下：

1）菜单操作路径：【Utility Menu】/【WorkPlane】/【Offset WP by increments】;

2）弹出【Offset WP】对话框，在对话框【Snaps－X，Y，Z Offsets】栏中输入工作平面移动尺寸，其中 *X*、*Y*、*Z* 的数值分别表示工作平面在各方向上的移动尺寸，正负号表示移动方向（正号表示沿着工作平面 *X* 或 *Y* 或 *Z* 正向移动，负号表示沿着工作平面 *X* 或 *Y* 或 *Z* 负向移动）;

3）根据已知条件，输入 $X=0$，$Y=0$，$Z=0.8$，并点击【OK】按钮进行确认，完成工作平面的移动。

第四步，建立直圆柱段几何模型。

完成工作平面的上移以后，可进行基础直圆柱段几何模型的建立，具体操作如下：

1）菜单操作路径：【Preprocessor】/【Modeling】/【Create】/【Volumes】/【Cylinder】/【Solid Cylinder】;

2）弹出【Solid Cylinder】对话框，在对话框中输入圆柱体尺寸，其中 *WPX* 和 *WPY* 表示圆心坐标，*Radius* 和 *Depth* 表示圆柱半径与圆柱高度;

3）根据已知条件，输入 $WPX=0$，$WPY=0$，$Radius=0.8$，$Depth=2.84$，并点击【OK】按钮进行确认，完成基础直圆柱段几何模型的建立，如图 3－4 所示。

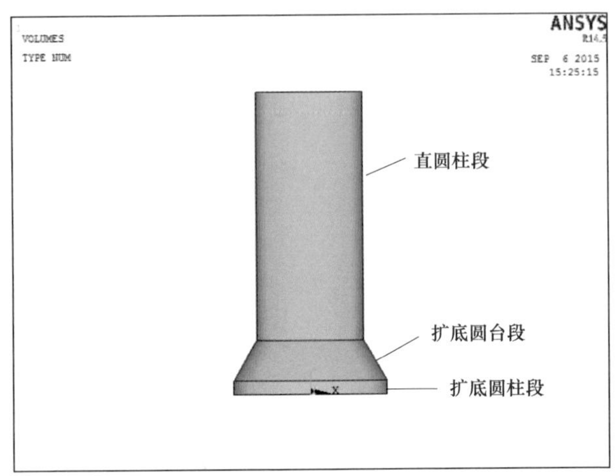


图 3-4　掏挖基础直圆柱段几何模型的建立

第五步，建立出露直圆柱段几何模型。

首先将工作平面沿竖直方向（*Z* 方向）上移，上移距离为直圆柱段圆柱体的高度（工作平面的移动不再赘述），然后建立出露直圆柱段，具体操作如下：

1）菜单操作路径：【Preprocessor】/【Modeling】/【Create】/【Volumes】/【Cylinder】/【Solid Cylinder】；

2）弹出【Solid Cylinder】对话框，在对话框中输入圆柱体尺寸，其中 *WPX* 和 *WPY* 表示圆心坐标，*Radius* 和 *Depth* 表示圆柱半径与圆柱高度；

3）根据已知条件，输入 *WPX*=0，*WPY*=0，*Radius*=0.8，*Depth*=0.2，并点击【OK】按钮进行确认，完成基础出露直圆柱段几何模型的建立，如图 3-5 所示。

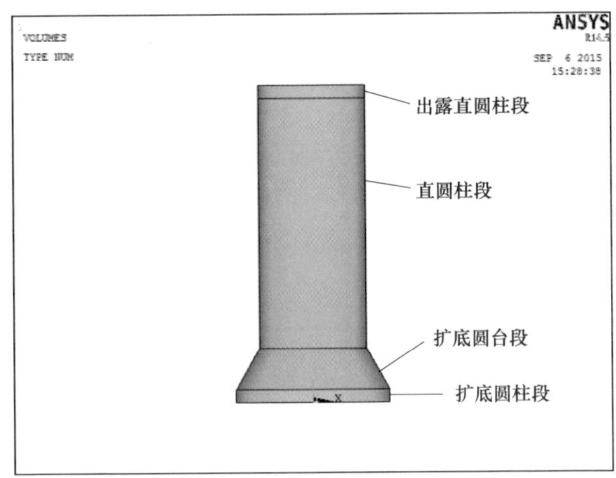


图 3-5　掏挖基础出露直圆柱段几何模型的建立

第六步，布尔粘接操作。

完成掏挖基础扩底圆柱段、扩底圆台段、直圆柱段、出露直圆柱段四部分几何模型的建立以后，还需通过布尔粘接操作将掏挖基础各部分连接成一个整体，从而完成掏挖基础几何模型的建立。具体操作如下：

1）菜单操作路径：【Preprocessor】/【Modeling】/【Operate】/【Booleans】/【Glue】/【Volumes】;

2）弹出【Glue Volumes】选择框，在选择框中点击【Pick all】按钮选择所有，进行布尔粘接操作，完成掏挖基础几何模型的建立，如图 3－6 所示。

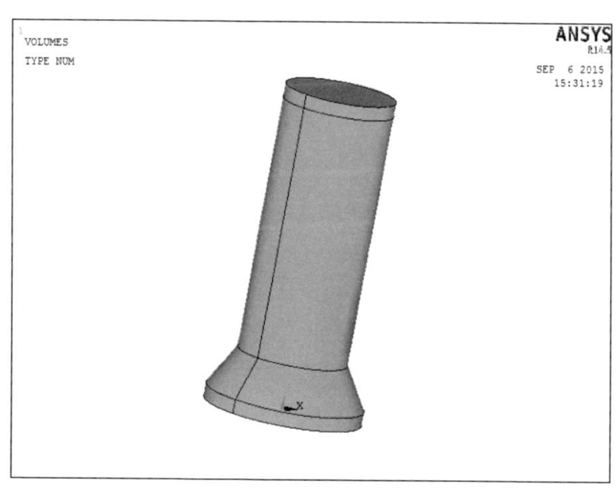


图 3－6 掏挖基础几何模型的建立

（2）地基计算域几何模型的建立。根据上文介绍，本实例中地基计算域中长、宽、高三个方向的尺寸均为 20m，具体建模步骤概述如下：

第一步，掏挖基础拷贝与上移。为了方便后述地基计算域中掏挖孔模型的生成，在建立地基计算域几何模型之前，需要将掏挖基础几何模型拷贝并上移至离地面 10m（此处高度值对后述操作没有影响，用户可随意取值）高处，具体操作如下：

1）菜单操作路径：【Preprocessor】/【Modeling】/【Operate】/【Copy】;

2）弹出【Copy Volumes】选择框，在选择框中点击【Pick all】按钮选择所有，并点击【OK】按钮进行确认；

3）弹出【Copy Volumes】对话框，在对话框中输入上移距离，其中 *DX*、*DY*、*DZ* 分别表示 *X*、*Y*、*Z* 方向的移动距离，*ITIME* 表示拷贝的份数；

4）根据已知条件，输入 *ITIME*＝2，*DX*＝0，*DY*＝0，*DZ*＝10，并点击【OK】按钮进行确认，完成掏挖基础的拷贝与上移，如图 3－7 所示。

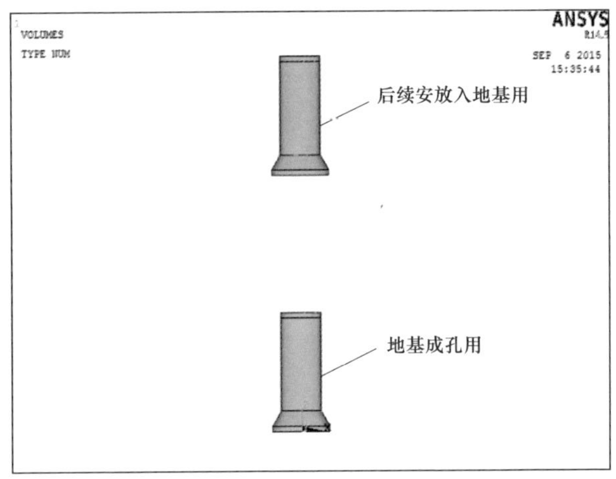


图 3-7　掏挖基础的拷贝与上移

第二步，建立地基计算域几何模型。

完成掏挖基础几何模型的拷贝与上移之后，即可进行地基计算域几何模型的建立，具体操作如下：

1）菜单操作路径：【Preprocessor】/【Modeling】/【Create】/【Volumes】/【Block】/【By Dimensions】;

2）弹出【Create Block by Dimensions】对话框，在对话框中输入地基计算域的尺寸，其中，$X1$ 与 $X2$ 表示模型 $X$ 方向的边界坐标，$Y1$ 与 $Y2$ 表示模型 $Y$ 方向的边界坐标，$Z1$ 与 $Z2$ 表示模型 $Z$ 方向的边界坐标；

3）根据已知条件，输入 $X1=-10$，$X2=10$，$Y1=-10$，$Y2=10$，$Z1=-20$，$Z2=0$，并点击【OK】按钮进行确认，完成地基计算域几何模型的建立，如图 3-8 所示。

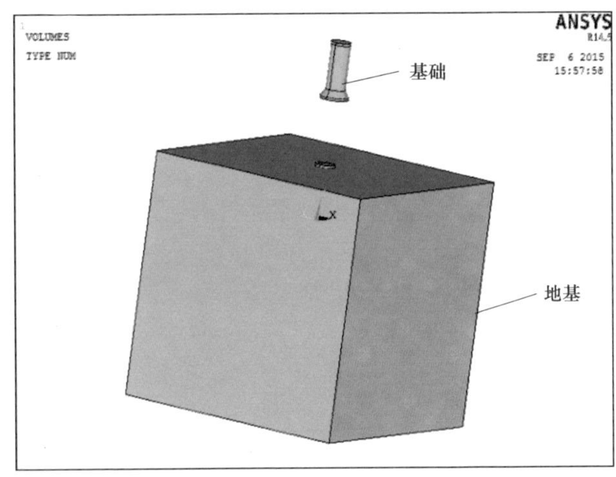


图 3-8　地基计算域几何模型的建立

第三步，掏挖孔几何模型的建立。

建立掏挖基础及地基计算域几何模型之后，通过布尔“减法”操作即可生成基础掏挖孔的模型，具体操作如下：

1）菜单操作路径：【Preprocessor】/【Modeling】/【Operate】/【Booleans】/【Subtract】/【Volumes】；

2）弹出【Subtract Volumes】选择框，点击选择地基计算域为【Base Volumes】，如图 3－9 所示，并在选择框中单击【apply】进行确认；

3）选择掏挖基础，如图 3－10 所示，并单击【OK】按钮进行确认，即可完成基础掏挖孔几何模型的建立（注意选择顺序不可乱），如图 3－11 所示。

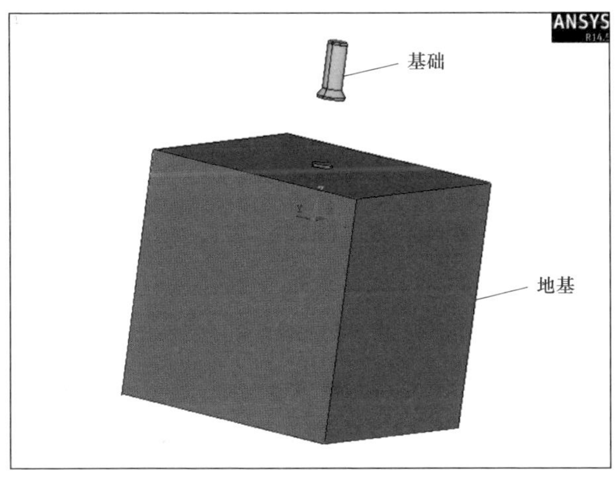


图 3－9　选择地基计算域

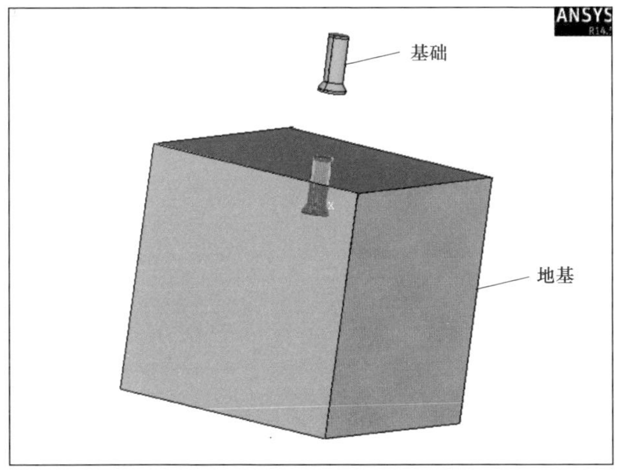


图 3－10　选择掏挖基础

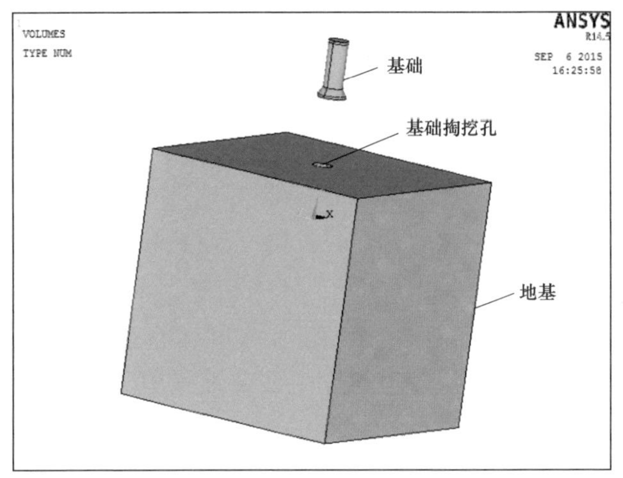


图 3－11　基础掏挖孔几何模型的建立

第四步，掏挖孔底面拉伸操作。

将掏挖孔底面拉伸至地基计算域底面，使得两者在高度方向上的拓扑形式保持一致，为后续顺利完成地基计算域网格的划分做好准备，具体操作如下：

1）菜单操作路径：【Preprocessor】/【Modeling】/【Operate】/【Extrude】/【Areas】/【By XYZ Offset】；

2）弹出【Extrude Area by Offset】选择框，鼠标点击地基计算域几何模型，并选择掏挖孔底面，如图 3－12 所示，然后单击【OK】按钮进行确认；

3）弹出窗口【Extrude Area by XYZ Offset】对话框，在对话框中输入延伸尺寸，其中，*DX*、*DY*、*DZ* 分别表示 *X*、*Y*、*Z* 方向的延伸距离；

4）根据已知条件，输入 $DX=0$，$DY=0$，$DZ=-16.4$，缺省栏默认为 0，并点击【OK】按钮进行确认，完成掏挖孔底面至地基计算域底面的拉伸操作。

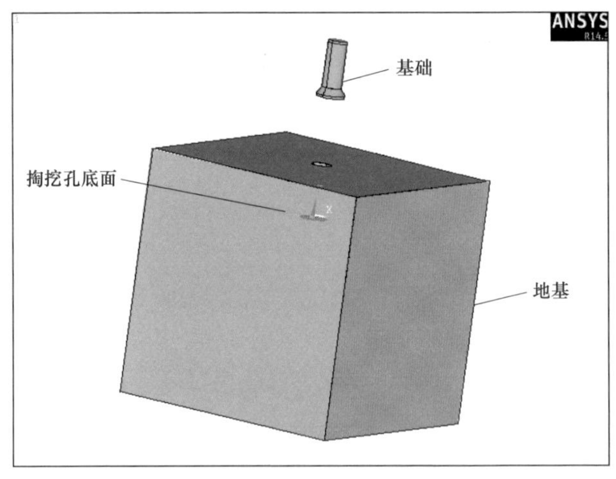


图 3－12　基础掏挖孔底面的选择

第五步，布尔搭接操作。

为方便后续网格的划分，将地基计算域与掏挖孔底面延伸体进行布尔搭接操作（若遗漏此项操作，后述网格划分将出现无法自动识别原始面与目标面的错误提示），具体操作如下：

1）菜单操作路径：【Preprocessor】/【Modeling】/【Operate】/【Booleans】/【Overlap】/【Volumes】；

2）弹出【Overlap Volumes】选择框，鼠标点击选择地基计算域与掏挖孔底面延伸体，如图 3－13 所示，并点击【OK】按钮进行确认，从而完成地基计算域与掏挖孔底面延伸体的布尔搭接操作。

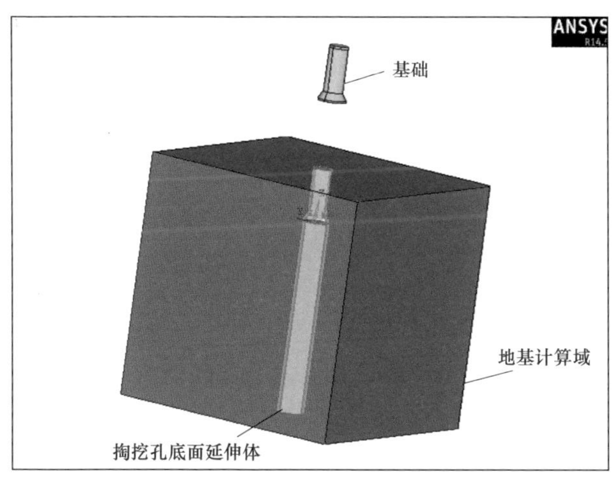


图 3－13　选择地基计算域与掏挖孔底面延伸体

第六步，布尔切割操作。

为方便掏挖基础与地基计算域几何模型网格的划分，采用工作平面并配合工作面的旋转移动，对整个几何模型体系进行切割，具体操作如下：

1）菜单操作路径：【Preprocessor】/【Modeling】/【Operate】/【Booleans】/【Divide】/【Volu by WrkPlane】；

2）将工作平面绕 *WX* 轴旋转 90°，对整个几何模型进行切割，如图 3－14 所示；

3）将工作平面沿 *WZ* 轴正向移动 5m，对整个几何模型进行切割；然后将工作平面沿 *WZ* 轴负向移动 10m，对整个几何模型进行切割，如图 3－15 所示；

4）将工作平面绕 *WY* 轴旋转 90°，对整个几何模型进行切割，如图 3－16 所示；

5）将工作平面沿 *WZ* 轴正向移动 5m，对整个几何模型进行切割；然后将工作平面沿 *WZ* 轴负向移动 10m，对整个几何模型进行切割，如图 3－17 所示；

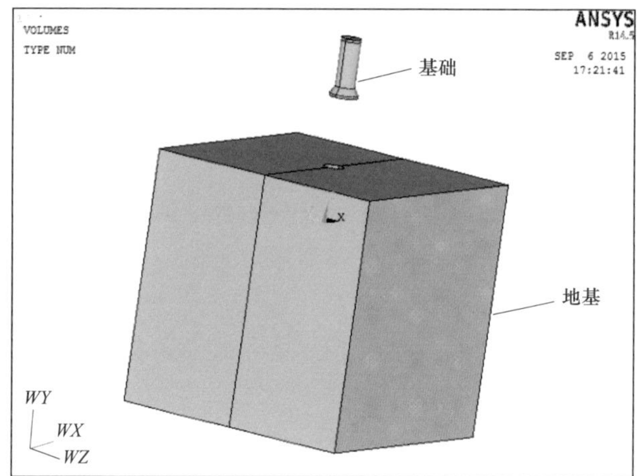


图 3-14 布尔切割操作一

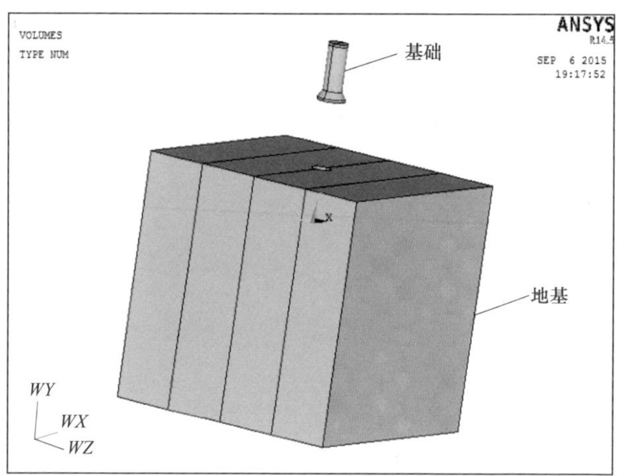


图 3-15 布尔切割操作二

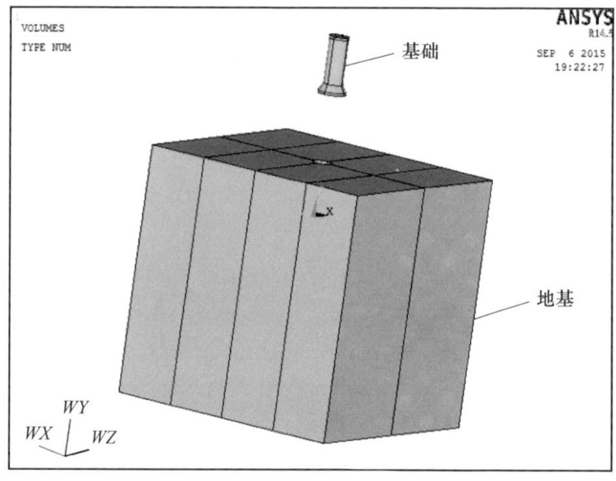


图 3-16 布尔切割操作三

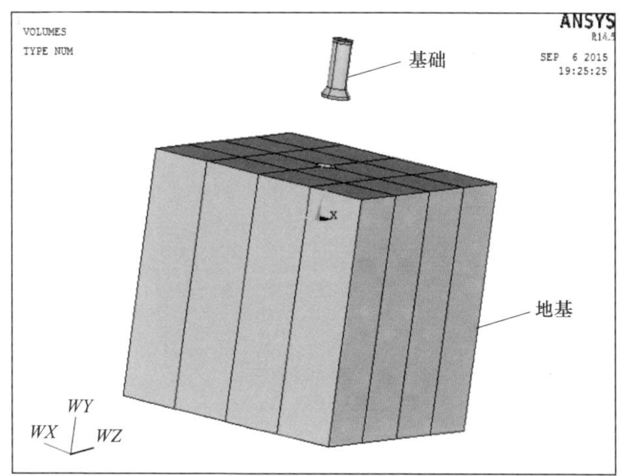


图 3－17 布尔切割操作四

6）将工作平面绕 *WX* 轴旋转 90°，沿竖直方向（*WZ* 方向）向下移动 2.84m，对整个几何模型进行切割，如图 3－18 所示；

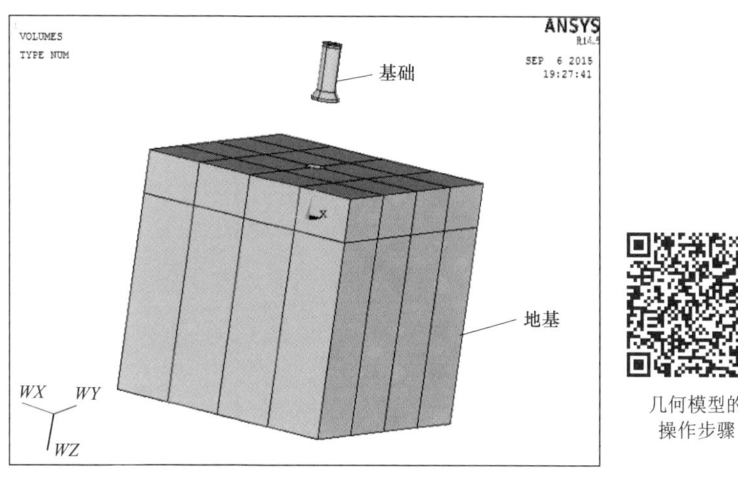


图 3－18 布尔切割操作五

7）将工作平面首先沿竖直方向（*WZ* 方向）向下移动 0.6m，然后再沿竖直方向（*WZ* 方向）向下移动 0.2m，最后沿竖直方向向下移动 5m。工作平面每向下移动一次，对整个几何模型进行一次切割，移动尺寸与掏挖基础分段尺寸在高度上保持一致，如图 3－19 所示，从而完成掏挖基础地基基础体系几何模型的建立。

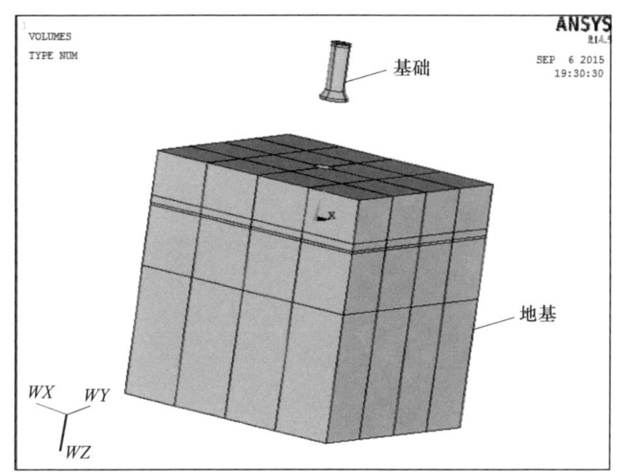


图 3－19　完成整个几何模型的布尔切割操作

## 3.2　桩基础地基基础体系几何模型建立

图 3－20 为典型桩基础的结构示意图。根据桩基础的结构特点，将整个结构体分割为入土圆柱段和出露圆柱段两个部分，各部分尺寸参数如下：$h_0=0.2$m，$d=1.4$m，$h_t=5.0$m。

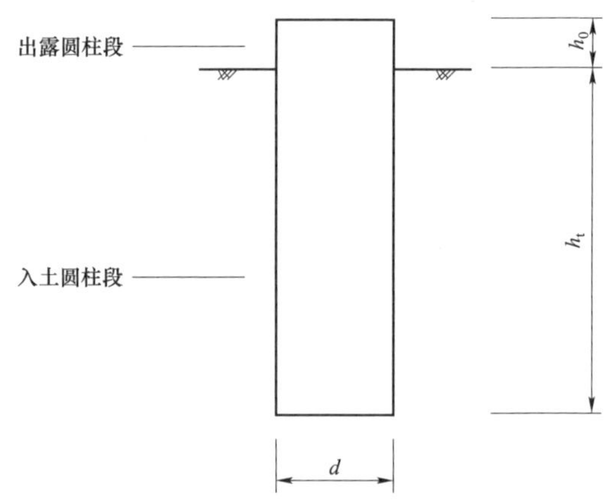


图 3－20　典型桩基础结构示意图

（1）基础几何模型的建立。桩基础几何模型建立的过程可概括为：首先，分别建立桩基础的入土圆柱段和出露圆柱段两个部分的几何模型；其次，通过布尔粘接操作将两部分的几何模型连成一个整体。具体详述如下。

打开并启动 ANSYS，进入用户图形界面（GUI）。

第一步，建立入土圆柱段几何模型。

1）菜单操作路径：【Preprocessor】/【Modeling】/【Create】/【Volumes】/【Cylinder】/【Solid Cylinder】;

2）弹出【Solid Cylinder】对话框，在对话框中输入圆柱体尺寸，其中 *WPX* 和 *WPY* 表示圆心坐标，*Radius* 和 *Depth* 表示桩的半径与入土深度；

3）根据已知条件，输入 *WPX*=0，*WPY*=0，*Radius*=0.7，*Depth*=5.0，并点击【OK】按钮进行确认，完成入土圆柱段几何模型的建立，如图 3-21 所示。

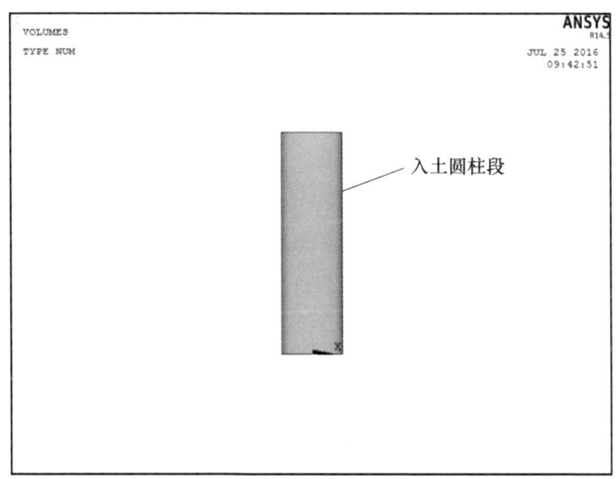


图 3-21　桩基础入土圆柱段几何模型的建立

第二步，移动工作平面。

将工作平面沿竖直方向上移，上移距离为入土圆柱段高度，具体操作如下：

1）菜单操作路径：【Utility Menu】/【WorkPlane】/【Offset WP by increments】;

2）弹出【Offset WP】对话框，在对话框【Snaps-X，Y，Z Offsets】栏中输入工作平面移动尺寸，其中 *X*、*Y*、*Z* 的数值分别表示工作平面的在各方向上的移动尺寸，正负号表示移动方向（正号表示沿着工作平面 *X* 或 *Y* 或 *Z* 正向移动，负号表示沿着工作平面 *X* 或 *Y* 或 *Z* 负向移动）;

3）根据已知条件，输入 *X*=0，*Y*=0，*Z*=5.0，并点击【OK】按钮进行确认，完成工作平面的移动。

第三步，建立出露圆柱段几何模型。

1）菜单操作路径：【Preprocessor】/【Modeling】/【Create】/【Volumes】/【Cylinder】/【Solid Cylinder】;

2）弹出【Solid Cylinder】对话框，在对话框中输入圆柱体尺寸，其中 *WPX* 和 *WPY* 表示圆心坐标，*Radius* 和 *Depth* 表示底面圆半径与圆柱高度；

3）根据已知条件，输入 *WPX*=0，*WPY*=0，*Radius*=0.7，*Depth*=0.2，并点击

【OK】按钮进行确认，完成基础出露直圆柱段几何模型的建立，如图 3－22 所示。

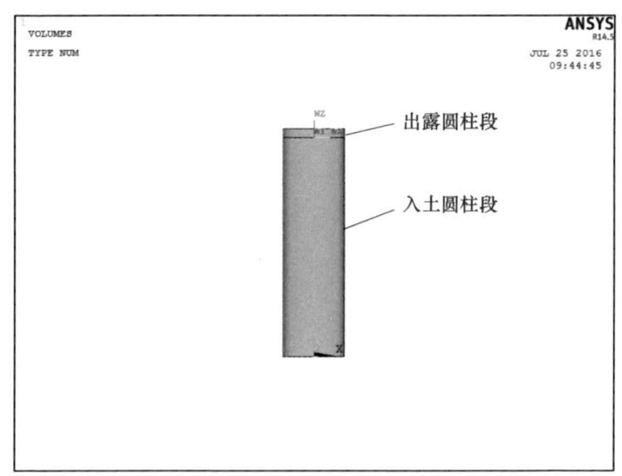


图 3－22　桩基础出露圆柱段几何模型的建立

第四步，布尔粘接操作。

完成入土圆柱段、出露圆柱段两部分几何模型的建立以后，还需通过布尔粘接操作将桩基础各部分连接成一个整体，从而完成桩基础几何模型的建立。具体操作如下：

1）菜单操作路径：【Preprocessor】/【Modeling】/【Operate】/【Booleans】/【Glue】/【Volumes】;

2）弹出【Glue Volumes】选择框，在选择框中点击【Pick all】按钮选择所有，进行布尔粘接操作，完成桩基础几何模型的建立，如图 3－23 所示。

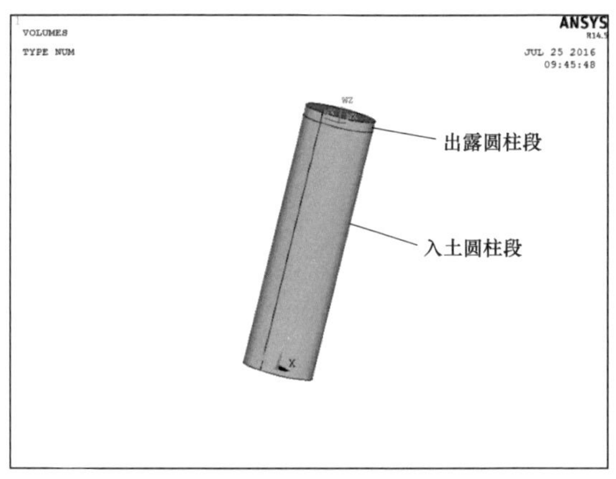


图 3－23　桩基础几何模型的建立

（2）地基计算域几何模型的建立。地基计算域的尺寸依据圣维南原理进行确定。由图 3－20 可知，桩基础三维尺寸中最大值为 $h_0 + h_t = 5.2\text{m}$（高度方向），本实例中设置地基计算域的长、宽、高三个方向的尺寸均为 20m，约为桩基础三维尺寸中最大值 5.2m 的 4 倍。具体建模步骤概述如下：

第一步，桩基础拷贝与上移。

为了方便后述地基计算域中桩孔模型的生成，在建立地基计算域几何模型之前，需要将桩基础几何模型拷贝并上移至离地面 10m（此处高度值对后述操作没有影响，用户可随意取值）高处，具体操作如下：

1）菜单操作路径：【Preprocessor】/【Modeling】/【Copy】/【Volumes】；

2）弹出【Copy Volumes】选择框，在选择框中点击【Pick all】按钮选择所有，并点击【OK】按钮进行确认；

3）弹出【Copy Volumes】对话框，在对话框中输入上移距离，其中 *DX*、*DY*、*DZ* 分别表示 *X*、*Y*、*Z* 方向的移动距离，*ITIME* 表示拷贝的份数；

4）根据已知条件，输入 *ITIME*＝2，*DX*＝0，*DY*＝0，*DZ*＝10，并点击【OK】按钮进行确认，完成桩基础的拷贝与上移，如图 3－24 所示。

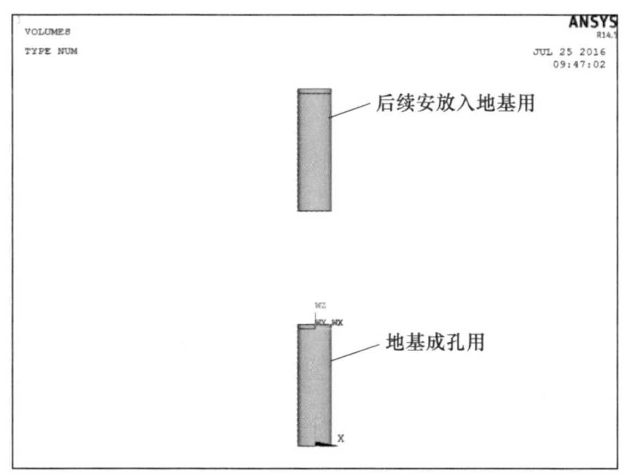


图 3－24　桩基础的拷贝并上移

第二步，建立地基计算域几何模型。

完成桩基础几何模型的拷贝并上移之后，即可进行地基计算域几何模型的建立，具体操作如下：

1）菜单操作路径：【Preprocessor】/【Modeling】/【Create】/【Volumes】/【Block】/【By Dimensions】；

2）弹出【Create Block by Dimensions】对话框，在对话框中输入地基计算域尺寸，其中，*X*1 与 *X*2 表示模型 *X* 方向的边界坐标，*Y*1 与 *Y*2 表示模型 *Y* 方向的边界坐标，*Z*1 与 *Z*2 表示模型 *Z* 方向的边界坐标；

3）根据已知条件，输入 *X*1＝－10，*X*2＝10，*Y*1＝－10，*Y*2＝10，*Z*1＝－20，*Z*2＝0，并点击【OK】按钮进行确认，完成地基计算域几何模型的建立，如图 3－25 所示。

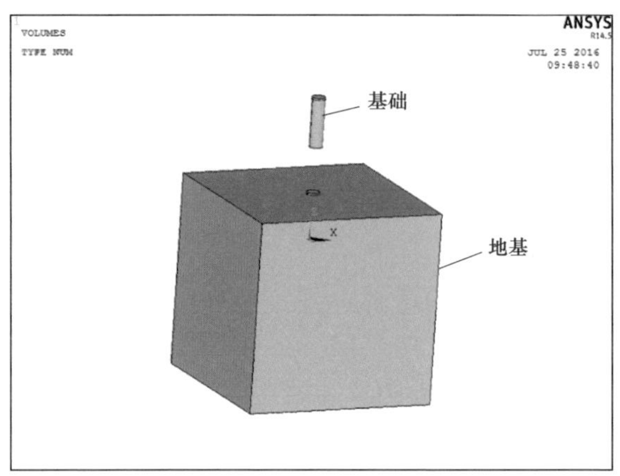

图 3-25　地基计算域几何模型的建立（桩基础）

第三步，桩孔几何模型的建立。

建立桩基础及地基计算域几何模型之后，通过布尔减法操作即可生成桩基础桩孔的模型，具体操作如下：

1）菜单操作路径：【Preprocessor】/【Modeling】/【Operate】/【Booleans】/【Subtract】/【Volumes】；

2）弹出【Subtract Volumes】选择框，点击选择地基计算域为【Base Volumes】，如图 3-26 所示，并在选择框中单击【apply】进行确认；

3）选择桩基础，如图 3-27 所示，并单击【OK】按钮进行确认，即可完成桩孔几何模型的建立，如图 3-28 所示。

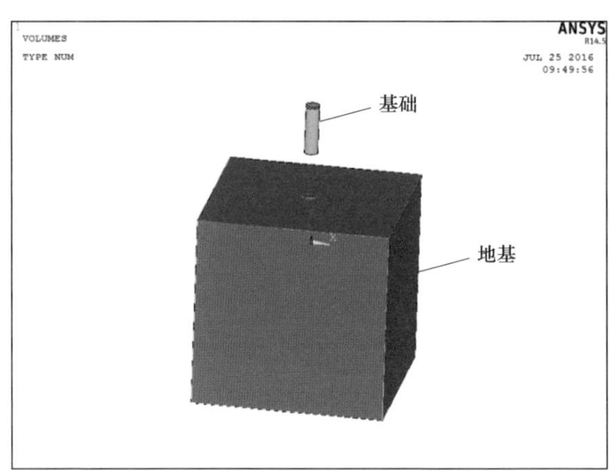

图 3-26　选择地基计算域（桩基础）

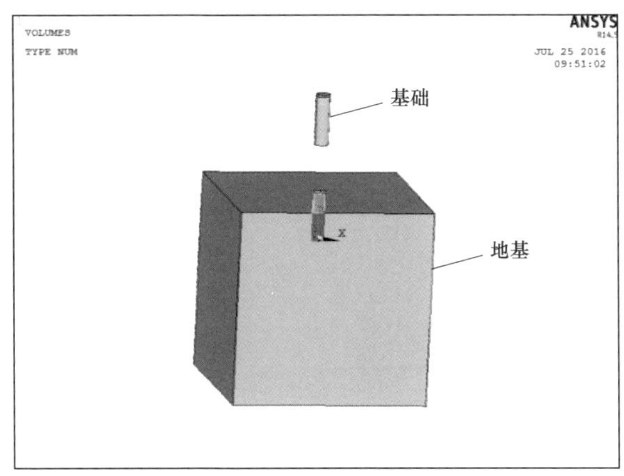


图 3-27 选择桩基础

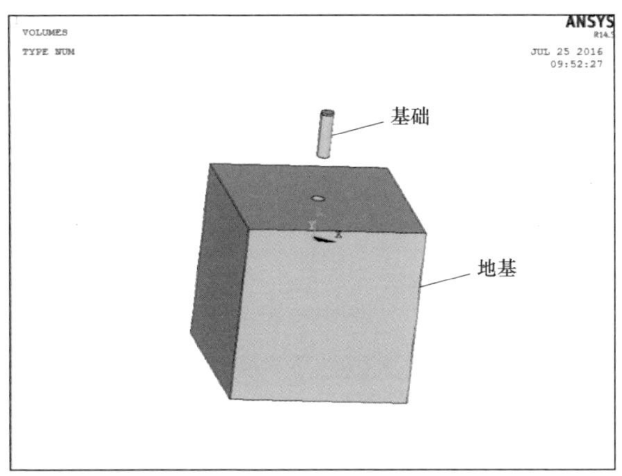


图 3-28 桩孔几何模型的建立

第四步，桩孔底面拉伸操作。

将桩孔底面拉伸至地基计算域底面，使得两者在高度方向上的拓扑形式保持一致，为后续顺利完成地基计算域网格的划分做好准备，具体操作如下：

1）菜单操作路径：【Preprocessor】/【Modeling】/【Operate】/【Extrude】/【Areas】/【By XYZ Offset】;

2）弹出【Extrude Area by Offset】选择框，鼠标点击地基计算域几何模型，并选择桩孔底面，如图 3-29 所示，然后点击【OK】按钮进行确认;

3）弹出窗口【Extrude Area by XYZ Offset】对话框，在对话框中输入延伸尺寸，其中，*DX*、*DY*、*DZ* 分别表示 *X*、*Y*、*Z* 方向的延伸距离;

4）根据已知条件，输入 *DX*=0，*DY*=0，*DZ*=－15，缺省栏默认为 0，并点击【OK】按钮进行确认，完成桩孔底面至地基计算域底面的拉伸操作。

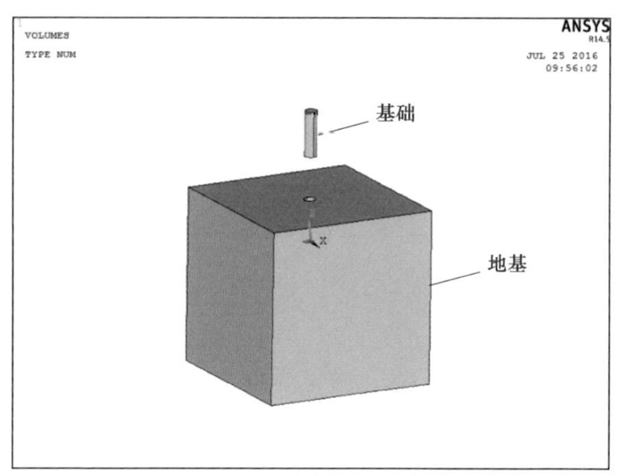


图 3-29 桩孔底面的选择

第五步，布尔搭接操作。

为方便后续网格的划分，将地基计算域与桩孔底面延伸体进行布尔搭接操作（若遗漏此项操作，后述网格划分将出现无法自动识别原始面与目标面的错误提示），具体操作如下：

1）菜单操作路径：【Preprocessor】/【Modeling】/【Operate】/【Booleans】/【Overlap】/【Volumes】；

2）弹出【Overlap Volumes】选择框，鼠标点击选择地基计算域与桩孔底面延伸体，如图 3-30 所示，并点击【OK】按钮进行确认，完成地基计算域与桩孔底面延伸体的布尔搭接操作。

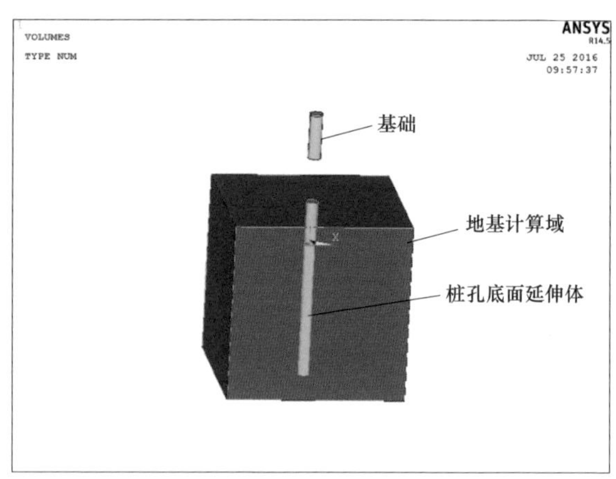


图 3-30 选择地基计算域与桩孔底面延伸体

第六步，布尔切割操作。

为方便桩基础与地基计算域几何模型网格的划分，采用工作平面并配合工作面的旋转移动，对整个几何模型体系进行切割，具体操作如下；

1）菜单操作路径：【Preprocessor】/【Modeling】/【Operate】/【Booleans】/【Divide】/【Volu by WrkPlane】；

2）将工作平面绕 *WX* 轴旋转 90°，对整个几何模型进行切割，如图 3－31 所示；

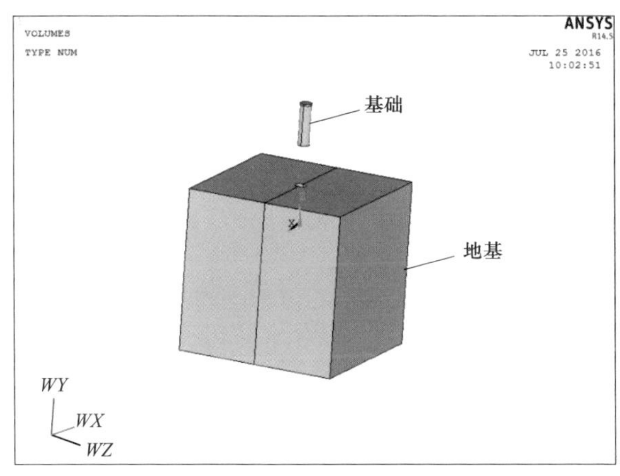


图 3－31 布尔切割操作一（桩基础）

3）将工作平面沿 *WZ* 轴正向移动 5m，对整个几何模型进行切割；然后将工作平面沿 Z 轴负向移动 10m，对整个几何模型进行切割，如图 3－32 所示；

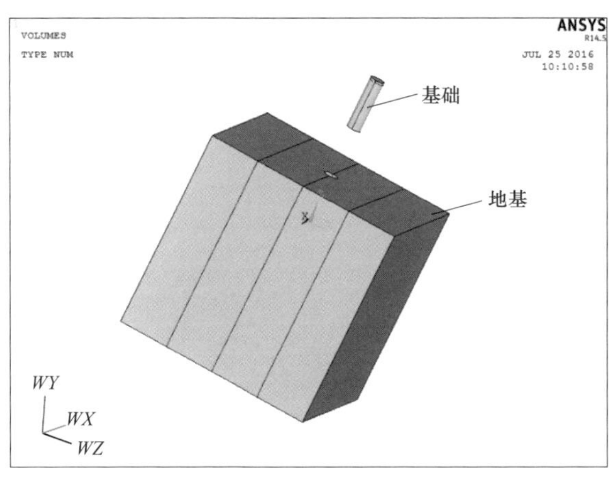


图 3－32 布尔切割操作二（桩基础）

4）将工作平面绕 *WY* 轴旋转 90°，对整个几何模型进行切割，如图 3－33 所示；

5）将工作平面沿 *WZ* 轴正向移动 5m，对整个几何模型进行切割；然后将工作平面沿 *WZ* 轴负向移动 10m，对整个几何模型进行切割，如图 3－34 所示；

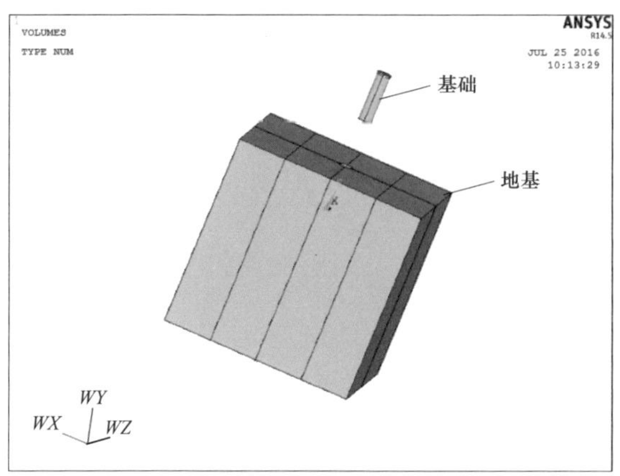


图 3-33　布尔切割操作三（桩基础）

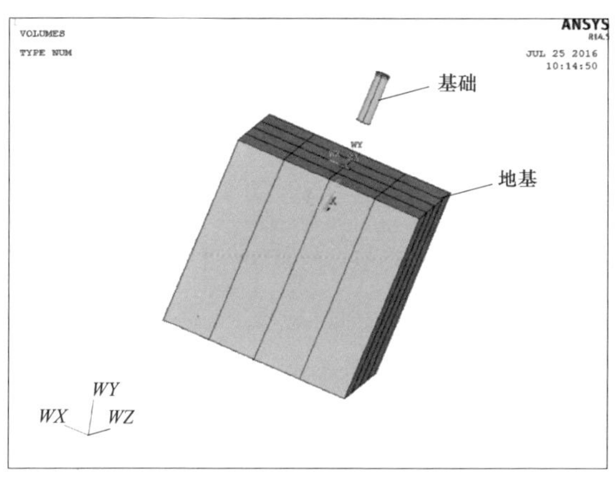


图 3-34　布尔切割操作四（桩基础）

6）将工作平面绕 *WX* 轴旋转 90°，沿竖直方向（*WZ* 方向）向下移动 5.0m，对整个几何模型进行切割，如图 3-35 所示；

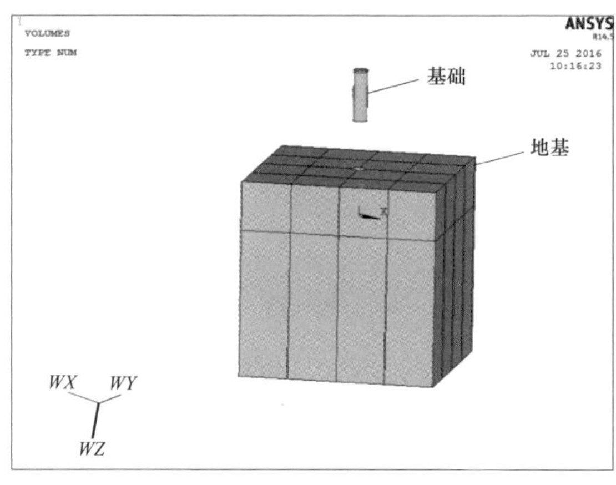


图 3-35　布尔切割操作五

7）将工作平面沿竖直方向向下移动 5m，对整个几何模型进行切割，如图 3－36 所示，从而完成整个桩基础地基基础体系几何模型的建立。

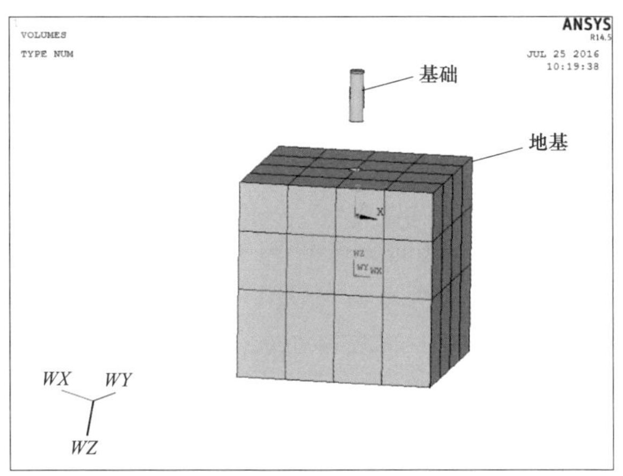


图 3－36　完成整个桩基础地基基础体系几何模型的布尔切割操作

## 3.3　岩石嵌固基础地基基础体系几何模型建立

图 3－37 所示为典型坛子型岩石嵌固基础的结构示意图，根据坛子型嵌固基础的结构特点，将整个结构体分割为入岩圆台段、出露圆柱段两个部分，各部分尺寸参数如下：$h_0=0.2$m，$d=1.4$m，$h_t=5.0$m，$D=2.0$m。

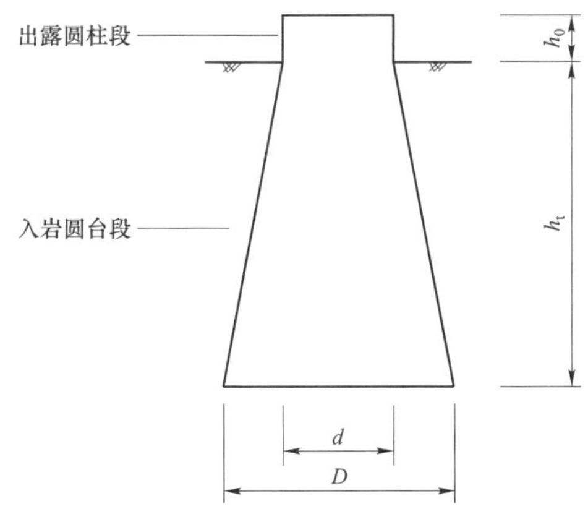


图 3－37　典型坛子型岩石嵌固基础结构示意图

（1）基础几何模型的建立。嵌固基础几何模型建立的过程可概括如下：首先，分别建立嵌固基础的入岩圆台段和出露圆柱段两个部分的几何模型；其次，通过布尔粘接操作将两部分的几何模型连成一个整体，具体详述如下。

打开并启动 ANSYS，进入 GUI。

第一步，建立入岩圆台段几何模型。

1）菜单操作路径：【Preprocessor】/【Modeling】/【Create】/【Volumes】/【Cone】/【By Dimensions】;

2）弹出【Create Cone by Dimensions】对话框，在对话框中输入圆台尺寸，其中 *Bottom radius* 表示圆台底面圆半径，*Optional top radius* 表示顶面圆半径，*Z1* 和 *Z2* 表示圆台底高程与圆台顶高程，*Starting angle* 表示旋转面开始旋转的起始角，*Ending angle* 表示旋转面旋转结束的终止角；

3）根据已知条件，输入 *Bottom radius* = 0.7，*Optional top radius* = 1.0，*Z1* = 0，*Z2* = 5.0，*Starting angle* = 0，*Ending angle* = 360，并点击【OK】按钮进行确认，完成入岩圆台段几何模型的建立，如图 3－38 所示。

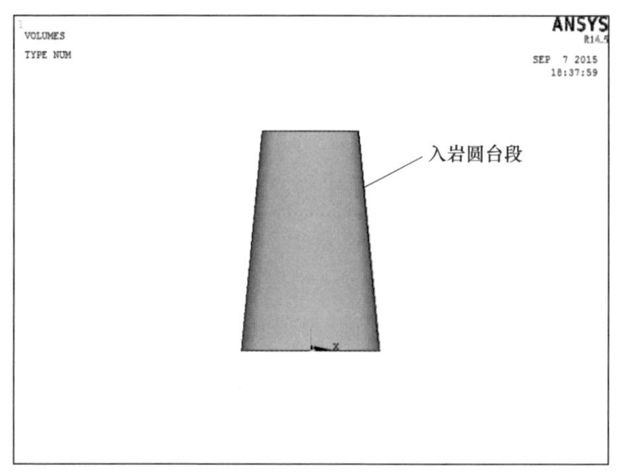


图 3－38　坛子型岩石嵌固基础入岩圆台段几何模型的建立

第二步，建立出露圆柱段几何模型。

首先将工作平面沿竖直方向（*Z* 方向）上移，上移距离为出露圆柱段的高度，具体操作如下：

1）菜单操作路径：【Utility Menu】/【WorkPlane】/【Offset WP by increments】;

2）弹出【Offset WP】对话框，在对话框【Snaps－X，Y，Z Offsets】栏中输入工作平面移动尺寸，其中 *X*、*Y*、*Z* 的数值分别表示工作平面在各方向上的移动尺寸，正负号表示移动方向（正号表示沿着工作平面 *X* 或 *Y* 或 *Z* 正向移动，负号表示沿着工作平面 *X* 或 *Y* 或 *Z* 负向移动）；

3）根据已知条件，输入 *X*=0，*Y*=0，*Z*=5.0，并点击【OK】按钮进行确认，完成工作平面的移动。

然后建立出露圆柱段，具体操作如下：

1）菜单操作路径：【Preprocessor】/【Modeling】/【Create】/【Volumes】/【Cylinder】/【Solid Cylinder】;

2）弹出【Solid Cylinder】对话框，在对话框中输入圆柱体尺寸，其中 *WPX* 和 *WPY* 表示圆心坐标，*Radius* 和 *Depth* 表示底面圆半径与圆柱高度；

3）根据已知条件，输入 *WPX*=0，*WPY*=0，*Radius*=0.7，*Depth*=0.2，并点击【OK】按钮进行确认，完成出露圆柱段的建立，如图 3-39 所示。

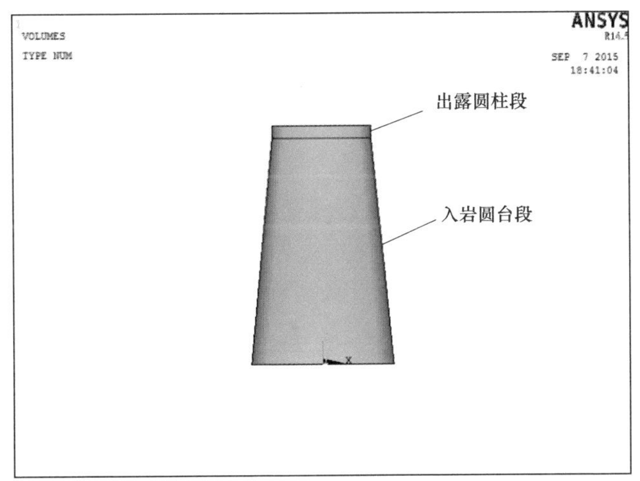


图 3-39　坛子型岩石嵌固基础出露圆柱段几何模型的建立

第三步，布尔粘接操作。

完成入岩圆台段、出露圆柱段两部分几何模型的建立以后，还需通过布尔粘接操作将嵌固基础各部分连接成一个整体，从而完成嵌固基础几何模型的建立。具体操作如下：

1）菜单操作路径：【Preprocessor】/【Modeling】/【Operate】/【Booleans】/【Glue】/【Volumes】;

2）弹出【Glue Volumes】选择框，在选择框中点击【Pick all】按钮选择所有，进行布尔粘接操作，完成坛子型岩石嵌固基础几何模型的建立，如图 3-40 所示。

（2）地基计算域几何模型的建立。地基计算域的尺寸依据圣维南原理进行确定。由图 3-37 可知，嵌固基础三维尺寸中最大值为 $h_0+h_t=5.2\text{m}$（高度方向），本实例中设置地基计算域的长、宽、高三个方向的尺寸均为 20m，约为嵌固基础三维尺寸中最大值 5.2m 的 4 倍。具体建模步骤概述如下：

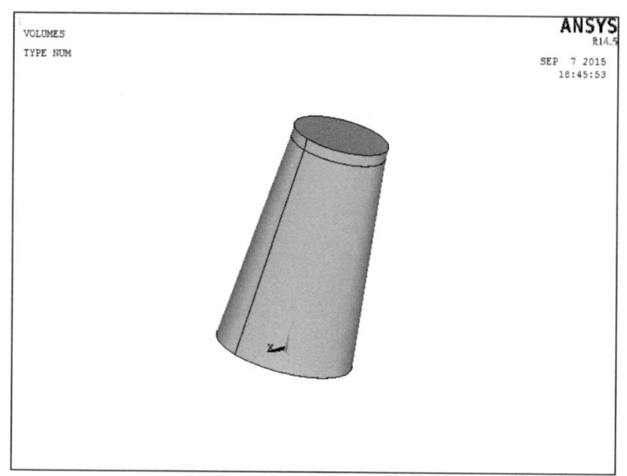


图 3-40　坛子型岩石嵌固基础几何模型的建立

第一步，嵌固基础拷贝与上移。

为了方便后述地基计算域中嵌固基础挖孔模型的生成，在建立地基计算域几何模型之前，需要将嵌固基础几何模型拷贝并上移至离地面 10m（此处高度值对后述操作没有影响，用户可随意取值）高处，具体操作如下：

1）菜单操作路径：【Preprocessor】/【Modeling】/【Copy】/【Volumes】；

2）弹出【Copy Volumes】选择框，在选择框中点击【Pick all】按钮选择所有，并点击【OK】按钮进行确认；

3）弹出【Copy Volumes】对话框，在对话框中输入上移距离，其中 *DX*、*DY*、*DZ* 分别表示 *X*、*Y*、*Z* 方向的移动距离，*ITIME* 表示拷贝的份数；

4）根据已知条件，输入 *ITIME*=2，*DX*=0，*DY*=0，*DZ*=10，并点击【OK】按钮进行确认，完成嵌固基础的拷贝与上移，如图 3-41 所示。

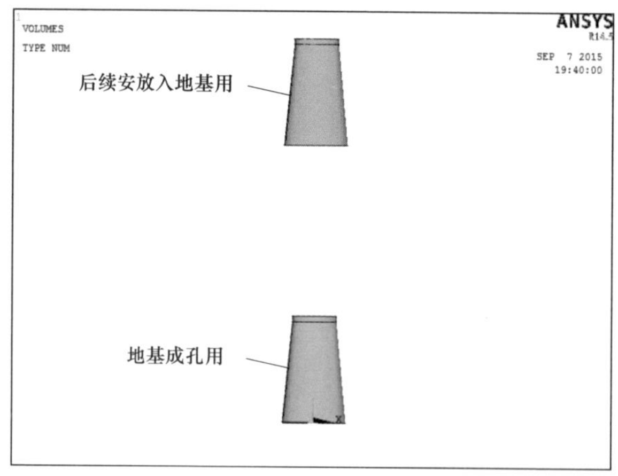


图 3-41　嵌固基础的拷贝与上移

第二步，建立地基计算域几何模型。

完成嵌固基础几何模型的拷贝与上移以后，即可进行地基计算域几何模型的构建，具体操作如下：

1）菜单操作路径：【Preprocessor】/【Modeling】/【Create】/【Volumes】/【Block】/【By Dimensions】;

2）弹出【Create Block by Dimensions】对话框，在对话框中输入地基计算域的尺寸，其中，$X1$ 与 $X2$ 表示模型 $X$ 方向的边界坐标，$Y1$ 与 $Y2$ 表示模型 $Y$ 方向的边界坐标，$Z1$ 与 $Z2$ 表示模型 $Z$ 方向的边界坐标；

3）根据已知条件，输入 $X1=-10$，$X2=10$，$Y1=-10$，$Y2=10$，$Z1=-20$，$Z2=0$，并点击【OK】按钮进行确认，完成地基计算域几何模型的建立，如图 3-42 所示。

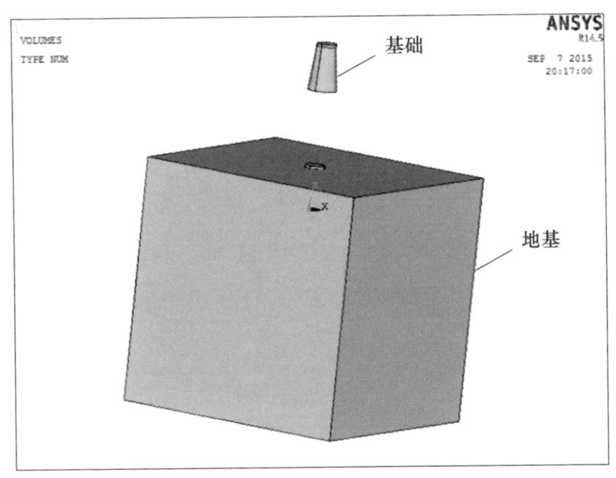


图 3-42　地基计算域几何模型的建立（嵌固基础）

第三步，嵌固基础挖孔几何模型的建立。

建立嵌固基础及地基计算域几何模型之后，通过布尔减法操作即可生成嵌固基础挖孔的模型，具体操作如下：

1）菜单操作路径：【Preprocessor】/【Modeling】/【Operate】/【Booleans】/【Subtract】/【Volumes】;

2）弹出【Subtract Volumes】选择框，点击选择地基计算域为【Base Volumes】，如图 3-43 所示，并在选择框中单击【apply】进行确认；

3）选择嵌固基础，如图 3-44 所示，并单击【OK】按钮进行确认，即可完成嵌固基础挖孔几何模型的建立，如图 3-45 所示。

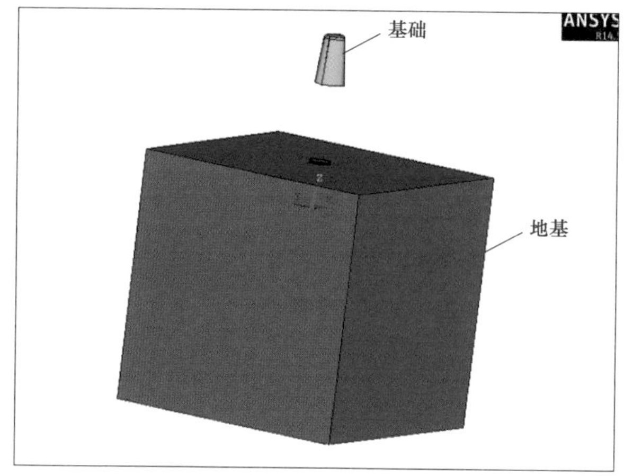


图 3-43　选择地基计算域（嵌固基础）

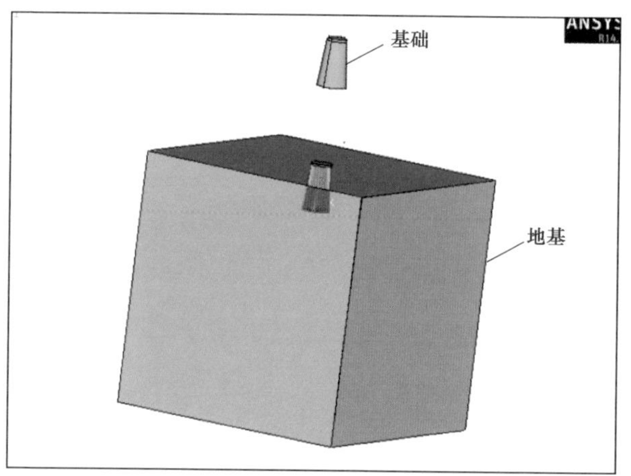


图 3-44　选择嵌固基础

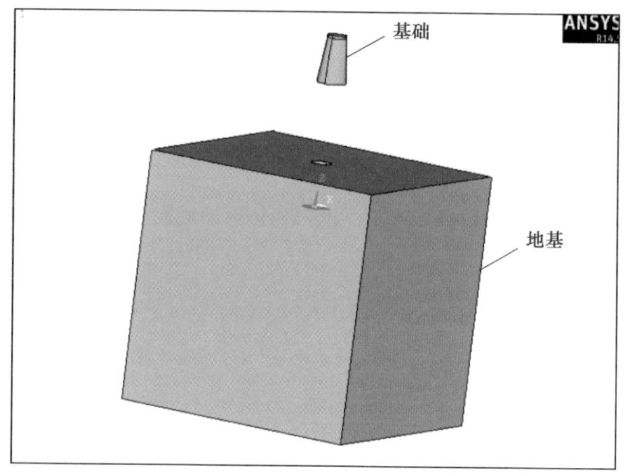


图 3-45　嵌固基础挖孔的几何模型的建立

第四步，孔底面拉伸操作。

将嵌固基础挖孔底面拉伸至地基计算域底面，使得两者具有在高度方向上拓扑形式保持一致，为后续顺利完成地基计算域网格的划分做好准备，具体操作如下：

1）菜单操作路径：【Preprocessor】/【Modeling】/【Operate】/【Extrude】/【Areas】/【By XYZ Offset】；

2）弹出【Extrude Area by Offset】选择框，点击地基计算域几何模型，并选择挖孔底面，如图 3－46 所示，然后单击【OK】按钮进行确认；

3）弹出窗口【Extrude Area by XYZ Offset】对话框，在对话框中输入延伸尺寸，其中，*DX*、*DY*、*DZ* 分别表示 *X*、*Y*、*Z* 方向的延伸距离；

4）根据已知条件，输入 *DX*=0，*DY*=0，*DZ*=－15，缺省栏默认为 0，并点击【OK】按钮进行确认，完成嵌固基础挖孔底面至地基计算域底面的拉伸操作。

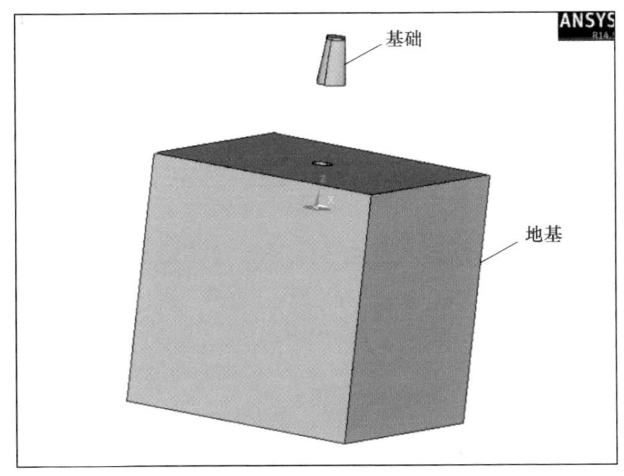


图 3－46　嵌固基础挖孔底面的选择

第五步，布尔搭接操作。

为方便后续网格的划分，将地基计算域与挖孔底面延伸体进行布尔搭接操作（若遗漏此项操作，后述网格划分将出现无法自动识别原始面与目标面的错误提示），具体操作如下：

1）菜单操作路径：【Preprocessor】/【Modeling】/【Operate】/【Booleans】/【Overlap】/【Volumes】；

2）弹出【Overlap Volumes】选择框，点击选择地基计算域和挖孔底面延伸体，如图 3－47 所示，并点击【OK】按钮进行确认，完成地基计算域与挖孔底面延伸体的布尔搭接操作。

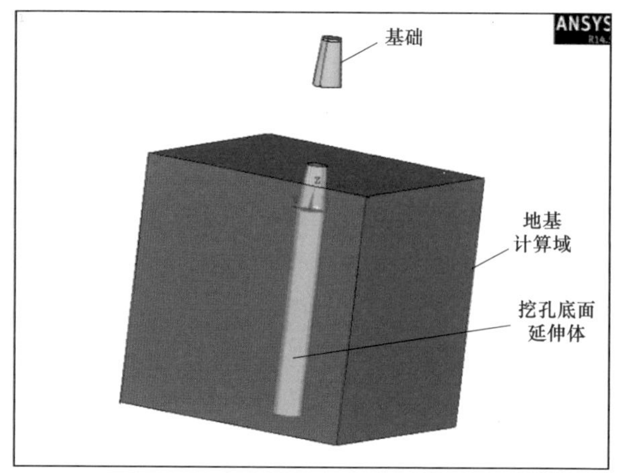


图 3-47 选择地基计算域与挖孔底面延伸体

第六步，布尔切割操作。

为方便嵌固基础与地基计算域几何模型网格的划分，采用工作平面并配合工作面的旋转移动，对整个几何模型体系进行切割，具体操作如下：

1）菜单操作路径：【Preprocessor】/【Modeling】/【Operate】/【Booleans】/【Divide】;

2）将工作平面绕 *WX* 轴旋转 90°，对整个几何模型进行切割，如图 3-48 所示；

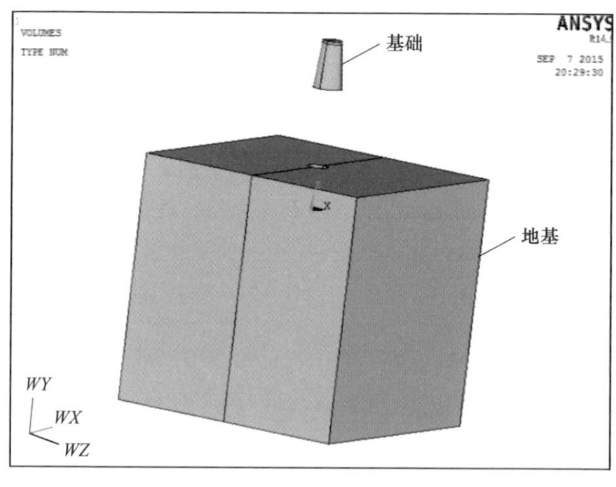


图 3-48 布尔切割操作一（嵌固基础）

3）将工作平面沿 *WZ* 轴正向移动 5m，对整个几何模型进行切割；然后将工作平面沿 *WZ* 轴负向移动 10m，对整个几何模型进行切割，如图 3-49 所示；

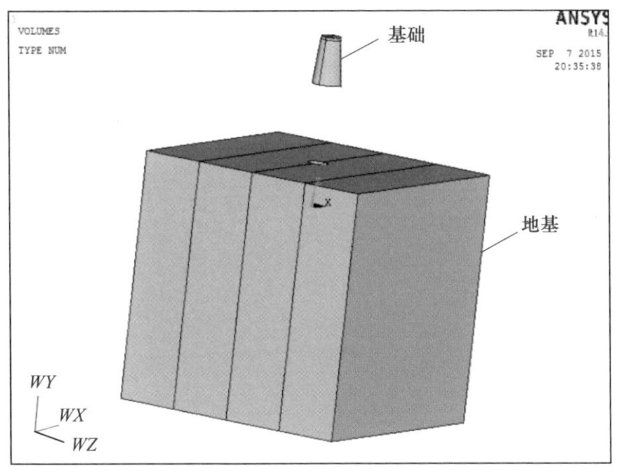


图 3－49 布尔切割操作二（嵌固基础）

4）将工作平面绕 *WY* 轴旋转 90°，对整个几何模型进行切割，如图 3－50 所示；

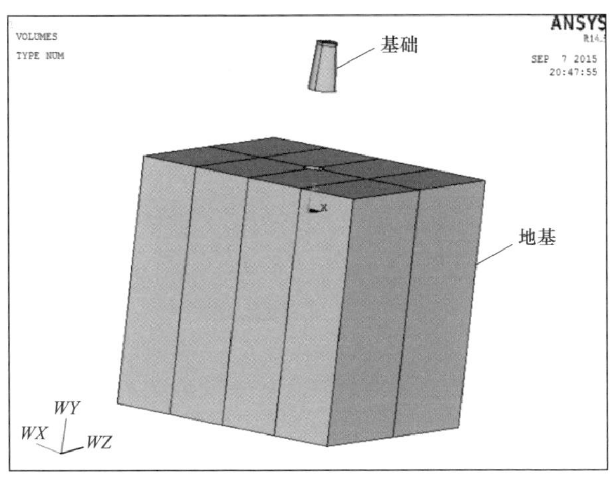


图 3－50 布尔切割操作三（嵌固基础）

5）将工作平面沿 *WZ* 轴正向移动 5m，对整个几何模型进行切割；然后将工作平面沿 *WZ* 轴负向移动 10m，对整个几何模型进行切割，如图 3－51 所示；

6）将工作平面绕 *WX* 轴旋转 90°，沿竖直方向（*WZ* 方向）向下移动 5.0m，对整个几何模型进行切割，如图 3－52 所示；

7）将工作平面沿竖直方向（*WZ* 方向）向下移动 5m，对整个几何模型进行切割，如图 3－53 所示，从而完成整个岩石嵌固基础地基基础体系几何模型的建立。

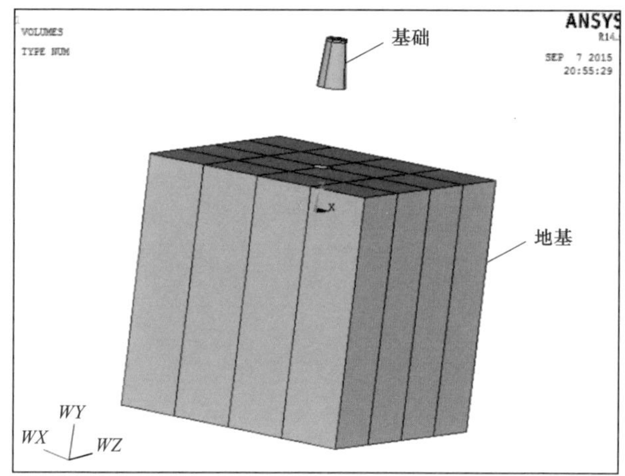


图 3-51 布尔切割操作四（嵌固基础）

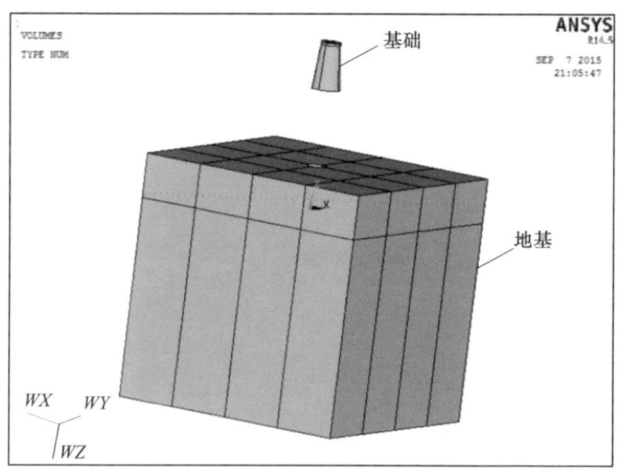


图 3-52 布尔切割操作五（嵌固基础）

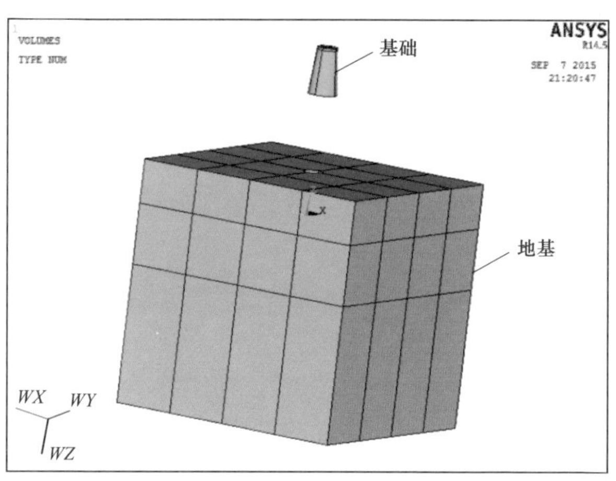


图 3-53 完成整个岩石嵌固基础地基基础体系几何模型的布尔切割操作

## 3.4 岩石锚杆基础地基基础体系几何模型建立

典型岩石锚杆基础结构示意图如图 3-54 所示，其中各部分尺寸参数如下：$l_0$=1.8m，$l$=4.0m，$h$=4.15m，$d_0$=0.036m，$d$=0.11m。

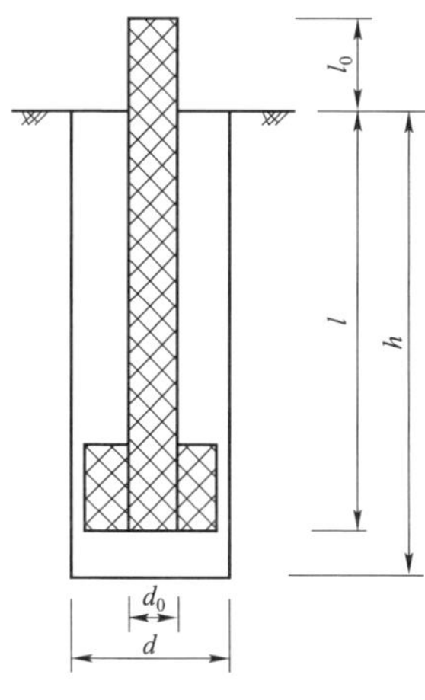

图 3-54 典型岩石锚杆基础结构示意图

岩石锚杆基础体系几何模型的建立可分为两个步骤：首先，在 ANSYS 软件中建立地基计算域几何模型；然后，对地基计算域的几何模型进行切割。由于锚杆在计算分析过程中仅作为结构单元进行考虑，在岩石锚杆基础几何模型的建立过程中，其几何模型无需设定。

第一步，在 ANSYS 中建立地基计算域几何模型。

地基计算域模型的尺寸依据圣维南原理进行确定。本实例中锚杆长度为 4m，设置地基计算域的长、宽、高方向的尺寸均为 20m，约为锚杆长度的 5 倍，具体建模步骤概述如下：

1）菜单操作路径：【Preprocessor】/【Modeling】/【Create】/【Volumes】/【Block】/【By Dimensions】；

2）弹出【Create Block by Dimensions】对话框，在对话框中输入地基计算域尺寸，其中，$X1$ 与 $X2$ 表示模型 $X$ 方向的边界坐标，$Y1$ 与 $Y2$ 表示模型 $Y$ 方向的边界坐标，$Z1$ 与 $Z2$ 表示模型 $Z$ 方向的边界坐标；

3）根据已知条件，输入 $X1$=-10，$X2$=10，$Y1$=-10，$Y2$=10，$Z1$=-20，$Z2$=0，并点击【OK】按钮进行确认，建立地基计算域几何模型，如图 3-55 所示。

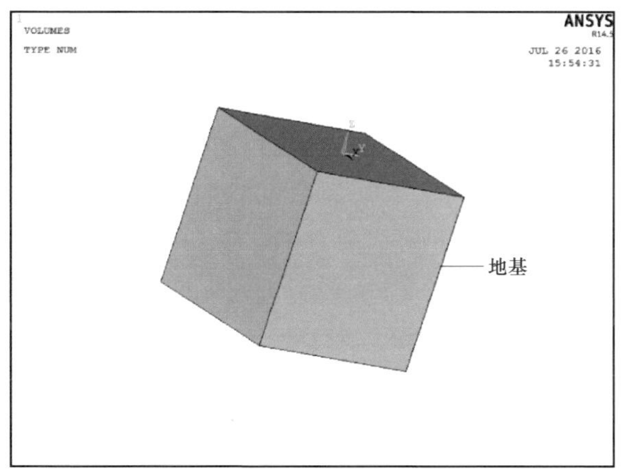

图 3-55 地基计算域几何模型的建立（岩石锚杆基础）

第二步，地基计算域几何模型的切割。

为方便锚杆基础与地基计算域几何模型网格的划分，采用工作平面并配合工作面的旋转移动，对整个几何模型体系进行布尔切割，将整个几何模型体系分割成多个实体，具体操作如下：

1）菜单操作路径：【Preprocessor】/【Modeling】/【Operate】/【Booleans】/【Divide】/【Volu by WrkPlane】；

2）将工作平面绕 *WX* 轴旋转 90°，对整个几何模型进行切割，如图 3-56 所示；

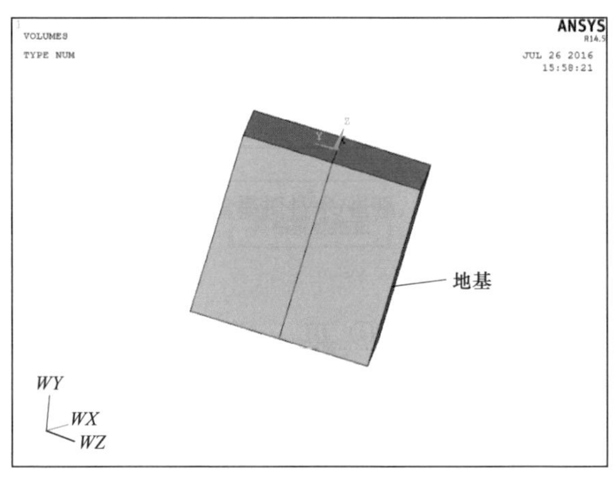


图 3-56　布尔切割操作一（岩石锚杆基础）

3）将工作平面沿 *WZ* 轴正向移动 5m，对整个几何模型进行切割；然后将工作平面沿 *WZ* 轴负向移动 10m，对整个几何模型进行切割，如图 3-57 所示；

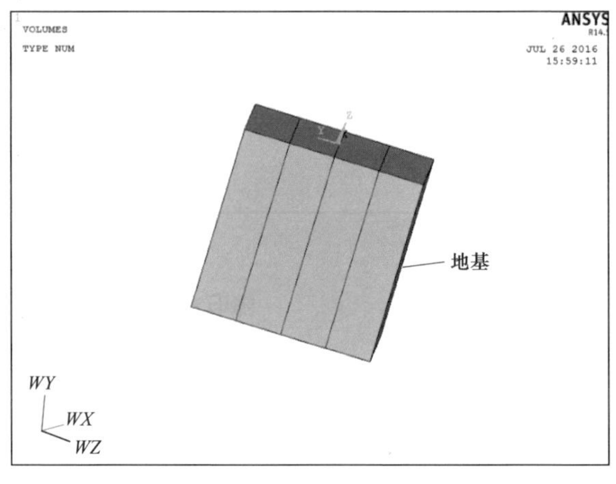


图 3-57　布尔切割操作二（岩石锚杆基础）

4）将工作平面绕 *WY* 轴旋转 90°，对整个几何模型进行切割，如图 3－58 所示；

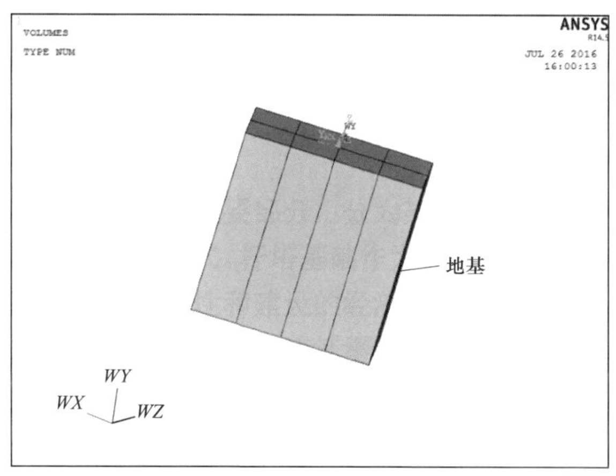


图 3－58　布尔切割操作三（岩石锚杆基础）

5）将工作平面沿 *WZ* 轴正向移动 5m，对整个几何模型进行切割；然后将工作平面沿 *WZ* 轴负向移动 10m，对整个几何模型进行切割，如图 3－59 所示；

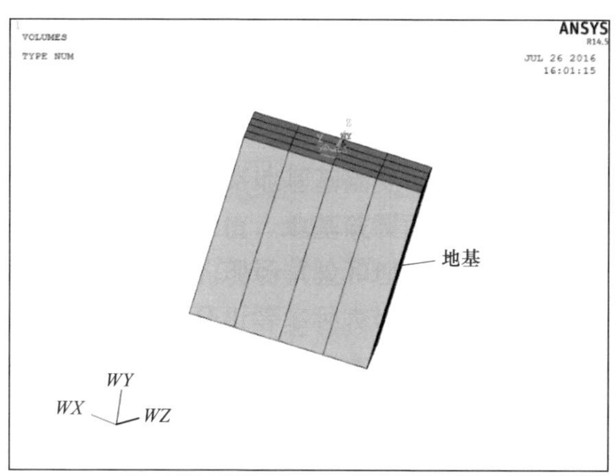


图 3－59　布尔切割操作四（岩石锚杆基础）

6）将工作平面绕 *WX* 轴旋转 90°，沿竖直方向（*WZ* 方向）向下移动 5.0m，对整个几何模型进行切割，如图 3－60 所示；

7）将工作平面沿竖直方向向下移动 5m，对整个几何模型进行切割，如图 3－61 所示，从而完成整个岩石锚杆基础地基基础体系几何模型的建立。

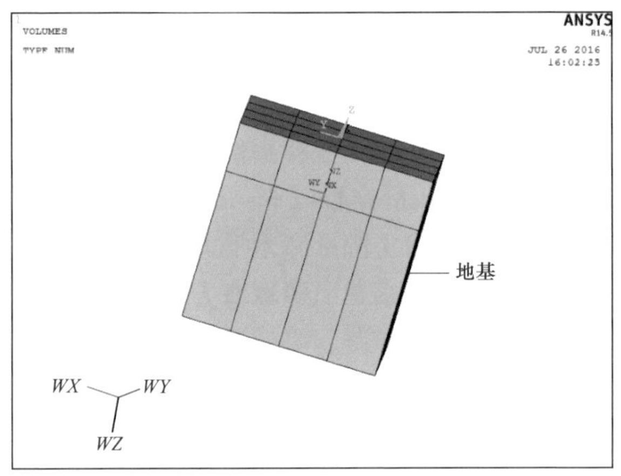


图 3-60　布尔切割操作五（岩石锚杆基础）

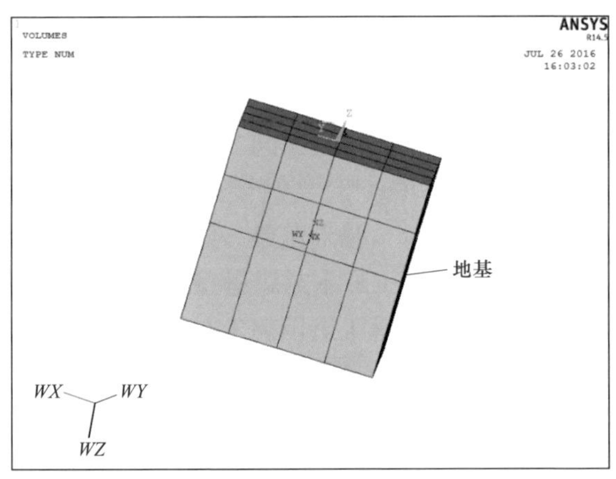


图 3-61　完成整个岩石锚杆基础地基基础体系几何模型的布尔切割操作

## 3.5　短桩—锚杆复合基础地基模型体系几何模型建立

图 3-62 为典型短桩—锚杆复合基础的结构示意图，其中短桩与地基计算域几何模型的建立在 ANSYS 软件中完成，锚杆采用 FLAC3D 软件中内嵌的结构单元来模拟，此处仅描述短桩与地基计算域几何模型的建立过程。本实例中的短桩截面为方形，截面尺寸 $d=1.2$m，$h_0=0.2$m，$h_1=1.6$m，地基计算域长、宽、高三个方向的尺寸均为 20m（确定原则同上），具体详述如下：

打开并启动 ANSYS，进入 GUI。

第一步，建立短桩与地基计算域的几何模型。

1）菜单操作路径：【Preprocessor】/【Modeling】/【Create】/【Volumes】/【Block】/【By Dimensions】；

2）弹出【Create Block by Dimensions】对话框，在对话框中输入短桩模型的尺寸，其中，$X1$ 与 $X2$ 表示模型 $X$ 方向的边界坐标，$Y1$ 与 $Y2$ 表示模型 $Y$ 方向的边界坐标，$Z1$ 与 $Z2$ 表示模型 $Z$ 方向的边界坐标；

3）根据已知条件，输入 $X1=-0.6$，$X2=0.6$，$Y1=-0.6$，$Y2=0.6$，$Z1=-1.8$，$Z2=0$，并点击【OK】按钮进行确认，建立短桩几何模型。

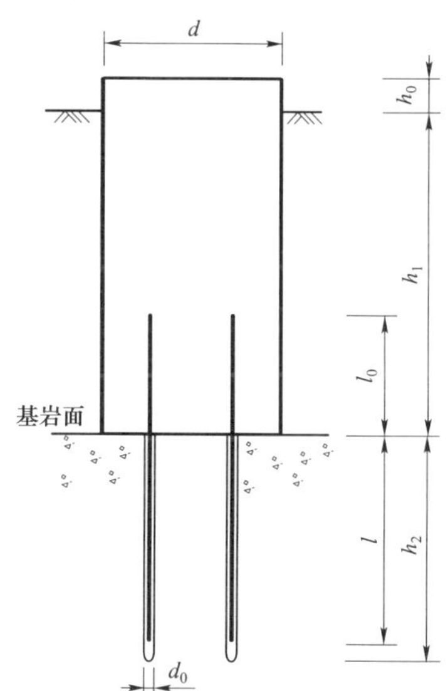


图 3－62　典型短桩—锚杆复合基础结构示意图

4）菜单操作路径：【Preprocessor】/【Modeling】/【Create】/【Volumes】/【Block】/【By Dimensions】；

5）弹出【Create Block by Dimensions】对话框，在对话框中输入地基计算域尺寸，其中，$X1$ 与 $X2$ 表示模型 $X$ 方向的边界坐标，$Y1$ 与 $Y2$ 表示模型 $Y$ 方向的边界坐标，$Z1$ 与 $Z2$ 表示模型 $Z$ 方向的边界坐标；

6）根据已知条件，输入 $X1=-10$，$X2=10$，$Y1=-10$，$Y2=10$，$Z1=-1$，$Z2=-21$，并点击【OK】按钮进行确认，完成短桩与地基计算域几何模型的建立，如图 3－63 所示。

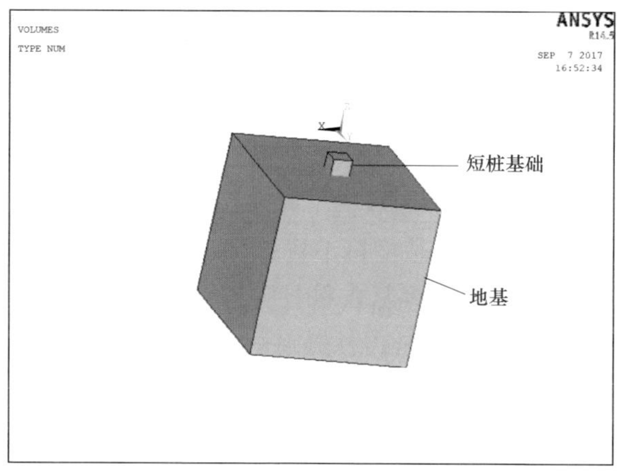


图 3－63　短桩与地基计算域几何模型的建立

第二步，布尔搭接操作。

为方便后续网格的划分，将地基计算域与短桩模型进行搭接操作（若遗漏此项操作，后述网格划分将出现无法自动识别原始面与目标面的错误提示），具体操作如下：

1）菜单操作路径：【Preprocessor】/【Modeling】/【Operate】/【Booleans】/【Overlap】/【Volumes】;

2）弹出【Overlap Volumes】选择框，鼠标点击选择地基计算域和短桩模型，如图3-64所示，并点击【OK】按钮进行确认，完成地基计算域与短桩模型的搭接操作。

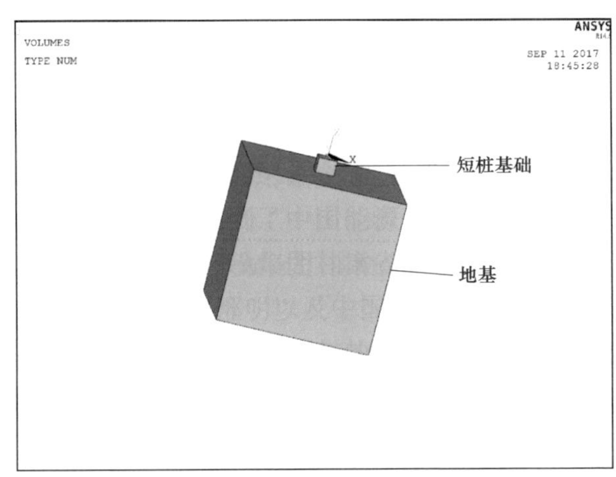


图3-64 地基布尔搭接操作

第三步，布尔切割操作。

为方便短桩与地基计算域几何模型网格的划分，采用工作平面并配合工作面的旋转移动，对整个几何模型体系进行切割，具体操作如下；

1）菜单操作路径：【Preprocessor】/【Modeling】/【Operate】/【Booleans】/【Divide】/【Volu by WrkPlane】;

2）将工作平面绕 *WX* 轴旋转 90°，将工作平面沿 *WZ* 轴正向移动 0.6m，对整个几何模型进行切割；然后将工作平面沿 *WZ* 轴负向移动 1.2m，对整个几何模型进行切割；

3）将工作平面绕 *WY* 轴旋转 90°，将工作平面沿 *WZ* 轴正向移动 0.6m，对整个几何模型进行切割；然后将工作平面沿 *WZ* 轴负向移动 1.2，对整个几何模型进行切割；

4）将工作平面绕 *WX* 轴旋转 90°，沿竖直方向（*WZ* 方向）向下移动 1.8m，对整个几何模型进行切割，从而完成整个几何模型的布尔切割操作，如图 3－65 所示。

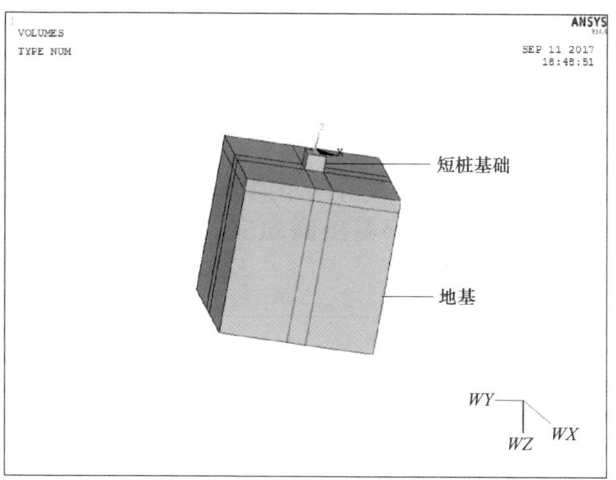


图 3－65　完成整个几何模型的布尔切割操作

# 数值计算模型的建立

本章节以架空输电线路常见类型的杆塔基础为例，详细演示基于 ANSYS 软件建立复杂几何形状的基础地基基础体系的数值网格模型以及网格模型由 ANSYS 软件导入 FLAC3D 软件的菜单（GUI）操作方法，初始条件与边界条件、材料本构模型、计算参数的确定原则，并附以相应 ANSYS 命令流文件（见附录 A）。

## 4.1 地基基础体系数值网格模型建立

采用网格划分工具栏（MeshTool）中线尺寸控制方法（SizeControls），确定地基基础体系网格尺寸大小，采用扫略划分方法（SWEEP）进行网格划分，具体步骤详述如下：

### 4.1.1 基于 ANSYS 软件的复杂几何形状的基础地基基础体系数值网格模型建立

#### 4.1.1.1 网格划分参数设置

第一步，定义单元类型。

在进行网格划分之前，首先需要定义单元类型，本模型为三维实体模型，应采用 Solid 实体单元，具体操作如下：

1）菜单操作路径：【Preprocessor】/【Element Type】/【Add/Edit/Delete】；

2）弹出【Element Types】对话框，在对话框点击【Add】按钮，添加单元类型；

3）弹出【Library of Element Types】对话框，在对话框中选择【Solid－brick 8 node 185】，并点击【OK】按钮进行确认，完成单元类型的定义，单元类型定义窗口如图 4－1 所示。

第二步，定义单元形状。

定义单元类型以后，还需要对单元形状进行定义。定义单元形状可以采用网格划分工具【MeshTool】进行，具体操作如下：

1）菜单操作路径：【Preprocessor】/【Meshing】/【Mesh Tool】;

2）弹出【MeshTool】对话框，在对话框中【Mesh】选项栏，下拉选择【Volumes】，在【Shape】选项栏中选择【Hex】六面体单元。其中，【Tet】表示四面体单元，【Free】、【Mapped】、【Sweep】表示三种网格划分方法，分别对应自由网格划分、映射网格划分、扫略网格划分，单元形状定义窗口如图4-2所示。

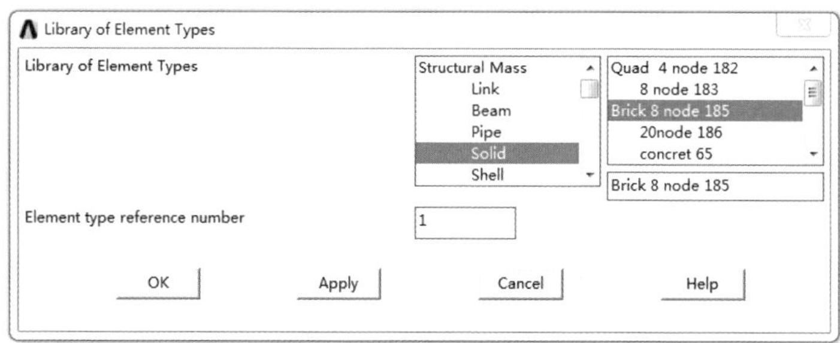


图4-1 单元类型定义窗口

第三步，定义单元尺寸。

完成单元类型和单元形状的定义以后，还需要进行单元尺寸的定义，定义单元尺寸采用网格划分工具【MeshTool】进行，具体操作如下；

1）菜单操作路径：【Preprocessor】/【Meshing】/【Mesh Tool】/【Size Controls】/【Global/Areas/Lines/Keypoints/Layers】;

2）弹出【Mesh Tool】对话框，在对话框中的【Size Controls】选项栏可进行单元尺寸的定义，如图4-3所示。其中【Global-Set】选项可进行总体单元尺寸的定义，包括总体线上的单元边长或者每条线上划分的单元数；【Areas-Set】选项可进行面上单元尺寸的定义，包括面上的单元长度；【Lines-Set】选项可进行线上单元尺寸的定义，包括指定线上的单元边长或单元划分数；【Keypoints-Set】选项可进行关键点附近单元尺寸的定义，包括关键点附近的单元长度；【Clear】选项可清除已定义的单元尺寸。本实例采用【Lines-Set】选项来定义线上单元尺寸，

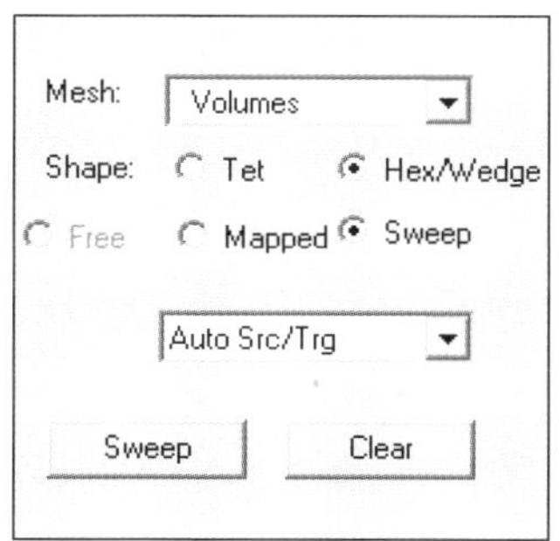


图4-2 单元形状定义窗口

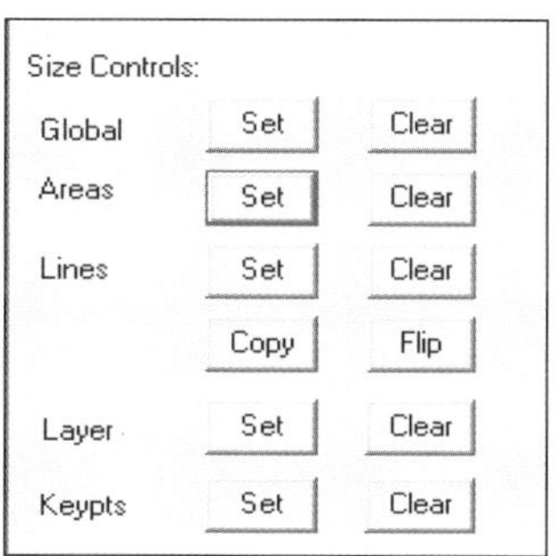


图4-3 单元尺寸定义窗口

具体操作如下：点击【Lines】标签后的【Set】按钮，进行线上单元尺寸的定义。

3）弹出【Element Size on Picked Lines】选择框，鼠标点击选择相对应的线，并点击【OK】按钮进行确认；

4）弹出【Element Size on Picked Lines】对话框，在【SIZE】栏输入单元长度，或在【NIDV】栏输入单元划分份数，并点击【OK】按钮进行确认，完成单元尺寸的定义，线上单元尺寸定义窗口如图4-4所示。

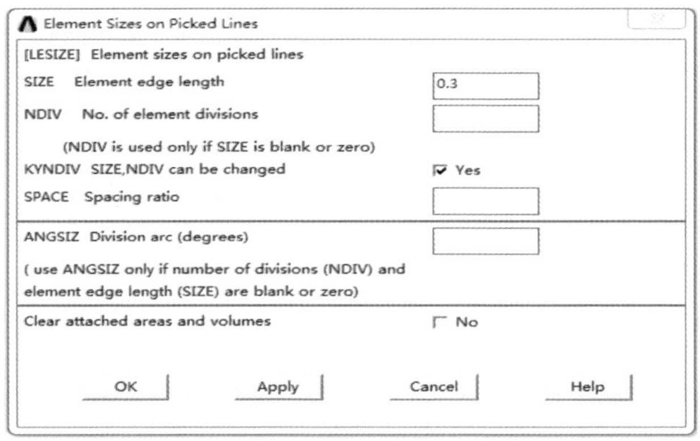


图4-4 线上单元尺寸定义窗口

第四步，确定网格划分方法。

完成以上步骤以后，最后确定网格划分方法，便可以进行网格划分。ANSYS软件提供有三种网格划分器：【Free】为自由网格划分器，适用于无单元形状限制、网格无固定模式、形状复杂的面和体的网格划分；【Mapped】为映射网格划分器，一般适用于四边形或者六面体几何模型网格的规则划分；【Sweep】为扫略网格划分器，适用于由面经过拖拉、旋转、偏移等方式生成的复杂三维实体的网格。相比其他两种方法，【Sweep】经过简单的切割处理，即可将复杂的几何实体划分为规整的六面体网格，是目前最为常用的网格划分方法，因此本专著建模采用【Sweep】扫略网格划分方法进行网格划分，具体操作如下：

1）菜单操作路径：【Preprocessor】/【Meshing】/【Mesh Tool】；

图4-5 确定网格划分方法

2）弹出【MeshTool】对话框，在对话框中【Mesh】选项栏，点击选择【Sweep】扫略网格划分器，确定网格划分方法，如图4-5所示。

第五步，进行网格划分。

完成上述网格划分前的基本设置以后，只需点击网格划分工具【MeshTool】中的【Mesh】键，然后点击拾取器选择对应的几何模型即可进行网格划分，具体操作如下：

1）菜单操作路径：【Preprocessor】/【Meshing】/【Mesh Tool】;

2）弹出【Mesh Tool】对话框，选择【Sweep】扫略网格划分器，并打开自动扫略【Auto Src/Trg】选项，然后点击对话框中的【Sweep】键；

3）弹出【Mesh Volumes】选择框，点击【Pick All】选择所有。

#### 4.1.1.2 掏挖基础地基基础体系网格划分

（1）基础网格划分。采用八节点六面体等参单元对基础几何模型进行网格划分，利用控制线上的单元长度来控制单元尺寸，通过扫略网格划分法进行网格划分，具体操作如下：

网格划分设置

第一步，显示掏挖基础并隐藏地基计算域。

1）菜单操作路径：【Utility Menu】/【Select】/【Entities】;

2）弹出【Select Entities】对话框，在对话框中第一栏下拉选择【Volumes】选项，其余保持系统默认不变，并点击【OK】按钮进行确认；

3）弹出【Select Entities】选择框，点击选择基础，并点击【OK】按钮进行确认；

4）在图形显示区域，点击鼠标右键，选择并点击【Replot】选项，显示掏挖基础并隐藏地基计算域，如图 4－6 所示。

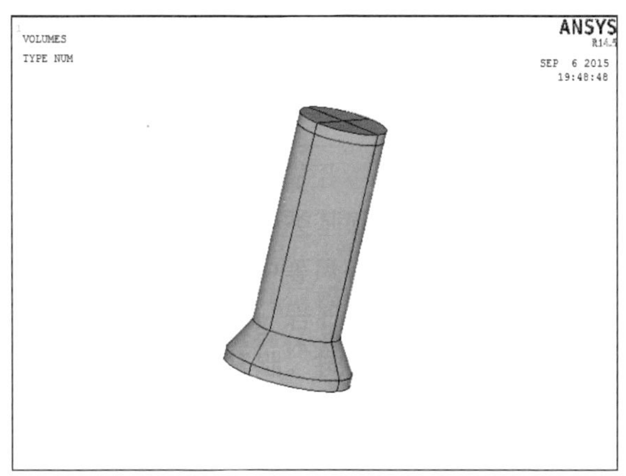


图 4－6 显示掏挖基础并隐蔽地基计算域

第二步，显示掏挖基础模型轮廓线。

选择并显示基础以后，显示其模型轮廓线，便于定义线上单元尺寸，具体操作如下：

1）菜单操作路径：【Utility Menu】/【Select】/【Everything Below】/【Selected Volumes】;

2）完成上述操作后，点击菜单栏【Plot】选项，在下拉菜单中选择【Lines】，在图形显示区域显示掏挖基础模型轮廓线，如图 4－7 所示。

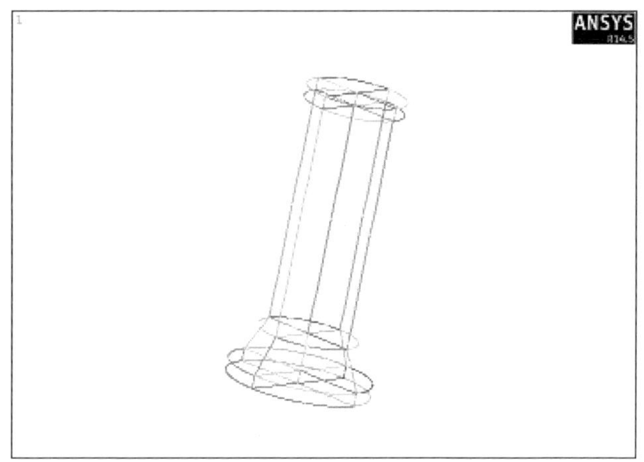

图 4-7　显示基础模型轮廓线

第三步，定义单元尺寸。

通过网格划分工具【Mesh Tool】定义基础所有线上的单元长度，具体操作如下：

1）菜单操作路径：【Preprocessor】/【Meshing】/【Mesh Tool】/【Size Controls】/【Lines】/【Set】;

2）弹出【Element Size on Picked Lines】选择框，点击【Pick All】选择所有，并点击【OK】按钮进行确认；

3）弹出【Element Size on Picked Lines】对话框，在【SIZE】栏输入单元长度值 0.3，其余项保持系统默认不变，并点击【OK】按钮进行确认，完成单元尺寸的定义；

4）在图形显示区域，点击鼠标右键，选择并点击【Replot】选项，显示如图 4-8 所示。

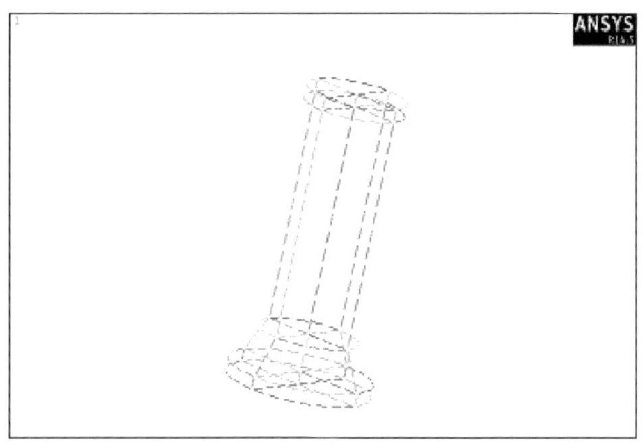

图 4-8　定义基础线上单元长度

第四步，网格划分。

定义单元长度以后，即可进行基础网格划分，具体操作如下：

1）菜单操作路径：【Preprocessor】/【Meshing】/【Mesh Tool】；

2）弹出【Mesh Tool】对话框，确定单元形状后，选择【Sweep】扫略网格划分器，并打开自动扫略【Auto Src/Trg】选项，然后点击对话框中的【Sweep】键；

3）弹出【Mesh Volumes】选择框，在选择框中点击【Pick All】按钮选择所有，完成基础网格模型的划分，如图4－9所示。

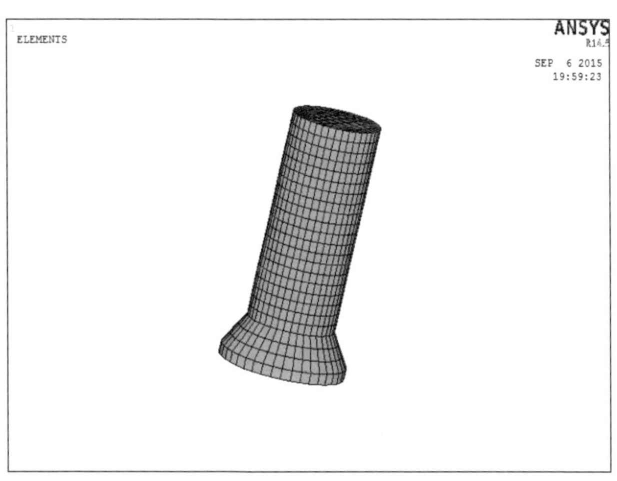


图4－9 完成基础网格模型的划分

（2）地基计算域网格划分。地基计算域几何模型网格划分同样采用八节点六面体等参单元，利用控制线上单元长度的方法控制单元尺寸，通过扫略网格划分法进行网格划分。为保证扫略方法顺利进行，地基计算域几何模型的网格划分分步进行。

第一步，显示地基计算域几何模型中靠近基础的几何实体。

反选地基计算域几何模型外围远离基础的几何实体，选择并显示地基计算域几何模型靠近基础的几何实体，隐藏其余部分，具体操作如下：

1）菜单操作路径：【Utility Menu】/【Select】/【Entities】；

2）弹出【Select Entities】对话框，在对话框中第一栏下拉选择【Volumes】选项，第三栏选择【Unselect】选项，其余保持系统默认不变，并点击【OK】按钮进行确认；

3）弹出【Select Entities】选择框，点击选择基础，并点击【OK】按钮进行确认；

4）重复以上步骤，弹出【Select Entities】选择框，点击选择地基计算域外围远离基础的几何实体，并点击【OK】按钮进行确认；

5）在图形显示区域，点击鼠标右键，选择并点击【Replot】选项，即可显示出地基计算域几何模型靠近基础的几何实体，如图 4－10 所示。

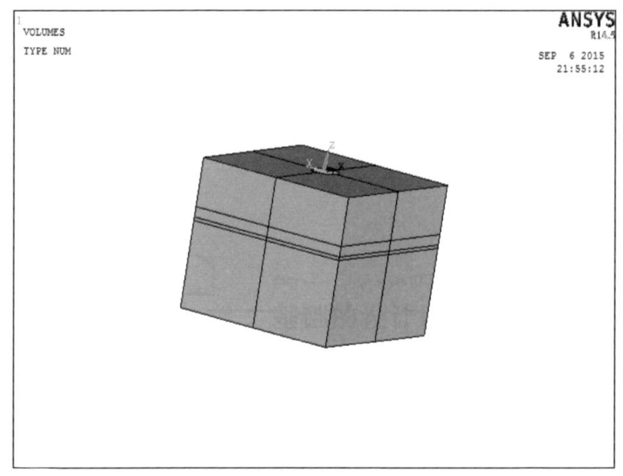


图 4－10　显示地基计算域几何模型靠近基础的几何实体

第二步，显示地基计算域几何模型中靠近基础的几何实体的轮廓线。

选择并显示地基计算域几何模型靠近基础的几何实体以后，显示其轮廓线，便于定义线上单元尺寸，具体操作如下：

1）菜单操作路径：【Utility Menu】/【Select】/【Everything Below】/【Selected Volumes】；

2）完成上述操作后，点击菜单栏【Plot】选项，在下拉菜单中选择【Lines】，在图形显示区域显示其轮廓线，如图 4－11 所示。

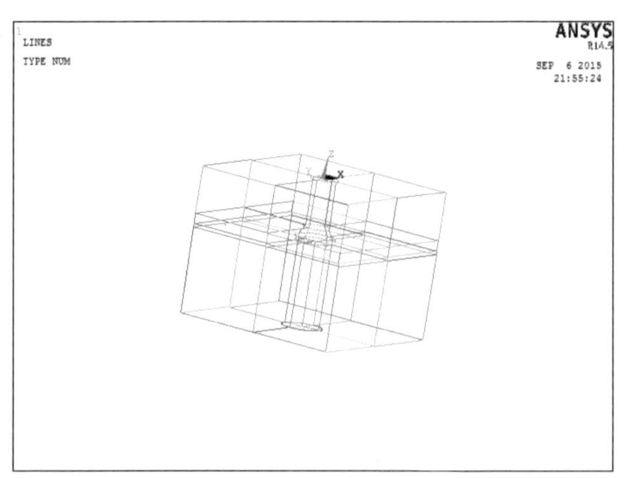


图 4－11　显示地基计算域几何模型靠近基础的几何实体轮廓线

第三步，定义单元尺寸。

定义地基计算域几何模型中靠近基础的几何实体线上的单元长度为 0.3m（线上单元长度值可根据不同位置处计算精度的要求定义不同数值，一般靠近基础中心取小值，远离基础中心取大值），通过网格划分工具【Mesh Tool】定义线上的单元长度，具体操作如下：

1）菜单操作路径：【Preprocessor】/【Meshing】/【Mesh Tool】/【Size Controls】/【Lines】/【Set】;

2）弹出【Element Size on Picked Lines】选择框，点击【Pick All】选择所有，并点击【OK】按钮进行确认；

3）弹出【Element Size on Picked Lines】对话框，在【SIZE】栏输入单元长度值 0.3，其余项保持系统默认不变，并点击【OK】按钮进行确认，完成单元尺寸的定义；

4）在图形显示区域，点击鼠标右键，选择并点击【Replot】选项，显示如图 4－12 所示。

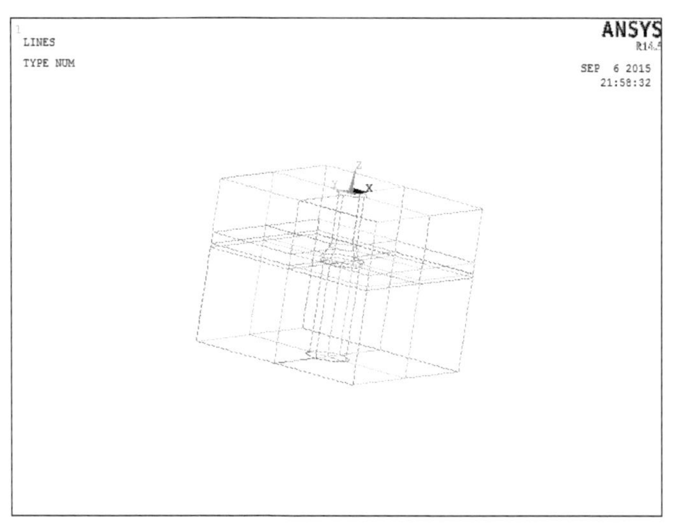


**图 4－12 定义地基计算域几何模型靠近基础的几何实体线上单元长度**

第四步，地基计算域几何模型中靠近基础的几何实体网格划分。

定义单元长度以后，即可进行地基计算域几何模型中靠近基础的几何实体的网格划分，具体操作如下：

1）菜单操作路径：【Preprocessor】/【Meshing】/【Mesh Tool】;

2）弹出【Mesh Tool】对话框，确定单元形状后，选择【Sweep】扫略网格划分器，并打开自动扫略【Auto Src/Trg】选项，然后点击对话框中的【Sweep】键；

3）弹出【Mesh Volumes】选择框，在选择框中点击【Pick All】按钮选择

所有，完成地基计算域几何模型中靠近基础的几何实体的网格划分，如图 4－13 所示。

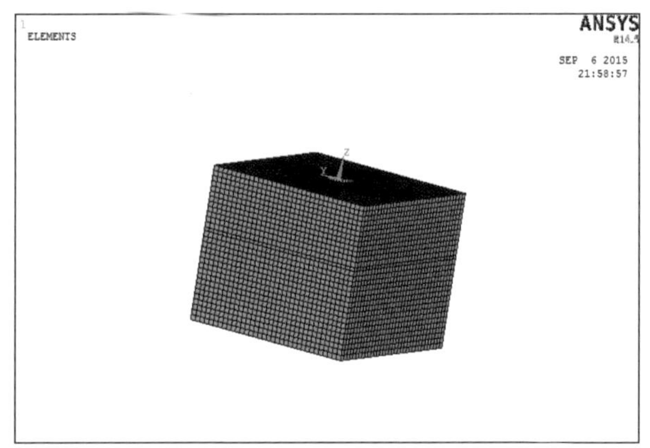


图 4－13　地基计算域几何模型靠近基础的几何实体网格划分

第五步，显示地基计算域几何模型外围远离基础的几何实体。

选择并显示地基计算域几何模型外围远离基础的几何实体，隐藏其余部分，具体操作如下：

1）菜单操作路径：【Utility Menu】/【Select】/【Entities】;

2）弹出【Select Entities】对话框，在对话框中第一栏下拉选择【Volumes】选项，其余保持系统默认不变，并点击【OK】按钮进行确认；

3）弹出【Select Entities】选择框，点击选择地基计算域几何模型外围远离基础的几何实体，并点击【OK】按钮进行确认；

4）在图形显示区域，点击鼠标右键，选择并点击【Replot】选项，显示地基计算域几何模型外围远离基础的几何实体，如图 4－14 所示。

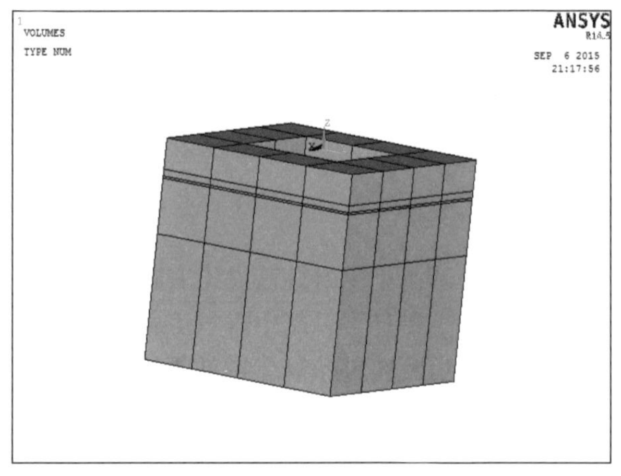


图 4－14　显示地基计算域几何模型远离基础的几何实体

第六步，显示地基计算域几何模型外围远离基础的几何实体的轮廓线。

选择并显示地基计算域几何模型外围远离基础的几何实体以后，显示其轮廓线，便于定义线上单元尺寸，具体操作如下：

1）菜单操作路径：【Utility Menu】/【Select】/【Everything Below】/【Selected Volumes】；

2）完成上述操作后，点击菜单栏【Plot】选项，在下拉菜单中选择【Lines】，在图形显示区域显示其轮廓线，如图 4－15 所示。

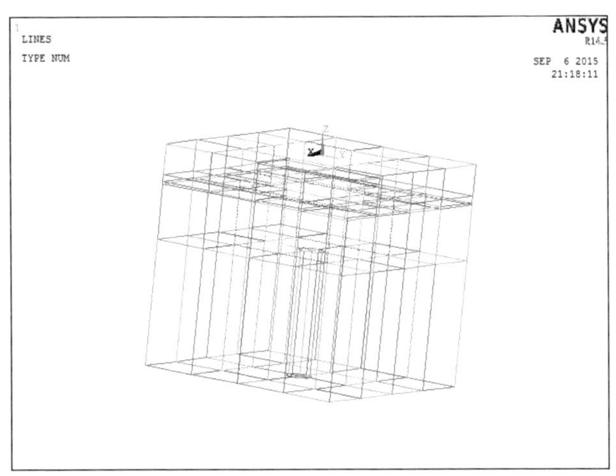


图 4－15　显示地基计算域几何模型外围远离基础的几何实体的轮廓线

第七步，定义单元尺寸。

通过网格划分工具【Mesh Tool】定义地基计算域几何模型外围远离基础的几何实体线上的单元长度，具体操作如下：

1）菜单操作路径：【Preprocessor】/【Meshing】/【Mesh Tool】/【Size Controls】/【Lines】/【Set】；

2）弹出【Element Size on Picked Lines】选择框，点击【Pick All】按钮选择所有，并点击【OK】按钮进行确认；

3）弹出【Element Size on Picked Lines】对话框，在【SIZE】栏输入单元长度值 0.5，其余项保持系统默认不变，并点击【OK】按钮进行确认，完成单元尺寸的定义；

4）在图形显示区域，点击鼠标右键，选择并点击【Replot】选项，显示如图 4－16 所示。

第八步，地基计算域几何模型外围远离基础的几何实体网格划分。

定义单元长度以后，即可进行地基计算域几何模型外围远离基础的几何实体的网格划分，具体操作如下：

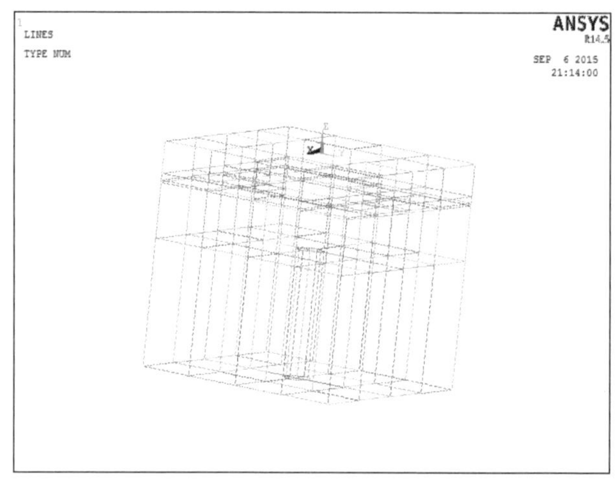


图 4-16　定义地基计算域几何模型外围远离基础几何实体线上单元长度

1）菜单操作路径：【Preprocessor】/【Meshing】/【Mesh Tool】；

2）弹出【Mesh Tool】对话框，确定单元形状后，选择【Sweep】扫略网格划分器，并打开自动扫略【Auto Src/Trg】选项，然后点击对话框中的【Sweep】键；

3）弹出【Mesh Volumes】选择框，在选择框中点击【Pick All】按钮选择所有，完成地基计算域几何模型外围远离基础的几何实体网格的划分，如图 4-17 所示。

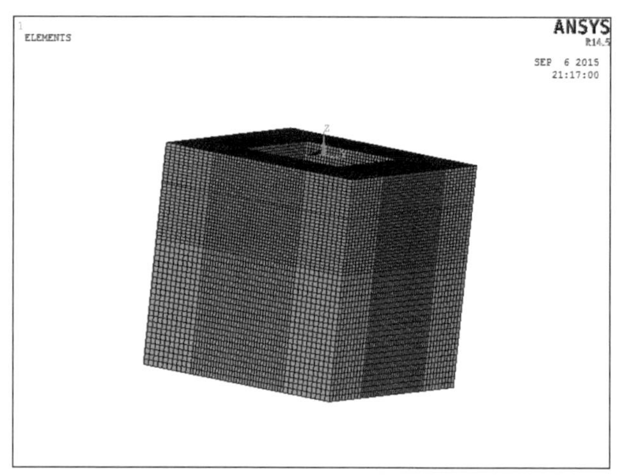


图 4-17　地基计算域几何模型外围远离基础的几何实体网格划分

第九步，显示地基基础体系网格模型。

以上步骤完成以后，掏挖基础地基基础体系网格模型即建立完成，只需选择并显示所有，即可看到完整的网格模型，具体操作如下：

1）菜单操作路径：【Utility Menu】/【Select】/【Everthing】;

2）完成上述操作后，点击菜单栏【Plot】选项，在下拉菜单中选择【Elements】，显示地基基础体系的网格模型，如图 4-18 所示。

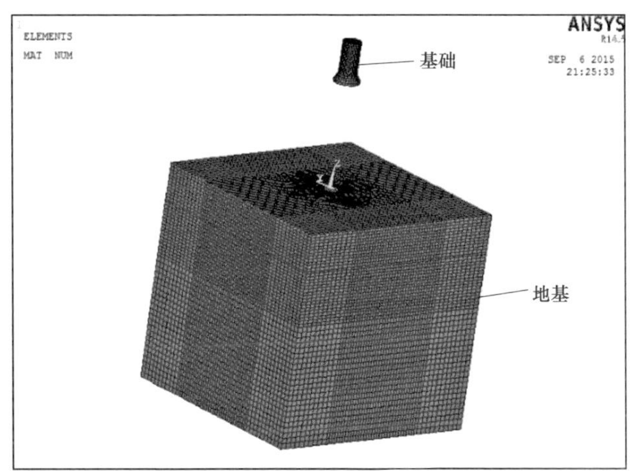

网格划分的
操作步骤

图 4-18 地基基础体系网格模型

#### 4.1.1.3 桩基础地基基础体系网格划分

（1）基础网格划分。采用八节点六面体等参单元进行桩基础几何模型网格划分，利用控制线上单元长度控制单元尺寸，通过扫略网格划分方法进行网格划分，具体操作如下：

第一步，显示桩基础并隐藏地基计算域。

1）菜单操作路径：【Utility Menu】/【Select】/【Entities】;

2）弹出【Select Entities】对话框，在对话框中第一栏下拉选择【Volumes】选项，其余保持系统默认不变，并点击【OK】按钮进行确认；

3）弹出【Select Entities】选择框，鼠标点击选择桩基础，并点击【OK】按钮进行确认；

4）在图形显示区域，点击鼠标右键，选择并点击【Replot】选项，显示桩基础并隐藏地基计算域，如图 4-19 所示。

第二步，显示桩基础模型轮廓线。

选择并显示桩基础以后，显示其模型轮廓线，便于定义线上单元尺寸，具体操作如下：

1）菜单操作路径：【Utility Menu】/【Select】/【Everything Below】/【Selected Volumes】;

2）完成上述操作后，点击菜单栏【Plot】选项，在下拉菜单中选择【Lines】，在图形显示区域显示桩基础模型轮廓线，如图 4－20 所示。

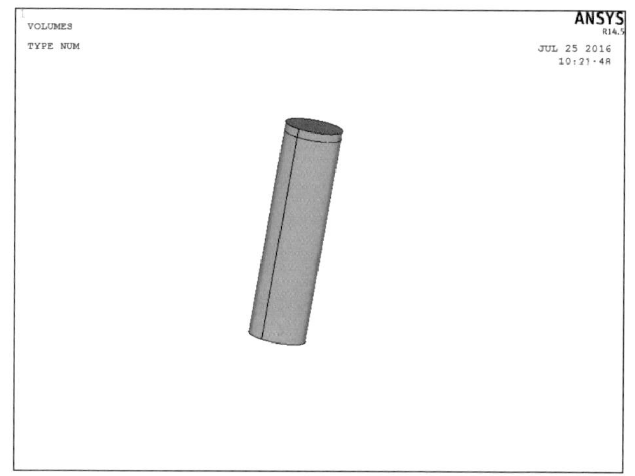


图 4－19　显示桩基础并隐藏地基计算域模型

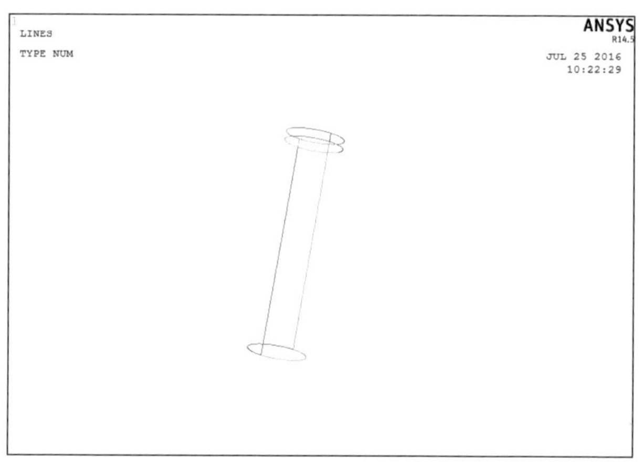


图 4－20　显示桩基础模型轮廓线

第三步，定义单元尺寸。

定义桩基础所有线上的单元长度为 0.3m（单元长度值可根据具体基础计算精度的需要自行定义），通过网格划分工具【Mesh Tool】定义基础所有线上的单元长度，具体操作如下：

1）菜单操作路径：【Preprocessor】/【Meshing】/【Mesh Tool】/【Size Controls】/【Lines】/【Set】;

2）弹出【Element Size on Picked Lines】选择框，点击【Pick All】选择所有，并点击【OK】按钮进行确认；

3）弹出【Element Size on Picked Lines】对话框，在【SIZE】栏输入单元长度值 0.3，其余项保持系统默认不变，并点击【OK】按钮进行确认，完成单元尺寸的定义；

4）在图形显示区域，点击鼠标右键，选择并点击【Replot】选项，显示如图 4－21 所示。

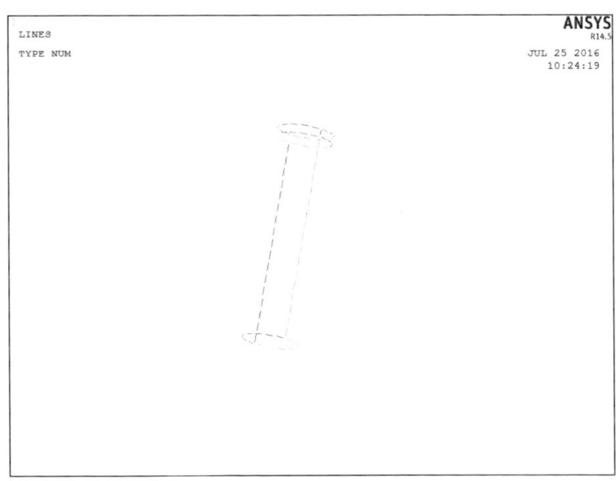


图 4－21　定义桩基础线上单元长度

第四步，网格划分。

定义单元长度以后，即可进行桩基础网格划分，具体操作如下：

1）菜单操作路径：【Preprocessor】/【Meshing】/【Mesh Tool】；

2）弹出【Mesh Tool】对话框，确定单元形状后，选择【Sweep】扫略网格划分器，并打开自动扫略【Auto Src/Trg】选项，然后点击对话框中的【Sweep】键；

3）弹出【Mesh Volumes】选择框，在选择框中点击【Pick All】按钮选择所有，完成桩基础网格模型的划分，如图 4－22 所示。

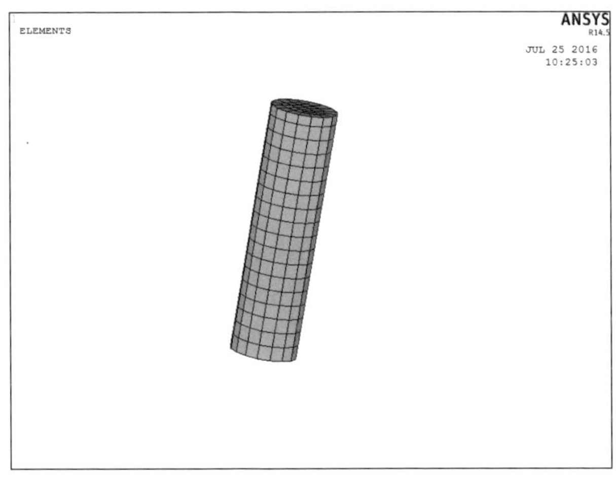


图 4－22　完成桩基础网格模型的划分

（2）地基计算域的网格划分。地基计算域几何模型同样采用八节点六面体等参单元，利用控制线上单元长度的方法控制单元尺寸，采用扫略网格划分方法进行网格划分。为保证扫略方法顺利进行，地基计算域几何模型的网格划分分步进行。

第一步，显示地基计算域几何模型靠近基础的几何实体。

反选地基计算域几何模型外围远离基础的几何实体，选择并显示地基计算域几何模型靠近基础的几何实体，隐藏其余部分，具体操作如下：

1）菜单操作路径：【Utility Menu】/【Select】/【Entities】；

2）弹出【Select Entities】对话框，在对话框中第一栏下拉选择【Volumes】选项，第三栏选择【Unselect】选项，其余保持系统默认不变，并点击【OK】按钮进行确认；

3）弹出【Select Entities】选择框，点击选择桩基础，并点击【OK】按钮进行确认；

4）重复以上步骤，弹出【Select Entities】选择框，点击选择地基计算域几何模型外围远离基础的几何实体，并点击【OK】按钮进行确认；

5）在图形显示区域，点击鼠标右键，选择并点击【Replot】选项，显示地基计算域几何模型靠近基础的几何实体，如图 4－23 所示。

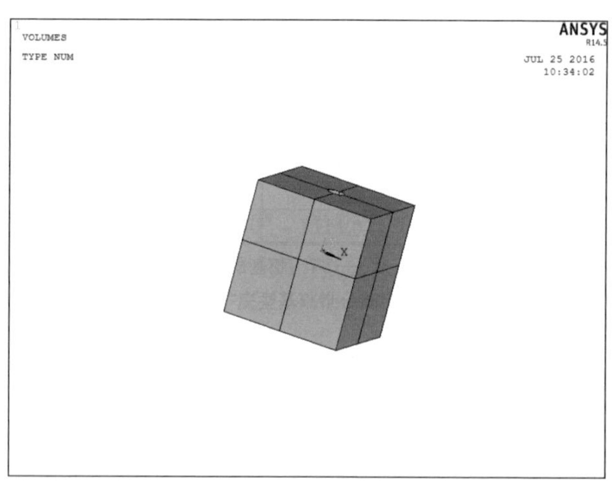


图 4－23　显示地基计算域几何模型靠近基础的几何实体

第二步，显示地基计算域几何模型中靠近基础的几何实体轮廓线。

选择并显示地基计算域几何模型中靠近基础的几何实体以后，显示其轮廓线，便于定义线上单元尺寸，具体操作如下：

1）菜单操作路径：【Utility Menu】/【Select】/【Everything Below】/【Selected Volumes】；

2）完成上述操作后，点击菜单栏【Plot】选项，在下拉菜单中选择【Lines】，在图形显示区域显示其轮廓线，如图4-24所示。

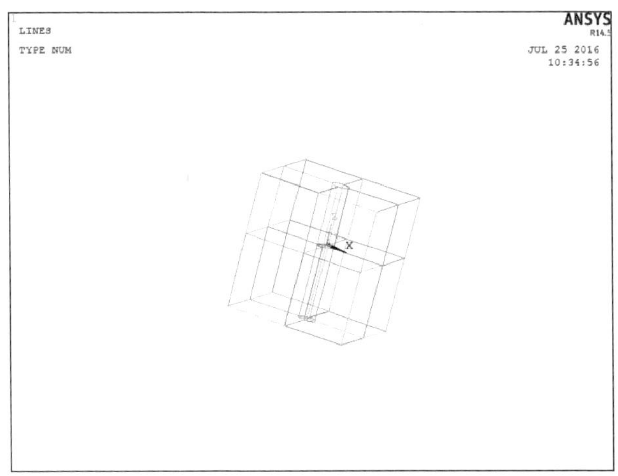


图4-24 显示地基计算域几何模型靠近基础的几何实体轮廓线

第三步，定义单元尺寸。

通过网格划分工具【Mesh Tool】定义地基计算域几何模型靠近基础的几何实体线上的单元长度，具体操作如下：

1）菜单操作路径：【Preprocessor】/【Meshing】/【Mesh Tool】/【Size Controls】/【Lines】/【Set】；

2）弹出【Element Size on Picked Lines】选择框，点击【Pick All】选择所有，并点击【OK】按钮进行确认；

3）弹出【Element Size on Picked Lines】对话框，在【SIZE】栏输入单元长度值0.3，其余项保持系统默认不变，并点击【OK】按钮进行确认，完成单元尺寸的定义；

4）在图形显示区域，点击鼠标右键，选择并点击【Replot】选项，显示如图4-25所示。

第四步，地基计算域几何模型靠近基础的几何实体网格划分。

定义单元长度以后，即可进行地基计算域几何模型靠近基础的几何实体的网格划分，具体操作如下：

1）菜单操作路径：【Preprocessor】/【Meshing】/【Mesh Tool】；

2）弹出【Mesh Tool】对话框，确定单元形状后，选择【Sweep】扫略网格划分器，并打开自动扫略【Auto Src/Trg】选项，然后点击对话框中的【Sweep】键；

3）弹出【Mesh Volumes】选择框，在选择框中点击【Pick All】按钮选择

所有，完成地基计算域几何模型靠近基础的几何实体网格的划分，如图 4－26 所示。

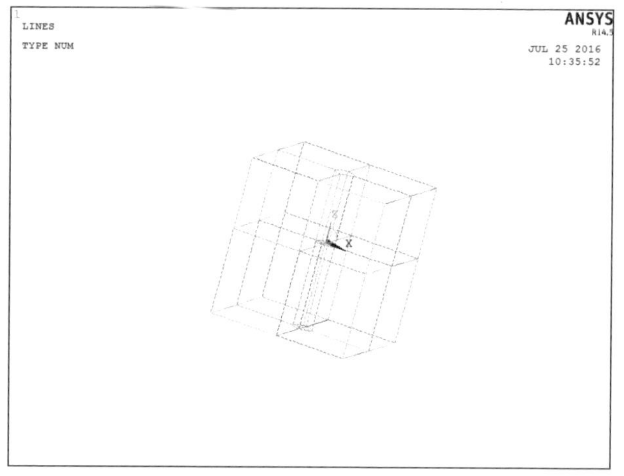


图 4－25　定义地基计算域几何模型靠近基础的几何实体线上单元长度

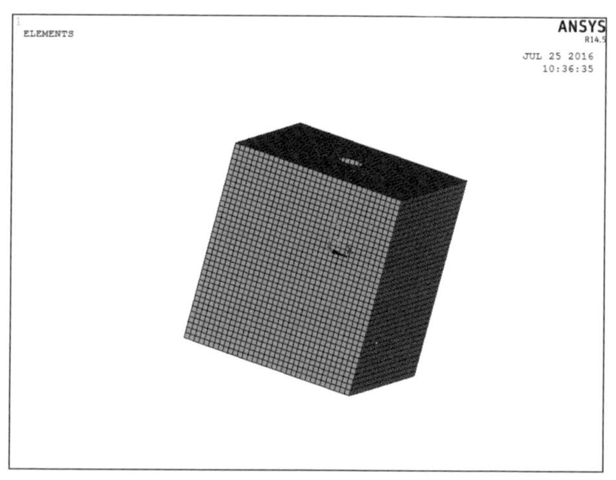


图 4－26　地基计算域几何模型靠近基础的几何实体网格划分

第五步，显示地基计算域几何模型外围远离基础的几何实体。

选择并显示地基计算域几何模型外围远离基础的几何实体，隐藏其余部分，具体操作如下：

1）菜单操作路径：【Utility Menu】/【Select】/【Entities】；

2）弹出【Select Entities】对话框，在对话框中第一栏下拉选择【Volumes】选项，其余保持系统默认不变，并点击【OK】按钮进行确认；

3）弹出【Select Entities】选择框，点击选择地基计算域几何模型外围远离基础的几何实体，并点击【OK】按钮进行确认；

4）在图形显示区域，点击鼠标右键，选择并点击【Replot】选项，显示地基计算域几何模型外围远离基础的几何实体，如图 4－27 所示。

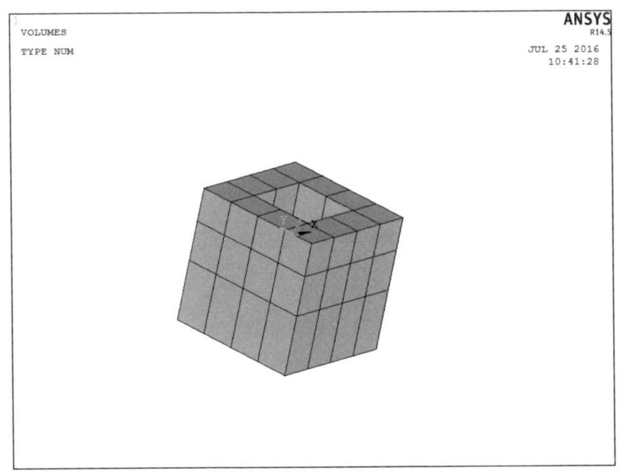


图 4－27　显示地基计算域几何模型外围远离基础的几何实体

第六步，显示地基计算域几何模型外围远离基础的几何实体的轮廓线。

选择并显示地基计算域几何模型外围远离基础的几何实体以后，显示其轮廓线，便于定义线上单元尺寸，具体操作如下：

1）菜单操作路径:【Utility Menu】/【Select】/【Everything Below】/【Selected Volumes】;

2）完成上述操作后，点击菜单栏【Plot】选项，在下拉菜单中选择【Lines】，在图形显示区域显示其轮廓线，如图 4－28 所示。

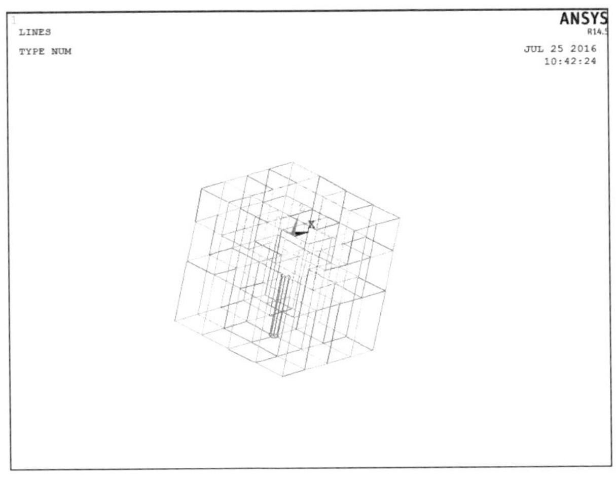


图 4－28　显示地基计算域几何模型外围远离基础的几何实体轮廓线

第七步，定义单元尺寸。

定义地基计算域几何模型外围远离基础的几何实体所有线上的单元长度为0.5m（线上单元长度值可根据不同基础计算精度自行定义不同数值），通过网格划分工具【Mesh Tool】定义线上的单元长度，具体操作如下：

1）菜单操作路径：【Preprocessor】/【Meshing】/【Mesh Tool】/【Size Controls】/【Lines】/【Set】；

2）弹出【Element Size on Picked Lines】选择框，点击【Pick All】按钮选择所有，并点击【OK】按钮进行确认；

3）弹出【Element Size on Picked Lines】对话框，在【SIZE】栏输入单元长度值 0.5，其余项保持系统默认不变，并点击【OK】按钮进行确认，完成单元尺寸的定义；

4）在图形显示区域，点击鼠标右键，选择并点击【Replot】选项，如图 4－29 所示。

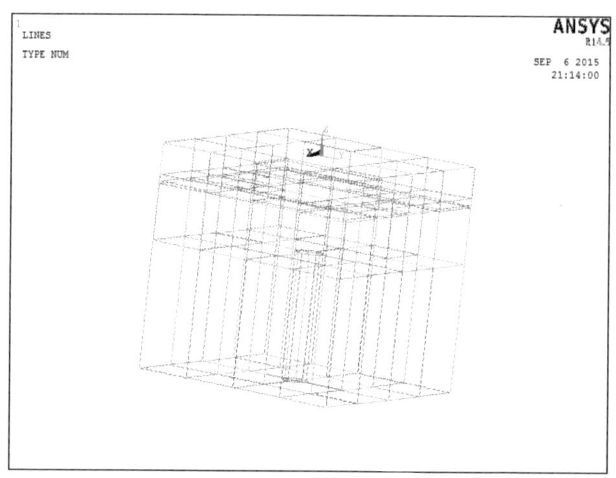


图 4－29　定义地基计算域几何模型外围远离基础的几何实体轮廓线上单元长度

第八步，地基计算域几何模型外围远离基础的几何实体网格划分。

定义单元长度以后，即可进行地基计算域几何模型外围远离基础的几何实体的网格划分，具体操作如下：

1）菜单操作路径：【Preprocessor】/【Meshing】/【Mesh Tool】；

2）弹出【Mesh Tool】对话框，确定单元形状后，选择【Sweep】扫略网格划分器，并打开自动扫略【Auto Src/Trg】选项，然后点击对话框中的【Mesh】键；

3）弹出【Mesh Volumes】选择框，在选择框中点击【Pick All】按钮选择所有，完成地基计算域几何模型外围远离基础的几何实体网格模型的划分，如图 4－30 所示。

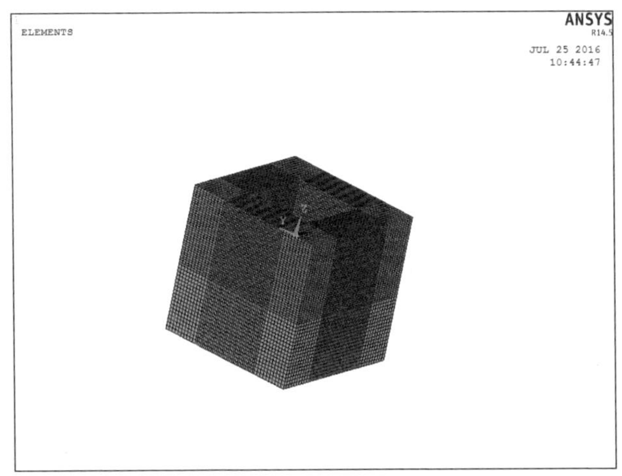


图 4-30 地基计算域几何模型外围远离基础的几何实体网格划分结果

第九步，显示地基基础体系网格模型。

以上步骤完成以后，桩基础地基基础体系网格模型即建立完成，只需选择并显示所有，即可看到完整的网格模型，具体操作如下：

1）菜单操作路径：【Utility Menu】/【Select】/【Everthing】；

2）完成上述操作后，点击菜单栏【Plot】选项，在下拉菜单中选择【Elements】，显示地基基础体系网格模型，如图 4-31 所示。

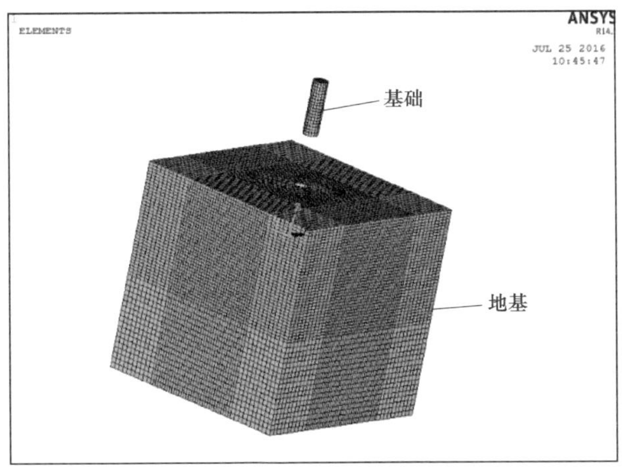


图 4-31 地基基础体系网格模型

#### 4.1.1.4 岩石嵌固基础地基基础体系网格划分

（1）基础网格划分。采用八节点六面体等参单元进行嵌固基础几何模型网格划分，利用控制线上单元长度控制单元尺寸，采用扫略网格划分方法进行网格划分，具体操作如下：

第一步，选择嵌固基础。

1）菜单操作路径：【Utility Menu】/【Select】/【Entities】;

2）弹出【Select Entities】对话框，在对话框中第一栏下拉选择【Volumes】选项，其余保持系统默认不变，并点击【OK】按钮进行确认；

3）弹出【Select Entities】选择框，点击选择嵌固基础，并点击【OK】按钮进行确认；

4）在图形显示区域，点击鼠标右键，选择并点击【Replot】选项，显示嵌固基础，如图 4-32 所示。

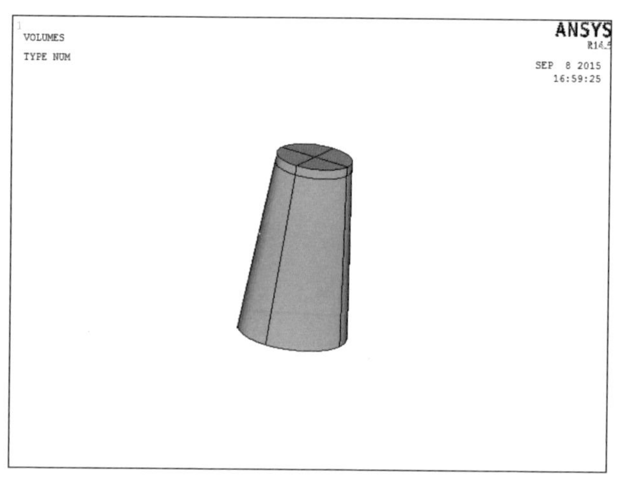


图 4-32 显示嵌固基础

第二步，显示嵌固基础模型轮廓线。

选择并显示嵌固基础以后，显示其模型轮廓线，便于定义线上单元尺寸，具体操作如下：

1）菜单操作路径：【Utility Menu】/【Select】/【Everything Below】/【Selected Volumes】;

2）完成上述操作后，点击菜单栏【Plot】选项，在下拉菜单中选择【Lines】，在图形显示区域显示嵌固基础模型轮廓线，如图 4-33 所示。

第三步，定义单元尺寸。

定义嵌固基础所有线上的单元长度为 0.3m（单元长度值可根据具体基础计算精度的需要自行定义），通过网格划分工具【Mesh Tool】定义基础所有线上的单元长度，具体操作如下：

1）菜单操作路径：【Preprocessor】/【Meshing】/【Mesh Tool】/【Size Controls】/【Lines】/【Set】;

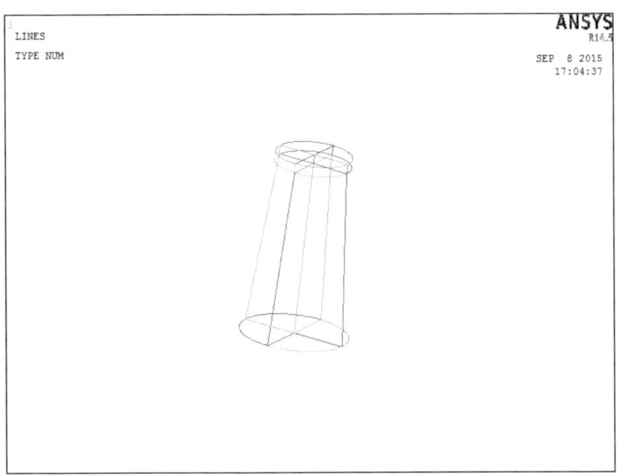


图 4－33 显示嵌固基础模型轮廓线

2）弹出【Element Size on Picked Lines】选择框，点击【Pick All】选择所有，并点击【OK】按钮进行确认；

3）弹出【Element Size on Picked Lines】对话框，在【SIZE】栏输入单元长度值 0.3，其余项保持系统默认不变，并点击【OK】按钮进行确认，完成单元尺寸的定义；

4）在图形显示区域，点击鼠标右键，选择并点击【Replot】选项，如图 4－34 所示。

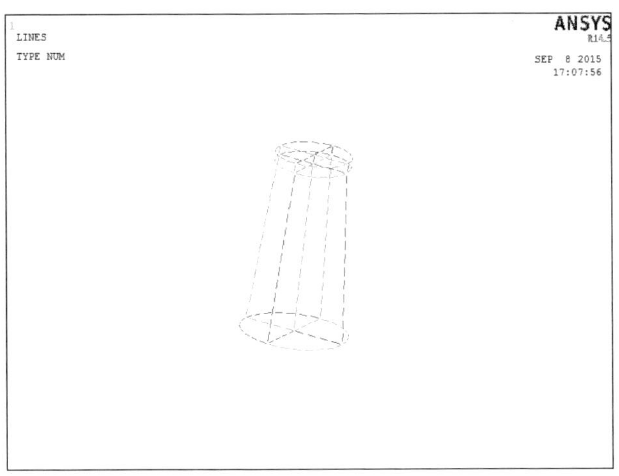


图 4－34 定义嵌固基础线上单元长度

第四步，网格划分。

定义单元长度以后，即可进行嵌固基础的网格划分，具体操作如下：

1）菜单操作路径：【Preprocessor】/【Meshing】/【Mesh Tool】;

2）弹出【Mesh Tool】对话框，确定单元形状后，选择【Sweep】扫略网格划分器，并打开自动扫略【Auto Src/Trg】选项，然后点击对话框中的【Mesh】键；

3）弹出【Mesh Volumes】选择框，在选择框中点击【Pick All】按钮选择所有，完成嵌固基础网格模型的划分，如图 4-35 所示。

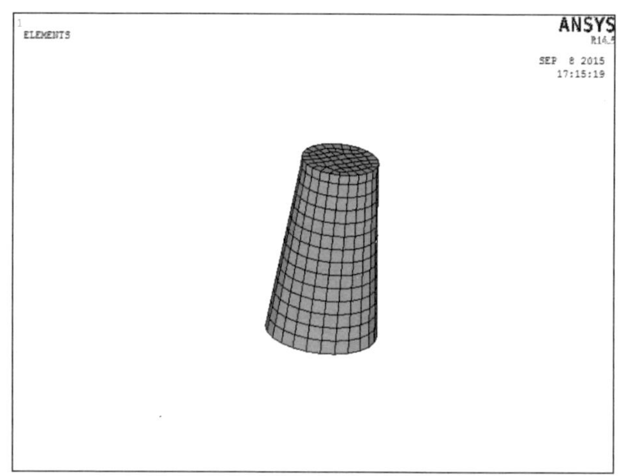


图 4-35　嵌固基础网格模型的划分

（2）地基计算域网格划分。地基计算域几何模型同样采用八节点六面体等参单元，利用控制线上单元长度的方法控制单元尺寸，通过扫略网格划分方法进行网格划分。为保证扫略方法顺利进行，地基计算域几何模型的网格划分分步进行。

第一步，显示地基计算域几何模型靠近基础的几何实体。

反选地基计算域几何模型外围远离基础的几何实体，选择并显示地基计算域几何模型靠近基础的几何实体，隐藏其余部分，具体操作如下：

1）菜单操作路径：【Utility Menu】/【Select】/【Entities】；

2）弹出【Select Entities】对话框，在对话框中第一栏下拉选择【Volumes】选项，第三栏选择【Unselect】选项，其余保持系统默认不变，并点击【OK】按钮进行确认；

3）弹出【Select Entities】选择框，鼠标点击选择嵌固基础，并点击【OK】按钮进行确认；

4）重复以上步骤，弹出【Select Entities】选择框，点击选择地基计算域几何模型外围远离基础的几何实体，并点击【OK】按钮进行确认；

5）在图形显示区域，点击鼠标右键，选择并点击【Replot】选项，显示地基计算域几何模型靠近基础的几何实体，如图 4-36 所示。

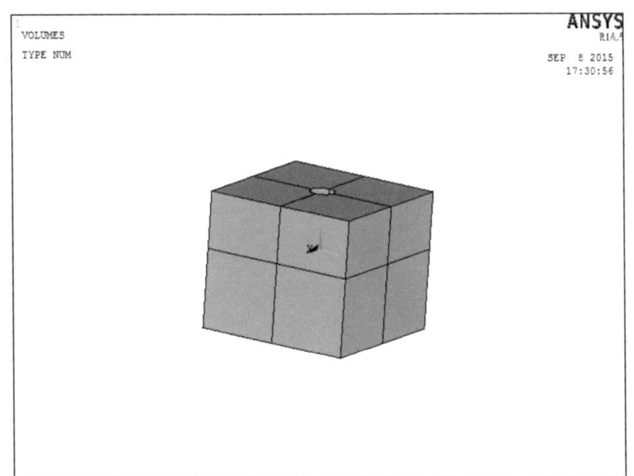


图 4－36 显示地基计算域几何模型靠近基础的几何实体

第二步，显示地基计算域几何模型中靠近基础的几何实体轮廓线。

选择并显示地基计算域几何模型靠近基础的几何实体以后，显示其轮廓线，以便于定义线上单元尺寸，具体操作如下：

1）菜单操作路径：【Utility Menu】/【Select】/【Everything Below】/【Selected Volumes】；

2）完成上述操作后，点击菜单栏【Plot】选项，在下拉菜单中选择【Lines】，在图形显示区域显示其轮廓线，如图 4－37 所示。

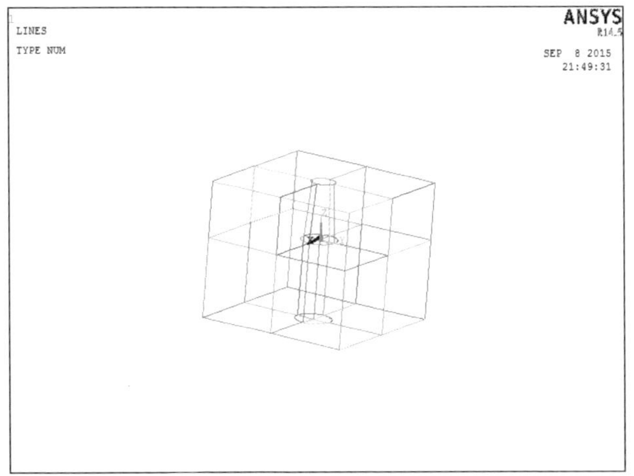


图 4－37 显示地基计算域几何模型靠近基础的几何实体轮廓线

第三步，定义单元尺寸。

定义地基计算域几何模型靠近基础的几何实体线上的单元长度为 0.3m（线上单元长度值可根据不同位置处计算精度的要求定义不同数值，一般靠近基础中心取小值，远离基础中心取大值），通过网格划分工具【Mesh Tool】定义线上的单元长度，具体操作如下：

1）菜单操作路径：【Preproccssor】/【Meshing】/【Mesh Tool】/【Size Controls】/【Lines】/【Set】;

2）弹出【Element Size on Picked Lines】选择框，点击【Pick All】选择所有，并点击【OK】按钮进行确认；

3）弹出【Element Size on Picked Lines】对话框，在【SIZE】栏输入单元长度值 0.3，其余项保持系统默认不变，并点击【OK】按钮进行确认，完成单元尺寸的定义；

4）在图形显示区域，点击鼠标右键，选择并点击【Replot】选项，显示如图 4－38 所示。

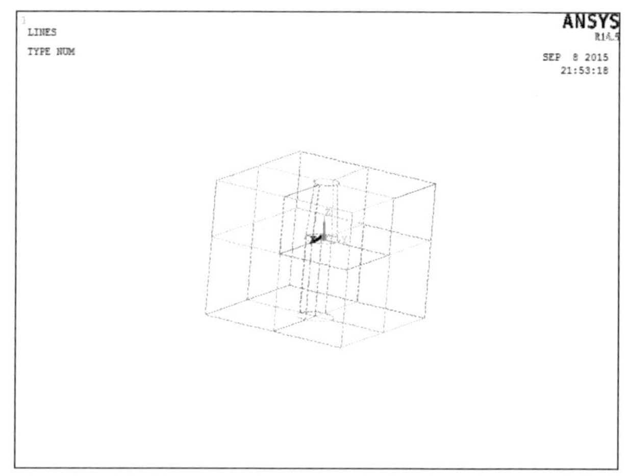


图 4－38　定义地基计算域靠近基础的几何实体线上单元长度

第四步，地基计算域几何模型靠近基础的几何实体网格划分。

定义单元长度以后，即可进行地基计算域几何模型靠近基础的几何实体的网格划分，具体操作如下：

1）菜单操作路径：【Preprocessor】/【Meshing】/【Mesh Tool】;

2）弹出【Mesh Tool】对话框，确定单元形状后，选择【Sweep】扫略网格划分器，并打开自动扫略【Auto Src/Trg】选项，然后点击对话框中的【Mesh】键；

3）弹出【Mesh Volumes】选择框，在选择框中点击【Pick All】按钮选择所有，完成地基计算域几何模型靠近基础的几何实体网格的划分，如图 4－39 所示。

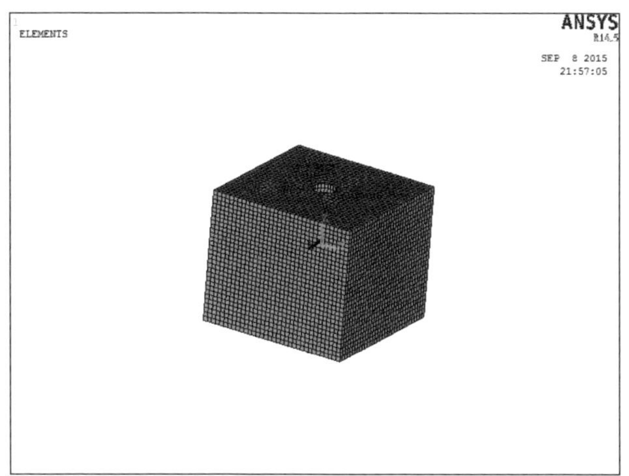


图 4－39 地基计算域几何模型靠近基础的几何实体网格的划分

第五步，显示地基计算域几何模型外围远离基础的几何实体。

选择并显示地基计算域几何模型外围远离基础的几何实体，隐藏其余部分，具体操作如下：

1）菜单操作路径：【Utility Menu】/【Select】/【Entities】；

2）弹出【Select Entities】对话框，在对话框中第一栏下拉选择【Volumes】选项，其余保持系统默认不变，并点击【OK】按钮进行确认；

3）弹出【Select Entities】选择框，点击选择地基计算域几何模型外围远离基础的几何实体，并点击【OK】按钮进行确认；

4）在图形显示区域，点击鼠标右键，选择并点击【Replot】选项，显示地基计算域几何模型外围远离基础的几何实体，如图 4－40 所示。

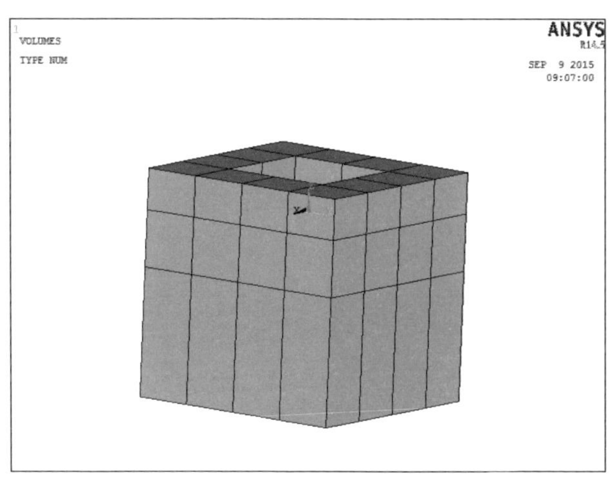


图 4－40 显示地基计算域几何模型外围远离基础的几何实体

第六步，显示地基计算域几何模型外围远离基础的几何实体的轮廓线。

选择并显示地基计算域几何模型外围远离基础的几何实体以后，显示其轮廓线，便于定义线上单元尺寸，具体操作如下：

1）菜单操作路径：【Utility Menu】/【Select】/【Everything Below】/【Selected Volumes】；

2）完成上述操作后，点击菜单栏【Plot】选项，在下拉菜单中选择【Lines】，在图形显示区域显示其轮廓线，如图 4－41 所示。

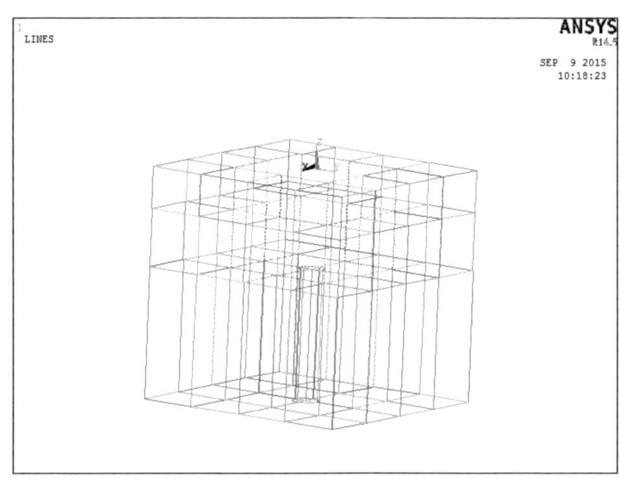


**图 4－41　显示地基计算域几何模型外围远离基础的几何实体模型轮廓线**

第七步，定义单元尺寸。

定义地基计算域几何模型外围远离基础的几何实体所有线上的单元长度为 0.5m（线上单元长度值可根据不同基础计算精度自行定义不同数值），通过网格划分工具【Mesh Tool】定义线上的单元长度，具体操作如下：

1）菜单操作路径：【Preprocessor】/【Meshing】/【Mesh Tool】/【Size Controls】/【Lines】/【Set】；

2）弹出【Element Size on Picked Lines】选择框，点击【Pick All】按钮选择所有，并点击【OK】按钮进行确认；

3）弹出【Element Size on Picked Lines】对话框，在【SIZE】栏输入单元长度值 0.5，其余项保持系统默认不变，并点击【OK】按钮进行确认，完成单元尺寸的定义；

4）在图形显示区域，点击鼠标右键，选择并点击【Replot】选项，如图 4－42 所示。

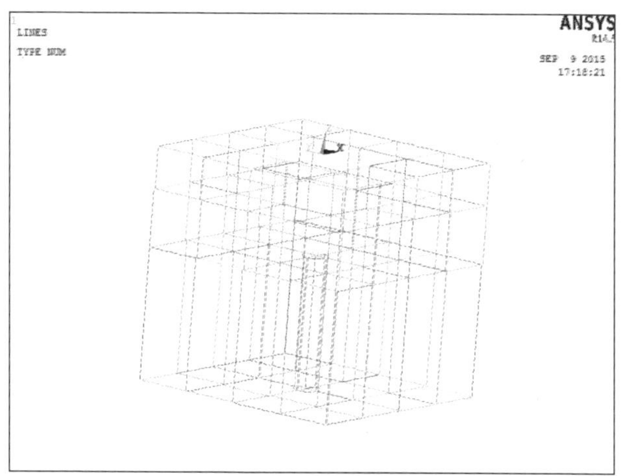


图 4-42 定义外围远离基础的几何实体轮廓线上单元长度

第八步，地基计算域几何模型外围远离基础的几何实体网格划分。

定义单元长度以后，即可进行地基计算域外围远离基础的几何模型的网格划分，具体操作如下：

1）菜单操作路径：【Preprocessor】/【Meshing】/【Mesh Tool】；

2）弹出【Mesh Tool】对话框，确定单元形状后，选择【Sweep】扫略网格划分器，并打开自动扫略【Auto Src/Trg】选项，然后点击对话框中的【Mesh】键；

3）弹出【Mesh Volumes】选择框，在选择框中点击【Pick All】按钮选择所有，完成地基计算域几何模型外围远离基础的几何实体网格的划分，如图 4-43 所示。

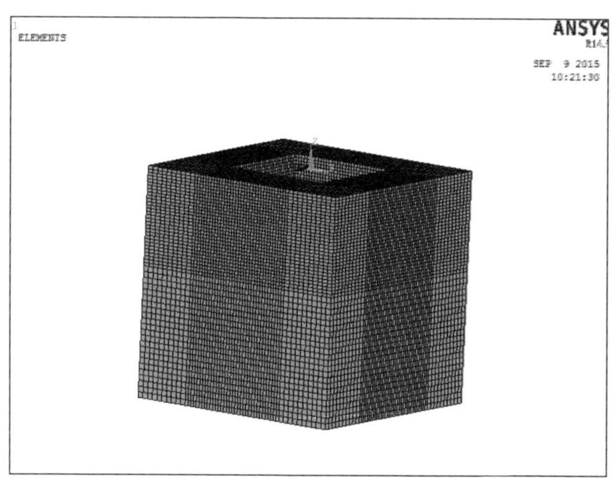


图 4-43 地基计算域几何模型外围远离基础的几何实体网格划分

第九步，显示地基基础体系网格模型。

以上步骤完成以后，嵌固基础地基基础体系的网格模型即建立完成，只需选择并显示所有，即可看到完整的网格模型，具体操作如下：

1）菜单操作路径：【Utility Menu】/【Select】/【Everthing】;

2）完成上述操作后，点击菜单栏【Plot】选项，在下拉菜单中选择【Elements】，显示地基基础体系的网格模型，如图 4－44 所示。

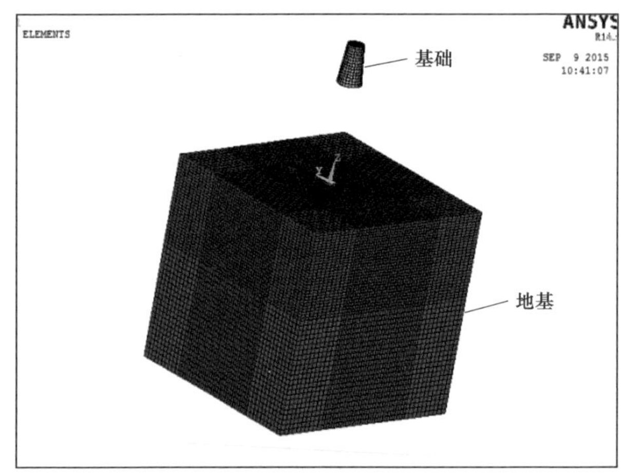


图 4－44　地基基础体系网格模型

### 4.1.1.5　岩石锚杆基础地基基础体系网格划分

采用八节点六面体等参单元对地基计算域几何模型进行网格划分，利用控制线上单元长度控制单元的尺寸，通过扫略网格划分方法进行网格划分，为了便于扫略方法的顺利进行，地基计算域几何模型的网格划分分步进行。

第一步，显示地基计算域几何模型靠近基础的几何实体。

反选地基计算域几何模型外围远离基础的几何实体，选择并显示地基计算域几何模型靠近基础的几何实体，隐藏其余部分，具体操作如下：

1）菜单操作路径：【Utility Menu】/【Select】/【Entities】;

2）弹出【Select Entities】对话框，在对话框中第一栏下拉选择【Volumes】选项，第三栏选择【Unselect】选项，其余保持系统默认不变，并点击【OK】按钮进行确认；

3）弹出【Select Entities】选择框，点击选择地基计算域外围，并点击【OK】按钮进行确认；

4）重复以上步骤，弹出【Select Entities】选择框，点击选择地基外围远离基础的几何实体，并点击【OK】按钮进行确认；

5）在图形显示区域，点击鼠标右键，选择并点击【Replot】选项，显示地基计算域几何模型靠近基础的几何实体，如图 4－45 所示。

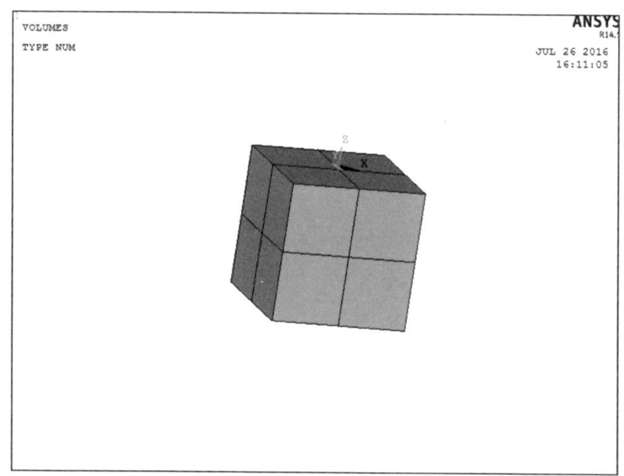


图 4－45 显示地基计算域几何模型靠近基础的几何实体

第二步，显示地基计算域靠近基础的几何实体轮廓线。

选择并显示地基计算域几何模型靠近基础的几何实体以后，显示其轮廓线，便于定义线上单元尺寸，具体操作如下：

1）菜单操作路径：【Utility Menu】/【Select】/【Everything Below】/【Selected Volumes】;

2）完成上述操作后，点击菜单栏【Plot】选项，在下拉菜单中选择【Lines】，在图形显示区域显示其轮廓线，如图 4－46 所示。

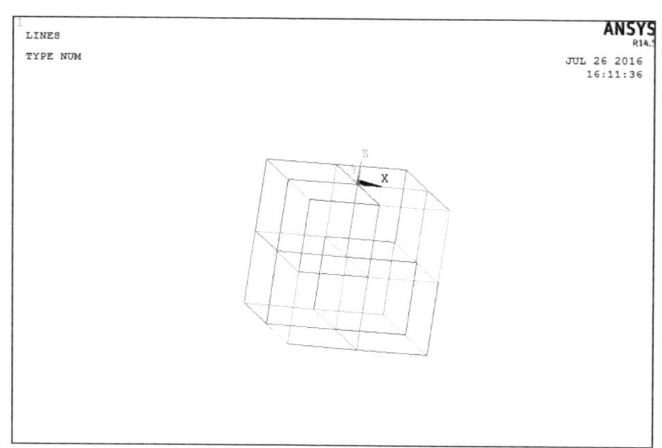


图 4－46 显示地基计算域靠近基础的几何实体轮廓线

第三步，定义单元尺寸。

定义地基计算域几何模型靠近基础的几何实体线上的单元长度为 0.3m（线

上单元长度值可根据不同位置处计算精度的要求定义不同数值，一般靠近基础中心取小值，远离基础中心取大值），通过网格划分工具【Mesh Tool】定义线上的单元长度，具体操作如下：

1）菜单操作路径：【Preprocessor】/【Meshing】/【Mesh Tool】/【Size Controls】/【Lines】/【Set】；

2）弹出【Element Size on Picked Lines】选择框，点击【Pick All】选择所有，并点击【OK】按钮进行确认；

3）弹出【Element Size on Picked Lines】对话框，在【SIZE】栏输入单元长度值 0.3，其余项保持系统默认不变，并点击【OK】按钮进行确认，完成单元尺寸的定义；

4）在图形显示区域，点击鼠标右键，选择并点击【Replot】选项，如图 4-47 所示。

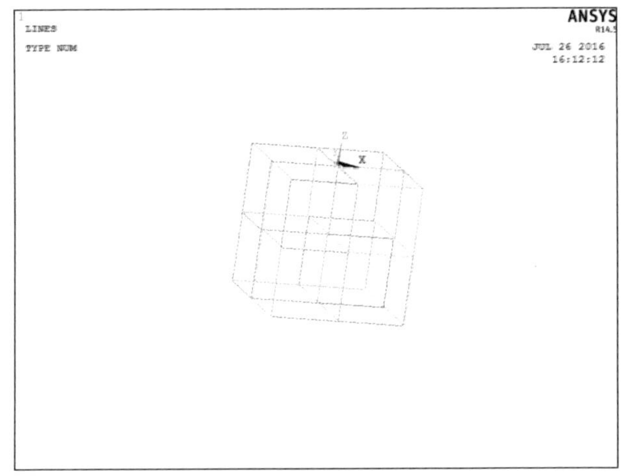


**图 4-47　定义地基计算域几何模型靠近基础的几何实体线上单元长度**

第四步，地基计算域几何模型靠近基础的几何实体网格划分。

定义单元长度以后，即可进行地基计算域靠近基础的几何的网格划分，具体操作如下：

1）菜单操作路径：【Preprocessor】/【Meshing】/【Mesh Tool】；

2）弹出【Mesh Tool】对话框，确定单元形状后，选择【Sweep】扫略网格划分器，并打开自动扫略【Auto Src/Trg】选项，然后点击对话框中的【Mesh】键；

3）弹出【Mesh Volumes】选择框，在选择框中点击【Pick All】按钮选择所有，完成地基计算域几何模型靠近基础的几何实体网格的划分，如图 4-48 所示。

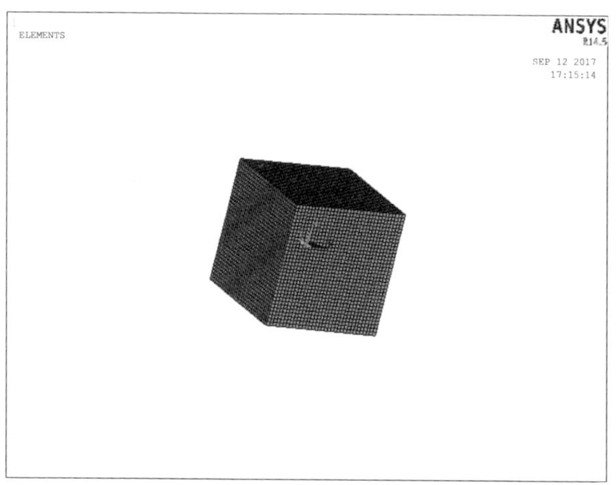


图 4-48 地基计算域靠近基础的几何实体网格划分

第五步，显示地基计算域几何模型外围远离基础的几何实体。

选择并显示地基计算域几何模型外围远离基础的几何实体，隐藏其余部分，具体操作如下：

1）菜单操作路径：【Utility Menu】/【Select】/【Entities】;

2）弹出【Select Entities】对话框，在对话框中第一栏下拉选择【Volumes】选项，其余保持系统默认不变，并点击【OK】按钮进行确认；

3）弹出【Select Entities】选择框，点击选择地基计算域外围远离基础的几何实体，并点击【OK】按钮进行确认；

4）在图形显示区域，点击鼠标右键，选择并点击【Replot】选项，显示地基计算域几何模型外围远离基础的几何实体，如图 4-49 所示。

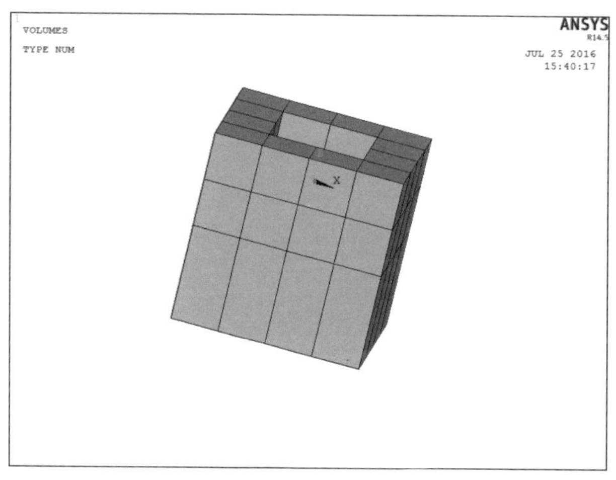


图 4-49 显示地基计算域几何模型外围远离基础的几何实体

第六步，显示地基计算域几何模型外围远离基础的几何实体的轮廓线。

选择并显示地基计算域几何模型外围远离基础的几何实体以后，显示其轮廓线，便于定义线上单元尺寸，具体操作如下：

1）菜单操作路径：【Utility Menu】/【Select】/【Everything Below】/【Selected Volumes】;

2）完成上述操作后，点击菜单栏【Plot】选项，在下拉菜单中选择【Lines】，在图形显示区域显示其轮廓线，如图 4-50 所示。

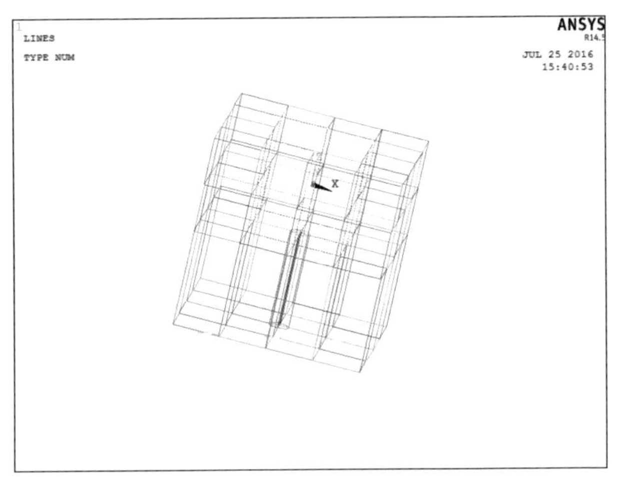


图 4-50　显示地基计算域几何模型外围远离基础的几何实体轮廓线

第七步，定义单元尺寸。

定义地基计算域几何模型外围远离基础的几何实体所有线上的单元长度为 0.5m（线上单元长度值可根据具体基础计算精度的需要自行定义不同数值），通过网格划分工具【Mesh Tool】定义线上的单元长度，具体操作如下：

1）菜单操作路径：【Preprocessor】/【Meshing】/【Mesh Tool】/【Size Controls】/【Lines】/【Set】;

2）弹出【Element Size on Picked Lines】选择框，点击【Pick All】按钮选择所有，并点击【OK】按钮进行确认；

3）弹出【Element Size on Picked Lines】对话框，在【SIZE】栏输入单元长度值 0.5，其余项保持系统默认不变，并点击【OK】按钮进行确认，完成单元尺寸的定义；

4）在图形显示区域，点击鼠标右键，选择并点击【Replot】选项，显示如图 4-51 所示。

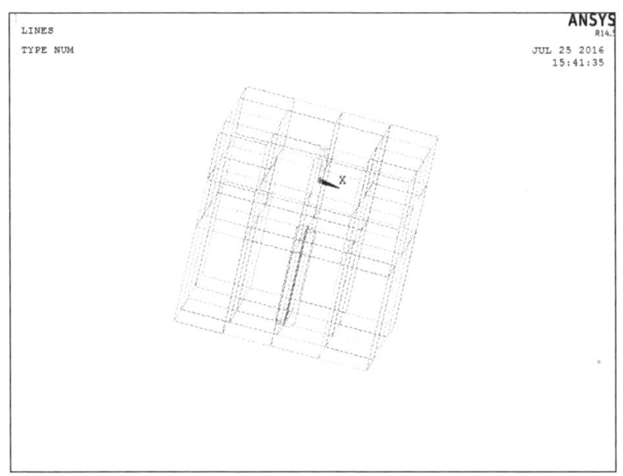


图 4－51　定义地基计算域几何模型外围远离基础的几何实体轮廓线上单元长度

第八步，地基计算域几何模型外围远离基础的几何实体网格划分。

定义单元长度以后，即可进行地基计算域几何模型外围远离基础的几何实体的网格划分，具体操作如下：

1）菜单操作路径：【Preprocessor】/【Meshing】/【Mesh Tool】;

2）弹出【Mesh Tool】对话框，确定单元形状后，选择【Sweep】扫略网格划分器，并打开自动扫略【Auto Src/Trg】选项，然后点击对话框中的【Mesh】键;

3）弹出【Mesh Volumes】选择框，在选择框中点击【Pick All】按钮选择所有，完成地基计算域几何模型外围远离基础的几何实体网格的划分，如图 4－52 所示。

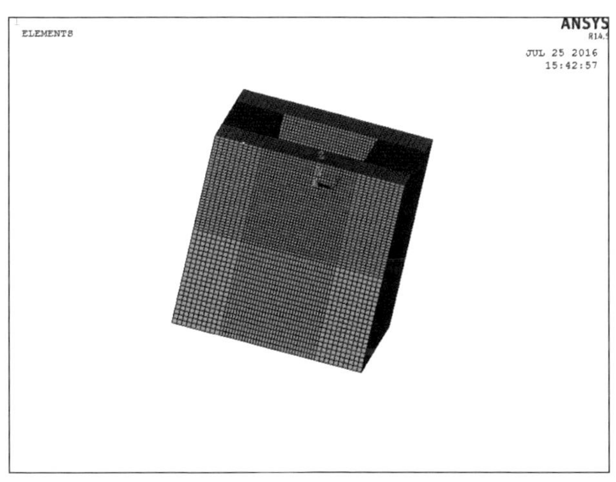


图 4－52　地基计算域几何模型外围远离基础的几何实体网格划分结果

第九步，显示地基基础体系网格模型。

以上步骤完成以后，岩石锚杆基础地基基础体系网格模型即建立完成（ANSYS 软件中），只需选择并显示所有，即可看到完整的网格模型，具体操作如下：

1）菜单操作路径：【Utility Menu】/【Select】/【Everthing】；

2）完成上述操作后，点击菜单栏【Plot】选项，在下拉菜单中选择【Elements】，显示地基基础体系网格模型，如图 4－53 所示。

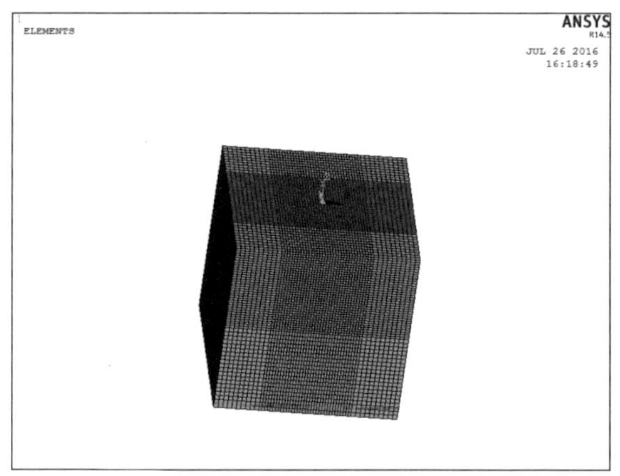


图 4－53　地基基础体系网格模型

第十步，建立锚杆单元。

首先将 ANSYS 软件中的网格模型导入 FLAC3D 软件，然后输入以下命令流即可完成锚杆单元的建立（本文以 6m 长锚杆为例，锚固段 4.3m，自由段 1.7m）。

```
sel cable id=6 begin=(0,0,1.7)end=(0,0,-4.3)nseg=6
sel cable prop xcarea=2e-3 emod=200e9 ytens=1e20 gr_k=1e10 gr_coh=1e20
```

输入上述命令后生成模型如图 4－54 所示。

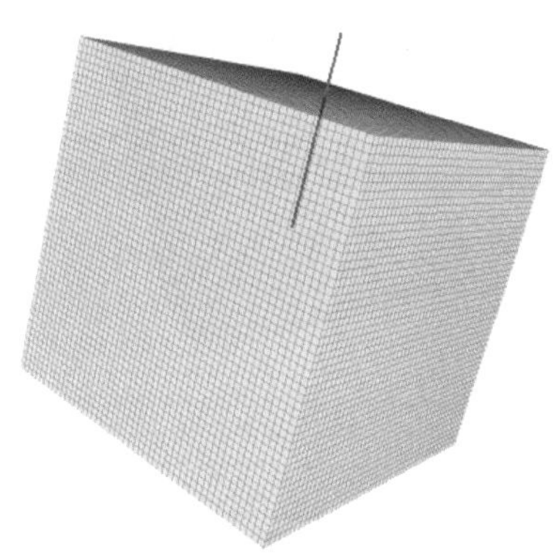

图 4－54　岩石锚杆基础地基基础体系网格模型

#### 4.1.1.6 短桩—锚杆复合基础地基基础体系网格划分

（1）基础网格划分。采用八节点六面体等参单元进行短桩—岩石锚杆复合基础几何模型的网格划分，利用控制线上单元长度控制单元尺寸，通过扫略网格划分方法进行网格划分，具体操作如下：

第一步，选择短桩基础。

1）菜单操作路径：【Utility Menu】/【Select】/【Entities】；

2）弹出【Select Entities】对话框，在对话框中第一栏下拉选择【Volumes】选项，其余保持系统默认不变，并点击【OK】按钮进行确认；

3）弹出【Select Entities】选择框，鼠标点击选择短桩基础，并点击【OK】按钮进行确认；

4）在图形显示区域，点击鼠标右键，选择并点击【Replot】选项，显示短桩基础，如图 4－55 所示。

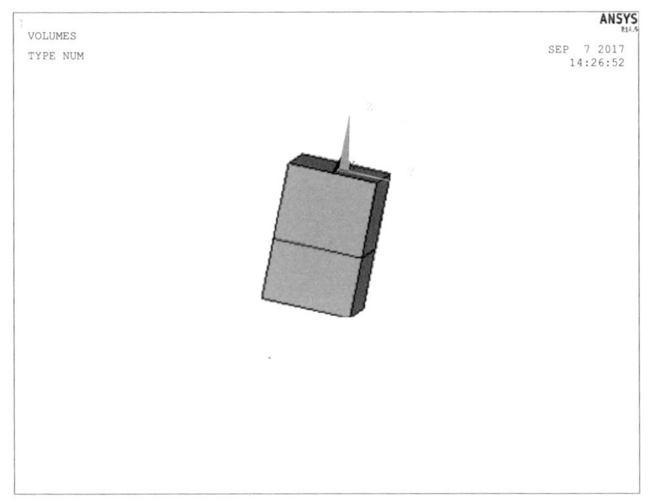


图 4－55 显示短桩基础

第二步，显示短桩基础模型轮廓线。

选择并显示短桩基础以后，显示其轮廓线，便于定义线上单元尺寸，具体操作如下：

1）菜单操作路径：【Utility Menu】/【Select】/【Everything Below】/【Selected Volumes】；

2）完成上述操作后，点击菜单栏【Plot】选项，在下拉菜单中选择【Lines】，在图形显示区域显示短桩基础模型轮廓线，如图 4－56 所示。

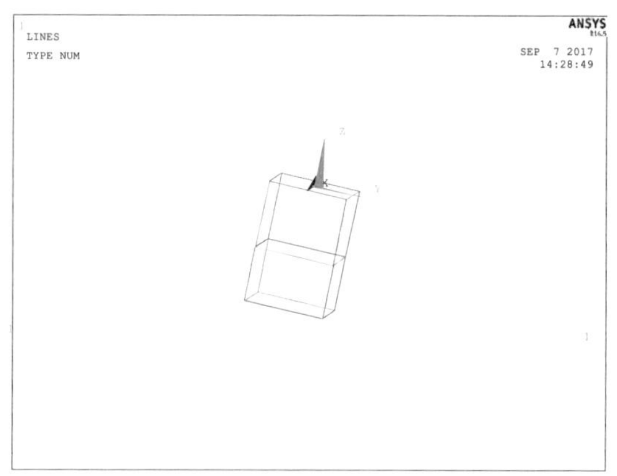


图 4-56 显示短桩基础模型轮廓线

第三步，定义单元尺寸。

定义短桩基础线上的单元长度为 0.15m（单元长度值可根据具体基础计算精度的需要自行定义），通过网格划分工具【Mesh Tool】定义线上的单元长度，具体操作如下：

1）菜单操作路径：【Preprocessor】/【Meshing】/【Mesh Tool】/【Size Controls】/【Lines】/【Set】；

2）弹出【Element Size on Picked Lines】选择框，点击【Pick All】选择所有，并点击【OK】按钮进行确认；

3）弹出【Element Size on Picked Lines】对话框，在【SIZE】栏输入单元长度值 0.15，其余项保持系统默认不变，并点击【OK】按钮进行确认，完成单元尺寸的定义；

4）在图形显示区域，点击鼠标右键，选择并点击【Replot】选项，显示如图 4-57 所示。

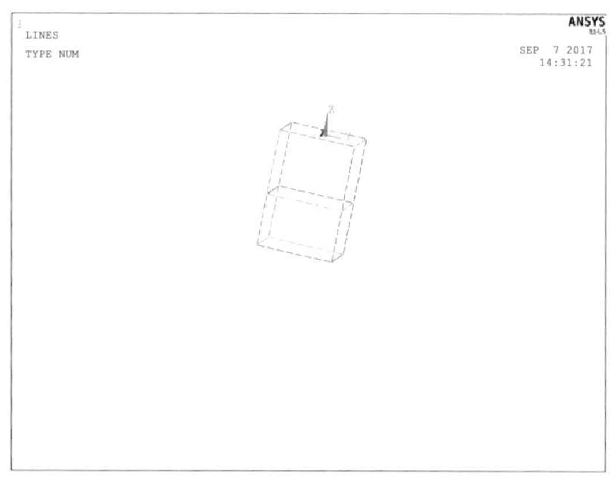


图 4-57 定义短桩基础线上单元长度

第四步，短桩基础网格划分。

定义单元长度以后，即可进行短桩基础网格划分，具体操作如下：

1）菜单操作路径：【Preprocessor】/【Meshing】/【Mesh Tool】;

2）弹出【Mesh Tool】对话框，确定单元形状后，选择【Sweep】扫略网格划分器，并打开自动扫略【Auto Src/Trg】选项，然后点击对话框中的【Mesh】键；

3）弹出【Mesh Volumes】选择框，在选择框中点击【Pick All】按钮选择所有，完成短桩基础的网格划分，如图4-58所示。

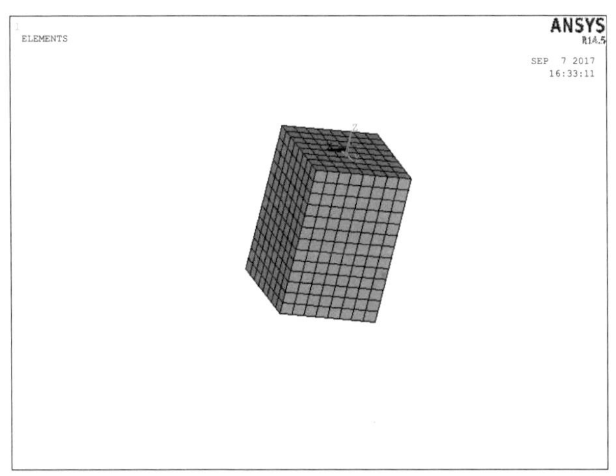


图4-58 完成短桩基础网格划分

（2）地基计算域网格划分。地基计算域几何模型同样采用八节点六面体等参单元，利用控制线上单元长度控制单元尺寸，采用扫略网格划分方法进行网格划分。为保证扫略方法顺利进行，地基计算域几何模型的网格划分分步进行。

第一步，显示地基计算域几何模型实体。

反选短桩部分几何实体，选择并显示地基计算域实体，隐藏其余部分，具体操作如下：

1）菜单操作路径：【Utility Menu】/【Select】/【Everything】/【Plot】/【Volumes】

2）菜单操作路径：【Utility Menu】/【Select】/【Entities】;

3）弹出【Select Entities】对话框，在对话框中第一栏下拉选择【Volumes】选项，第三栏选择【Unselect】选项，其余项保持系统默认不变，并点击【OK】按钮进行确认；

4）弹出【Select Entities】选择框，点击选择短桩基础，并点击【OK】按钮进行确认；

5）重复以上步骤，弹出【Select Entities】选择框，点击选择短桩基础，并点击【OK】按钮进行确认；

6）在图形显示区域，点击鼠标右键，选择并点击【Replot】选项，显示地基计算域几何模型实体，如图 4－59 所示。

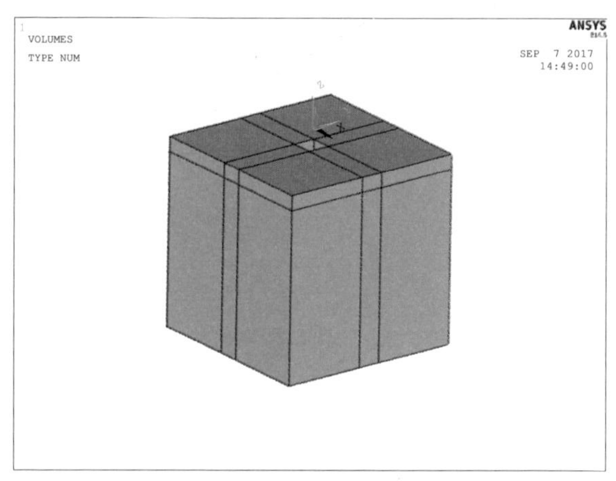


图 4－59　显示地基计算域几何模型实体

第二步，显示地基计算域几何模型实体的轮廓线。

选择并显示地基计算域几何模型实体以后，显示其轮廓线，便于定义线上单元尺寸，具体操作如下：

1）菜单操作路径：【Utility Menu】/【Select】/【Everything Below】/【Selected Volumes】；

2）完成上述操作后，点击菜单栏【Plot】选项，在下拉菜单中选择【Lines】，在图形显示区域显示其轮廓线，如图 4－60 所示。

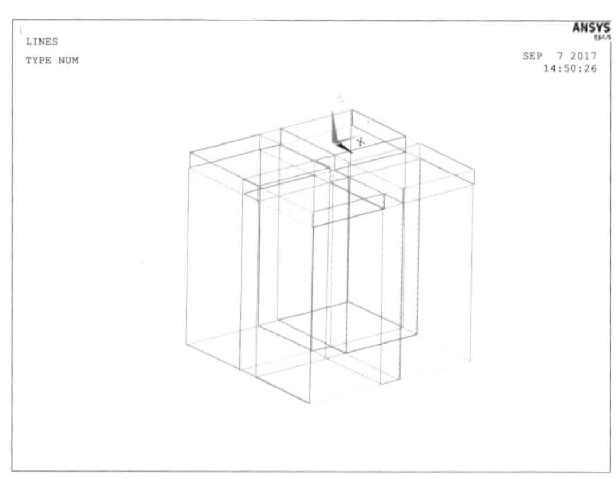


图 4－60　显示地基计算域几何模型实体轮廓线

第三步，定义单元尺寸。

定义地基计算域几何模型实体线上的单元长度为0.3m（线上单元长度值可根据具体基础计算精度的需要自行定义，一般靠近基础中心取小值，远离基础中心取大值），通过网格划分工具【Mesh Tool】定义线上的单元长度，具体操作如下：

1）菜单操作路径：【Preprocessor】/【Meshing】/【Mesh Tool】/【Size Controls】/【Lines】/【Set】；

2）弹出【Element Size on Picked Lines】选择框，点击【Pick All】选择所有，并点击【OK】按钮进行确认；

3）弹出【Element Size on Picked Lines】对话框，在【SIZE】栏输入单元长度值0.3，其余项保持系统默认不变，并点击【OK】按钮进行确认，完成单元尺寸的定义；

4）在图形显示区域，点击鼠标右键，选择并点击【Replot】选项，显示如图4－61所示。

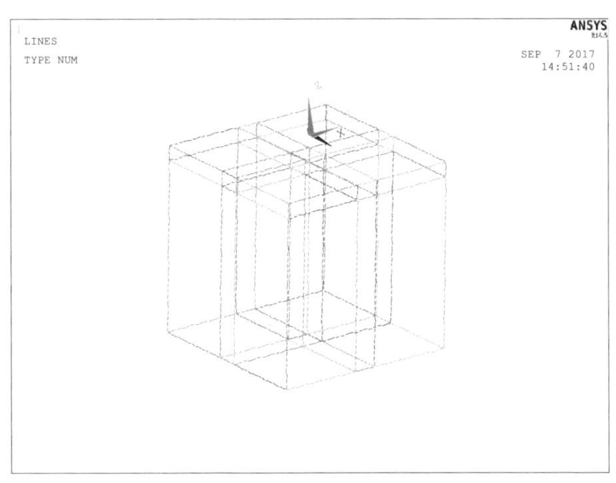


图4－61　定义地基计算域几何模型实体线上单元长度

第四步，地基计算域几何模型实体网格划分。

定义单元长度以后，即可进行地基计算域几何模型的网格划分，具体操作如下：

1）菜单操作路径：【Preprocessor】/【Meshing】/【Mesh Tool】；

2）弹出【Mesh Tool】对话框，确定单元形状后，选择【Sweep】扫略网格划分器，并打开自动扫略【Auto Src/Trg】选项，然后点击对话框中的【Mesh】键；

3）弹出【Mesh Volumes】选择框，在选择框中点击【Pick All】按钮选择

所有，完成地基计算域几何模型实体网格划分，如图 4－62 所示。

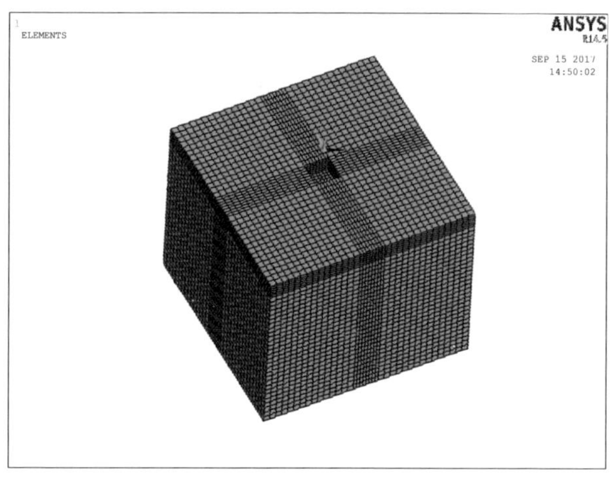


图 4－62　地基计算域几何模型实体网格划分

第五步，显示地基基础体系网格模型。

以上步骤完成以后，复合基础地基基础体系网格模型即建立完成（ANSYS 软件中），只需选择并显示所有，即可看到完整的网格模型，具体操作如下：

1）菜单操作路径：【Utility Menu】/【Select】/【Everthing】;

2）完成上述操作后，点击菜单栏【Plot】选项，在下拉菜单中选择【Elements】，显示地基基础体系网格模型，如图 4－63 所示。

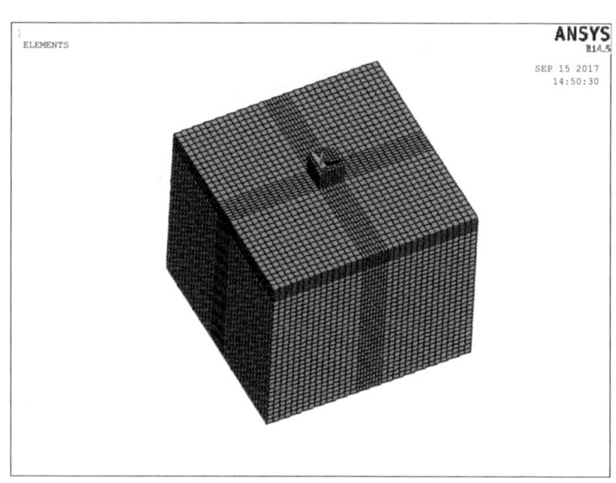


图 4－63　地基基础体系网格模型

第六步，在 FLAC3D 软件中建立锚杆单元。

首先将 ANSYS 软件中的网格模型导入 FLAC3D 软件，然后输入以下命令流即可完成锚杆单元的建立（锚杆长 4.35m，锚固段长 2.7m，自由段长 1.65m）。

```
sel cable id=1 begin=(0.4,0.4,0)end=(0.4,0.4,-1)nseg=10
sel cable id=1 begin=(0.4,0.4,-1)end=(0.4,0.4,-4.35)nseg=10
sel cable id=2 begin=(0,0.4,0)end=(0,0.4,-1)nseg=10
sel cable id=2 begin=(0,0.4,-1)end=(0,0.4,-4.35)nseg=10
sel cable id=3 begin=(-0.4,0.4,0)end=(-0.4,0.4,-1)nseg=10
sel cable id=3 begin=(-0.4,0.4,-1)end=(-0.4,0.4,-4.35)nseg=10
sel cable id=4 begin=(-0.4,0,0)end=(-0.4,0,-1)nseg=10
sel cable id=4 begin=(-0.4,0,-1)end=(-0.4,0,-4.35)nseg=10
sel cable id=5 begin=(0,0,0)end=(0,0,-1)nseg=10
sel cable id=5 begin=(0,0,-1)end=(0,0,-4.35)nseg=10
sel cable id=6 begin=(0.4,0,0)end=(0.4,0,-1)nseg=10
sel cable id=6 begin=(0.4,0,-1)end=(0.4,0,-4.35)nseg=10
sel cable id=7 begin=(0.4,-0.4,0)end=(0.4,-0.4,-1)nseg=10
sel cable id=7 begin=(0.4,-0.4,-1)end=(0.4,-0.4,-4.35)nseg=10
sel cable id=8 begin=(0,-0.4,0)end=(0,-0.4,-1)nseg=10
sel cable id=8 begin=(0,-0.4,-1)end=(0,-0.4,-4.35)nseg=10
sel cable id=9 begin=(-0.4,-0.4,0)end=(-0.4,-0.4,-1)nseg=10
sel cable id=9 begin=(-0.4,-0.4,-1)end=(-0.4,-0.4,-4.35)nseg=10
sel cable prop xcarea=2e-3 emod=200e9 ytens=1e20 gr_k=1e10 gr_coh= 1e20
```

输入上述命令后生成短柱—锚杆复合基础地基基础体系的网格模型，如图 4－64 所示。

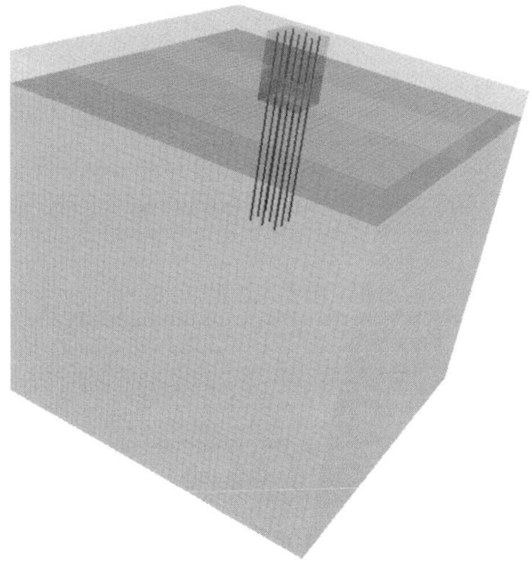

图 4－64　短柱—锚杆复合基础地基基础体系的网格模型

#### 4.1.1.7 网格模型由 ANSYS 软件导入 FLAC3D 软件（以掏挖基础地基基础体系为例，FLAC 3.0 版本）

为了将利用 ANSYS 软件划分好的地基基础体系数值网格模型导入到 FLAC3D 软件中进行求解，需通过 ANSYS 软件与 FLAC3D 软件的接口程序进行数据文件的转换，以掏挖基础地基基础体系为例，详细说明如何将数值网格模型由 ANSYS 软件导入 FLAC3D 软件。

第一步，生成单元文件。

1）菜单操作路径：【Utility Menu】/【List】/【Elements】/【Nodes + Attributes】;

2）弹出【ELIST Command】对话框，点击【File】按钮，然后选择并点击【Save as】按钮；

3）弹出【另存为】对话框，选择保存路径后点击【保存】按钮进行保存即可。

第二步，生成节点文件。

1）菜单操作路径：【Utility Menu】/【List】/【Nodes】;

2）弹出【Sort NODE Listing】对话框，全部选项保持系统默认不变，点击【OK】按钮；

3）弹出【NLIST Command】对话框，点击【File】按钮，然后选择并点击【Save as】按钮；

4）弹出【另存为】对话框，选择保存路径后点击【保存】按钮进行保存即可。

第三步，文件转换。

利用自主开发的 ANSYS 软件与 FLAC3D 软件的接口程序 AnsysToFLAC.exe（接口程序界面见图 4－65）即可实现将 ANSYS 程序生成的单元文件（Elist.lis）和节点文件（Nlist.lis）转换成 FLAC3D 模型文件 FlacGrid.Flac3D，具体操作如下：

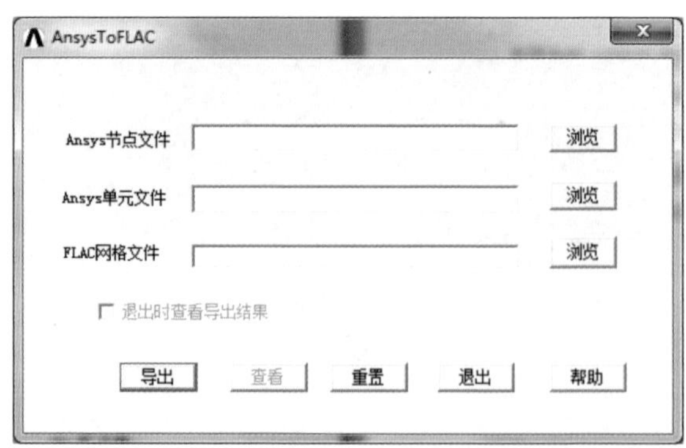


图 4－65　AnsysToFLAC.exe 接口程序界面

1）打开接口程序 AnsysToFLAC.exe，点击【浏览】按钮，分别将 ANSYS 软件生成的单元文件（Elist.lis）和节点文件（Nlist.lis）读入该接口程序（见图 4－66），通过图 4－66 界面定义拟生成的 FLAC3D 模型文件 FlacGrid.Flac3D（见图 4－66）；

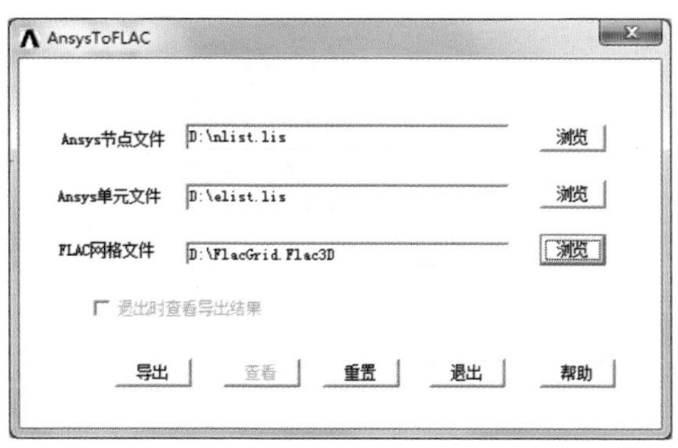


图 4－66　Ansys 网格模型单元与节点文件的读入及 FLAC3D 文件的生成

2）在图 4－66 界面中点击【导出】按钮，在拟生成模型文件的目录下（该例子为 D 盘根目录下）即可生成 FlacGrid.Flac3D 文件；

3）打开 FLAC3D 软件命令界面，并进入菜单 Files＞Import Grid（见图 4－67），通过点击该菜单，弹出对话框，并在工作目录下选择要导入的网格文件 FlacGrid.Flac3D，即可生成地基基础体系的数值网格模型（见图 4－68），实现网格模型文件在 ANSYS 与 FLAC3D 之间的转换。

图 4－67　FLAC3D 网格模型导入菜单

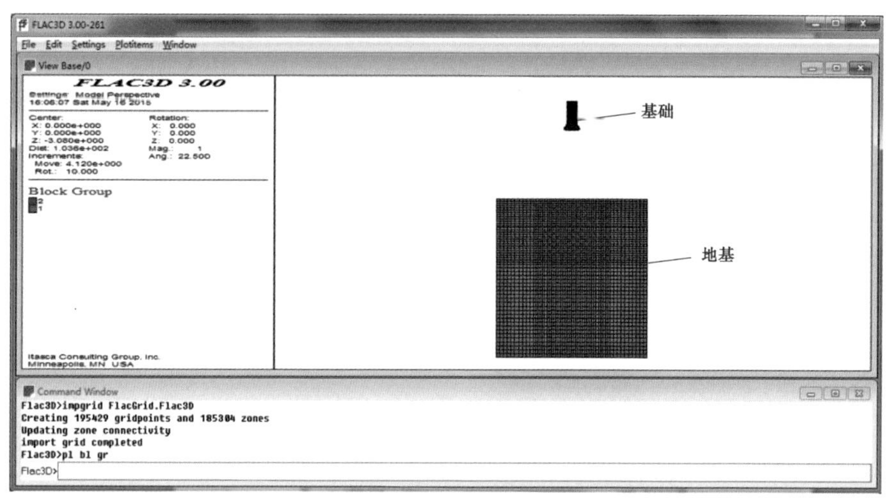

网格信息由 ANSYS 导入 FLAC3D

图 4-68　地基基础体系的数值网格模型

## 4.1.2　基于FLAC3D软件的规则几何形状地基基础模型体系数值网格模型建立

以图 3-1 所示的典型掏挖基础地基基础体系为例，采用 FLAC3D 软件进行几何建模的命令流示例如下：

```
;开始一个新的分析
    new
;扩底圆柱段 1/4 建模
    gen zo cyl p0 0 0 17.56 p1 1.15 0 17.56 p2 0 0 17.36 p3 0 1.15 17.56 p4 1.15 0 17.36 p5 0 1.15 17.36 size 4 1 20
;扩底圆台段 1/4 建模
    gen zo cyl p0 0 0 18.16 p1 0.8 0 18.16 p2 0 0 17.56 p3 0 0.8 18.16 p4 1.15 0 17.56 p5 0 1.15 17.56 size 4 3 20
;直圆柱段 1/4 建模
    gen zo cyl p0 0 0 21 p1 0.8 0 21 p2 0 0 18.16 p3 0 0.8 21 p4 0.8 0 18.16 p5 0 0.8 18.16 size 4 14 20
;出露直圆柱段 1/4 建模
    gen zo cyl p0 0 0 21.2 p1 0.8 0 21.2 p2 0 0 21 p3 0 0.8 21.2 p4 0.8 0 21 p5 0 0.8 21 size 4 1 20
;基础侧面地基 1/4 建模
    gen zo radcyl p0 0 0 25.84 p1 2 0 25.84 p2 0 0 23 p3 0 2 25.84 p4 2 0 23 p5 0 2 23 p6 2 2 25.84 p7 2 2 23 p8 0.8 0 25.84 p9 0 0.8 25.84 p10 0.8 0 23 p11 0 0.8 23 size 4 14 20 6
```

```
    gen zo radcyl p0 0 0 23 p1 2 0 23 p2 0 0 22.4 p3 0 2 23 p4 2 0 22.4 p5 0 2 22.4 p6 2 2 23 p7 2 2 22.4 p8 0.8 0 23 p9 0 0.8 23 p10 1.15 0 22.4 p11 0 1.15 22.4 size 4 3 20 6
    gen zo radcyl p0 0 0 22.4 p1 2 0 22.4 p2 0 0 22.2 p3 0 2 22.4 p4 2 0 22.2 p5 0 2 22.2 p6 2 2 22.4 p7 2 2 22.2 p8 1.15 0 22.4 p9 0 1.15 22.4 p10 1.15 0 22.2 p11 0 1.15 22.2 size 4 1 20 6
    gen zo bri p0 0 2 22.2 p1 10 2 22.2 p2 0 10 22.2 p3 0 2 25.84 p4 10 10 22.2 p7 10 10 25.84 size 50 40 18
    gen zo bri p0 2 0 22.2 p1 10 0 22.2 p2 2 2 22.2 p3 2 0 25.84 p7 10 2 25.84 size 40 10 18
;基础底面地基 1/4 建模
    gen zo bri p0 0 0 0 p1 10 0 0 p2 0 10 0 p3 0 0 16.36 p7 10 10 16.36 size 25 25 41
;镜像生成模型
    gen zo reflect normal-1 0 0 ori 0 0 0 ran z 0 25.84
    gen zo reflect normal 0-1 0 ori 0 0 0 ran z 0 25.84
;定义组名
    group 掏挖基础 ran z 17.36 21.2
    group 侧面地基 ran z 22.2 25.84
    group 底面地基 ran z 0 16.36
;建立接触面
    int 1 face ran z 17.36 21
    ini z add 4.84 ran z 17.36 21.2
    ini z add-5.84 ran z 22.2 26.04
    attach face ran z 16.359 16.361 group 掏挖基础 not
;建模完成
```

## 4.2 初始条件与边界条件的确定

架空输电线路杆塔地基基础体系数值网格模型建立后，需对数值网格模型的初始条件和边界条件进行设置，以期求得架空输电线路杆塔地基基础体系在外荷载作用下变形破坏问题的定解。

### 4.2.1 初始条件

架空输电线路杆塔地基基础体系的变形破坏是随时间的变化而发生变化的，若考虑其变形破坏的时间效应，则需设置架空输电线路杆塔地基基础体系在模拟初始时刻的初始应力、外荷载、初始位移等初始条件。以图 3－1 所示的掏挖基础在分级上拔荷载作用下的变形破坏问题求解为例，需要在初始应力计算阶段和上拔荷载加载阶段分别设置初始条件，FLAC3D 命令流如下：

（1）初始应力计算阶段：

;设置重力的方向和大小

set grav 0 0-10;(表示重力加速度大小为 10m/s²，方向竖直向下)

（2）上拔荷载加载阶段：

;初位移、初速度和初始状态清零

ini state 0;(初始塑性区清零)

ini xdis 0.0 ydis 0.0 zdis 0.0;(初始位移清零)

ini xvel 0.0 yvel 0.0 zvel 0.0;(初始速度清零)

;施加上拔荷载

apply szz<value>range z z1 z2 group goupname;(value 指荷载数值，z1、z2 指荷载作用的限定范围，group 表示荷载作用的限定的对象)

上述代码是向基础顶部施加分布力，当向基础顶部施加一个集中力时（如锚杆基础），采用以下代码：

apply z force value range id idnumber(value 指荷载数值，idnumber 指施加于上拔力的节点号)

### 4.2.2 边界条件

边界条件是数值模拟求解的定解条件之一，边界条件设置的准确与否直接影响数值模拟的计算结果。架空输电线路杆塔地基基础体系在外荷载作用下的变形破坏问题的边界条件主要有应力边界条件和位移边界条件两种。以掏挖基础为例，其在上拔荷载作用下边界条件的具体表达简要表述如下：

（1）应力边界条件。应力边界是指作用在杆塔基础上表面与杆塔接触位置的集中力的大小与方向。该边界条件设置时，常常把集中力分解为水平荷载和竖向上拔荷载。

在边界 $s_\sigma$ 上，每一点的总应力沿三个坐标轴的分量均等于 $T_i$ 给定的应力分量 $\overline{T}_i$，即

$$T_i = \overline{T}_i \qquad (i=1,2,3) \qquad (\text{在 } s_\sigma \text{ 上}) \tag{4-1}$$

设 $\sigma_{ij}$ 为应力边界 $s_\sigma$上某点的 6 个应力分量，$l_{ij}$ 是应力边界上该点法线方向的三个方向余弦，则有

$$T_i = \sigma_{ij} l_{ij} = \sigma_{ji} l_{ij} \tag{4-2}$$

将式（4－1）代入（4－2），得

$$\sigma_{ij} l_j = \overline{T}_i \tag{4-3}$$

式（4－3）展开为下列三个等式

$$\left.\begin{aligned}\sigma_x l_x + \tau_{yx} l_y + \tau_{zx} l_z = \bar{T}_x \\ \sigma_{xy} l_x + \tau_y l_y + \tau_{zy} l_z = \bar{T}_y \\ \sigma_{xz} l_x + \tau_{yz} l_y + \tau_z l_z = \bar{T}_z\end{aligned}\right\} \tag{4-4}$$

在应力边界 $s_\sigma$ 上每点的 6 个应力分量必须满足式（4－4）所示的三个等式。

（2）位移边界条件。位移边界是指地基计算域四周侧面及下底面位移的大小与方向，该边界条件的设置一般将地基计算域四周侧面及下底面法向位移设置为零，也就是说，在地基计算域四周侧面及下底面设置法向约束，使得地基计算域四周侧面及下底面的法向位移皆为零。

位移边界条件采用 $S_u$ 表示。在 $S_u$ 上，每一点的位移分量 $u_i$ 均等于给定的位移分量 $\bar{u}_i$，即

$$u_i = \bar{u}_i \qquad (i=1,2,3) \qquad （在 S_u 上） \tag{4-5}$$

（3）边界条件的设置。上拔荷载作用下掏挖基础边界条件的设置如图 4－69 所示，边界 AD、DC 和 CB 为位移边界，GH 为应力边界，各边界条件可表达为：

1）AD 边界：$u_h=0$，即水平方向位移为零；

2）BC 边界：$u_h=0$，即水平方向位移为零；

3）DC 边界：$u_h=0$，即垂直方向位移为零；

4）GH 边界：$\Sigma\sigma_v=F$，垂直方向应力的合力等于上拔力 F。

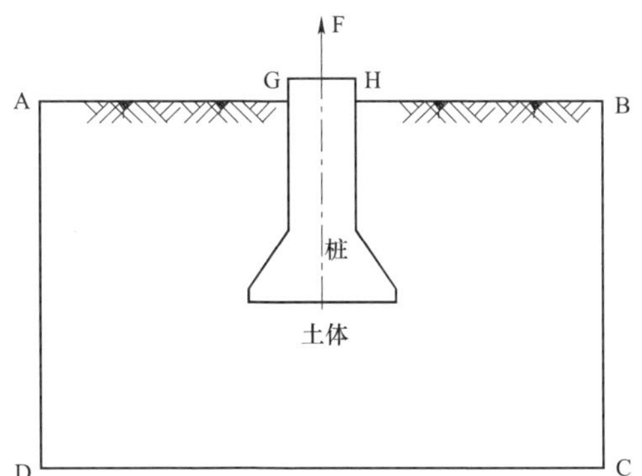


图 4－69　上拔荷载作用下掏挖基础边界条件的设置

以图 3－1 所示的掏挖基础在分级上拔荷载作用下的变形破坏问题求解为例，边界条件设置的 FLAC3D 软件命令流如下：

```
fix x ran x-10.01-9.99
fix x ran x 9.99 10.01
fix y ran y-10.01 9.99
```

```
fix y ran y 9.99 10.01
fix x y z ran z-0.01 0.01
```

## 4.3 本构模型及屈服准则的选取

在外荷载的作用下，架空输电线路杆塔地基基础的变形破坏过程与基础材料、地基类型有关。这主要是由基础材料与地基岩土体本构模型（应力—应变关系）及屈服准则的差异性所致。

### 4.3.1 本构模型的选择

#### 4.3.1.1 地基岩土体本构模型的选择

架空输电线路杆塔基础在杆塔自重、导线张力、风等外荷载综合作用下的变形破坏行为主要表现为基础周围地基岩土体在基础承受荷载过程中出现局部的脆性或塑性变形，并逐渐累积而形成贯通的滑动面，最终导致地基岩土体发生整体破坏。杆塔基础地基岩土体在外荷载作用下的本构模型（应力—应变关系）因地基岩土体的不同而存在差异，要准确确定其本构关系，需要通过现场或室内力学试验确定。由于杆塔基础埋深相对较浅，其本构模型的选择有一定的规律可循。

（1）地基土体本构模型的选择。由于杆塔基础埋深相对较浅，地基土体在基础承受荷载过程中处于低围压的状态。不同围压条件下土体轴向应力—应变曲线如图 4-70 所示。由图 4-70 可知，当土体处于低围压状态（$\sigma_3=a$ 对应的围压状态）时，其本构关系基本符合理想弹塑性本构模型。

当地基土体处于弹性状态时，其本构关系服从式（4-6）；当地基土体进入塑性状态后，此时应力与应变各个分量之间较好的服从塑性本构方程，其增量关系式可采用式（4-7）表示

$$\left.\begin{aligned} \mathrm{d}e_{ij} &= \frac{1}{2G}\mathrm{d}s_{ij} \\ \mathrm{d}\varepsilon_m &= \frac{1}{3K}\mathrm{d}\sigma_m \end{aligned}\right\} \quad \text{或} \quad \left.\begin{aligned} \mathrm{d}s_{ij} &= 2G\mathrm{d}e_{ij} \\ \mathrm{d}\sigma_m &= 3K\mathrm{d}\varepsilon_m \end{aligned}\right\} \tag{4-6}$$

式中：$e_{ij}$ 为应力偏张量，Pa；$s_{ij}$ 为应变偏张量；$\sigma_m$ 为平均应力张量，Pa；$\varepsilon_m$ 为平均应变张量；$G$ 为剪切模量，Pa；$K$ 为体积模量，Pa。

$$\left.\begin{aligned} \mathrm{d}e_{ij} &= \frac{1}{2G}\mathrm{d}s_{ij} + \mathrm{d}\lambda s_{ij} \\ \mathrm{d}\sigma_m &= 3K\mathrm{d}\varepsilon_m \end{aligned}\right\} \tag{4-7}$$

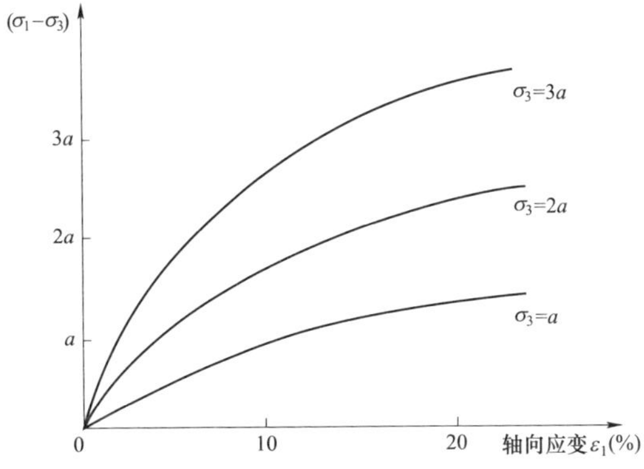


图 4-70 不同围压条件下土体轴向应力—应变曲线

（2）地基岩体本构模型的选择。在外荷载的作用下，架空输电线路杆塔基础地基岩体的应力—应变本构关系与地基岩体类型有关。已有研究表明，岩体本构模型主要有弹性本构模型、理想弹塑性本构模型、弹脆塑性本构模型、塑弹塑性本构模型等四种。根据杆塔基础地基岩体在低围压下的应力应变特征，本书推荐采用理想弹塑性本构模型。

#### 4.3.1.2 基础本构模型的选择

杆塔基础通常采用钢筋混凝土材料制成，一般情况下，其抗拉、抗压和抗剪强度均比周边岩土体大得多。现场试验数据表明：外荷载作用下的杆塔基础，当基础周围岩土体发生破坏时，基础尚处在弹性状态。因此，本专著推荐线弹性本构模型作为杆塔基础的本构模型。

#### 4.3.1.3 地基与基础接触面本构模型的选择

杆塔基础受力时，上拔荷载主要通过基础与地基的接触面传递给地基岩土体，而基础与地基之间的接触面主要以摩擦力的形式传递荷载。因此基础与地基之间接触面的本构模型宜采用无厚度的接触面模型，该接触面模型为如图 4-71 所示的力学元件模型。图 4-71 中，接触面法向和切向力与相应位移的关系可采用式（4-8）和式（4-9）表达

$$F_{\mathrm{n}} = k_{\mathrm{n}} u_{\mathrm{n}} A \tag{4-8}$$

$$F_{\mathrm{s}} = k_{\mathrm{s}} u_{\mathrm{s}} A \tag{4-9}$$

式中：$F_{\mathrm{n}}$ 为接触面的法向力，N；$k_{\mathrm{n}}$ 为接触面的法向刚度，N • m$^{-3}$；$u_{\mathrm{n}}$ 为接触

面的法向位移，m；$F_s$ 为接触面的切向力，N；$k_s$ 为接触面的切向刚度，N·m$^{-3}$；$u_s$ 为接触面的切向位移，m；$A$ 为接触面的面积，m$^2$。

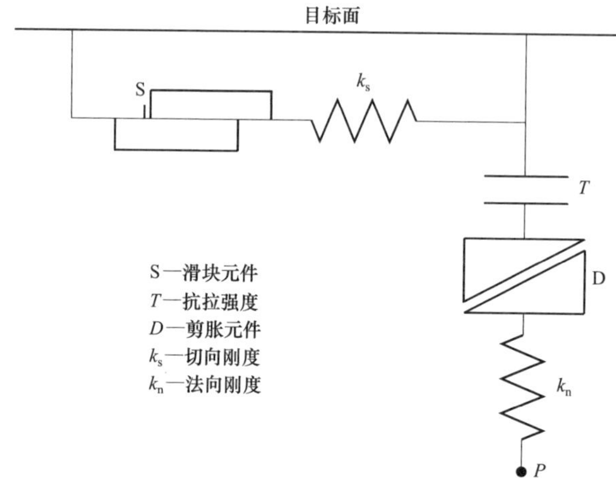


图 4-71　接触面本构模型的元件示意图

## 4.3.2　屈服准则的选择

屈服是指物体受到荷载作用后，随着荷载的增大材料由弹性状态向塑性状态过渡的过程。而屈服准则是用于判断材料是否处于塑性状态的条件，即物体内某一点开始产生塑性应变时所必须满足的条件。

### 4.3.2.1　地基岩土体屈服准则的选择

当地基岩土体屈服面扩展到一定范围后，容易发生较大变形，最终引起地基岩土体的整体破坏。相同的荷载条件，不同类型岩土体的屈服准则是不同的。欲合理确定杆塔基础地基岩土体的屈服准则，须通过现场或室内大量的力学强度试验才能获得。根据以往的研究成果，本专著建议架空输电线路杆塔基础地基岩土体的屈服准则按以下原则进行选取。

（1）地基土体屈服准则的选取。基础周围土体在基础上拔过程中，由于经历不同程度的加载作用而发生不同程度的弹塑性变形，在该过程中基础周围土体可能出现压剪和张拉破坏。目前，国内外通用的岩土体屈服准则主要有 *Drucker-Prager* 屈服准则、*Mohr-Coulomb* 屈服准则以及 *Zienkiewicz-Pande* 屈服准则三种，它们之间既有区别又有联系。*Drucker-prager* 屈服准则是对 *Mohr-Coulomb* 屈服准则的近似，其屈服面并不随着材料的逐渐屈服而改变，没有强化准则，塑性行为被假定为理想弹塑性，同时也没有考虑单纯静水压力对岩土类材料屈服的影响、屈服与破坏的非线性特性以及考虑岩土类材料在偏平面上拉压强度不同的 *S—D* 效应等；*Zienkiewicz*－*Pande* 屈服准则是对 *Mohr*－*Coulomb* 屈服准则的改进，但由于其屈服函数形式较复杂，至今在数值计算中的应用仍很少，*Mohr*－*Coulomb* 屈服准则在解决土体变形破坏问题方面具有诸多优点，因此被广泛应用于地基土体变形破坏过程的数值模拟。下文对 *Mohr*－*Coulomb* 屈服准则的优点进行详细说明。

当岩土体材料某个平面上的剪应力$\tau_n$达到某个极限值时，材料将发生屈服。这也是一种剪应力屈服条件，*Mohr*－*Coulomb* 假设这个屈服极限值不是一个常数值，而是与该平面上的正应力$\sigma_n$有关，这种关系可表示为

$$\tau_n = f(c,\varphi,\sigma_n) \tag{4-10}$$

式中：$c$ 为材料的黏聚力，Pa；$\varphi$ 为材料的内摩擦角，(°)。

式（4－10）可以通过试验确定。在静水压力较小的条件下，式（4－10）可表示为

$$\tau = c + \sigma\tan\varphi \tag{4-11}$$

式（4－11）即为大家熟悉的 *Mohr*－*Coulomb* 屈服条件。

设主应力大小顺序依次为$\sigma_1 \geqslant \sigma_2 \geqslant \sigma_3$，则式（4－11）的主应力表达式为

$$\frac{1}{2}(\sigma_1-\sigma_3) = c\cos\varphi - \frac{1}{2}(\sigma_1+\sigma_3)\sin\varphi \tag{4-12}$$

*Mohr*－*Coulomb* 屈服准则形式简单、参数易测，并且能准确地反映岩土类材料抗压强度不同的 *S—D* 效应对正应力的敏感性和静水压力三向等压的影响，近年来在地基基础工程应用中积累了丰富的经验。图 4－72 为呈不规则六角锥形的 *Mohr*－*Coulomb* 准则屈服面，尽管该曲面在 π 平面上为不等角六边形，存在尖顶和菱角，给数值计算带来困难，但 FLAC 方法可以对尖顶处进行较好的处理，减小计算误差。

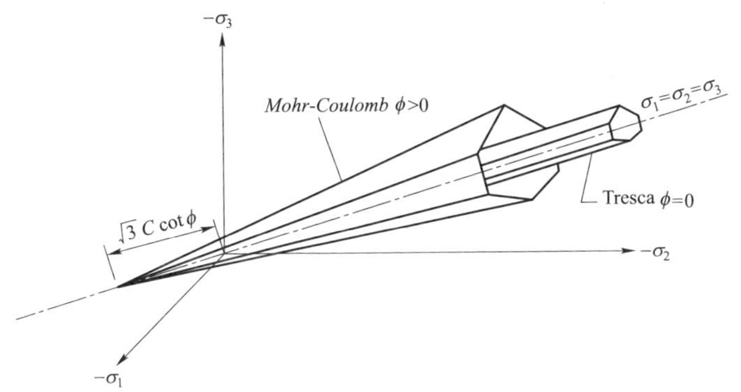


图 4－72 主应力空间的 *Mohr*－*Coulomb* 屈服准则

由上文可知，杆塔基础在外荷载作用下地基土体的破坏主要表现为压剪和张拉组合的力学破坏模式，因此，本专著推荐地基土体的本构模型选用 *Mohr－Columb* 屈服与张拉破坏相结合的复合准则（见图 4－73）。

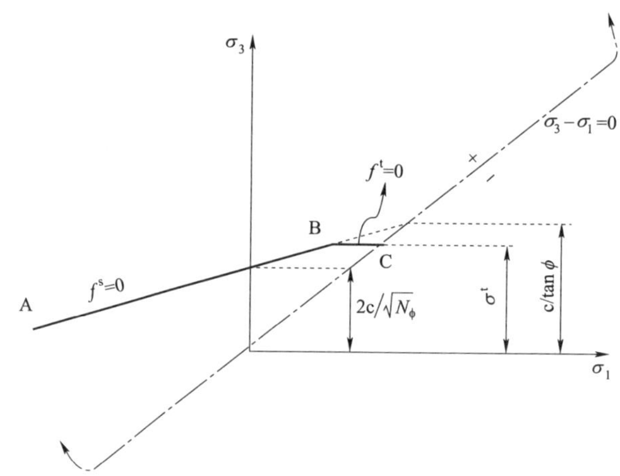


图 4－73　FLAC3D 中的 *Mohr－Coulomb* 与张拉破坏组合的屈服准则

（2）地基岩体屈服准则的选取。地基岩体的屈服准则与上文中地基土体屈服准则的选择原则一致，仍选用 *Mohr－Columb* 屈服与张拉破坏相结合的复合准则，在此不再赘述。

#### 4.3.2.2　基础屈服准则的选择

由于杆塔基础在外荷载作用下一直处于弹性状态，不会产生屈服，因此在数值模拟计算中无需对其设置屈服准则。

#### 4.3.2.3　地基与基础接触面屈服准则的选择

地基与基础接触面的屈服准则服从 *Mohr－Coulomb* 屈服准则，可采用式（4－13）表示

$$F_{\mathrm{smax}} = cA + F_{\mathrm{n}} \tan\varphi \tag{4-13}$$

式中：$F_{\mathrm{smax}}$ 为屈服时的剪切力；$F_{\mathrm{n}}$ 为接触面的法向力；$c$ 为接触面的黏聚力；$A$ 为接触面的面积；$\varphi$ 为接触面的摩擦角。

若式（4－13）满足，则 $F_{\mathrm{s}} = F_{\mathrm{smax}}$；若 $F_{\mathrm{s}} > F_{\mathrm{smax}}$，则满足下式

$$\sigma_{\mathrm{n}}' = \sigma_{\mathrm{n}} + \frac{|F_{\mathrm{s}}| - F_{\mathrm{smax}}}{Ak_{\mathrm{s}}} \tan\psi k_{\mathrm{n}} \tag{4-14}$$

式中：$F_s$ 为接触面切向力，N；$F_{smax}$ 为接触面最大切向力，N；$\sigma_n$ 为接触面处于临界滑动状态下的正应力，Pa；$\sigma_n'$ 为接触面产生滑动后的正应力，Pa；$k_s$ 为接触面的切向刚度，N/m$^3$；$k_n$ 为接触面的法向刚度，N/m$^3$；$A$ 为接触面的面积，m$^2$；$\psi$为接触面的剪胀角，(°)；若接触面的两侧出现张开，则 $F_n$ 和 $F_s$ 都为 0，默认的抗拉强度为 0。

## 4.4 计算参数的确定

### 4.4.1 基于地质勘察、相关试验结果、工程类比等确定

架空输电线路杆塔地基基础的变形破坏数值模拟计算过程中涉及的材料物理力学参数见表 4－1。表 4－1 中的地基岩土体的计算参数一般根据塔位处的土工试验结果进行确定；基础材料的相关参数一般根据基础混凝土和钢筋的标号、强度试验结果及工程类比等综合确定；地基与基础接触面的计算参数一般根据强度试验结果以及工程类比综合确定。

表 4－1　材料物理力学参数

| 地基岩土体 | | | | | 基础材料（一般为钢筋混凝土） | | | | | 地基与基础接触面 | | | |
|---|---|---|---|---|---|---|---|---|---|---|---|---|---|
| 容重 | 弹模 | 泊松比 | 黏聚力 | 内摩擦角 | 容重 | 弹模 | 泊松比 | 黏聚力 | 内摩擦角 | 切向刚度 | 法向刚度 | 黏聚力 | 摩擦角 |

以图 3－1 所示的上拔荷载作用下掏挖基础变形破坏问题求解为例，材料参数设置的 FLAC3D 软件命令流如下：

；材料参数赋值之前,应先确定相应分组 group 的本构模型,不同的本构模型所需的参数不一样。

mo elas ran group 基础　；设置基础为各向同性弹性模型

prop bulk 1e10 shear 1e10 ran group 基础　；对基础体积模量和剪切模量进行赋值

model mohr range group 地基　；设置地基岩土体本构模型为符合摩尔库仑屈服准则的理想弹塑性模型

prop bulk 1e9 shear 1e9 coh 1e4 fric 35 ten 11.16e6 range group 地基

；对地基岩土体的体积模量、剪切模量、黏聚力、内摩擦角及抗拉强度进行赋值。

### 4.4.2 通过反演分析方法确定

当缺少试验数据或试验测试结果空间变异性较大时，可以基于杆塔基础现

场真型试验获得的荷载位移（$Q$—$S$）曲线，采用岩土反分析方法获得地基岩土体的计算参数。

#### 4.4.2.1 架空输电线路杆塔基础地基岩土体参数反演问题

外荷载作用下杆塔地基基础的变形破坏，实质是地基岩土体初始应力状态在外荷载的作用下不断发生变化，进而引起地基岩土体产生变形，当变形达到一定程度后即发生岩土体的破坏。输电线路杆塔基础地基岩土体参数反演问题的实质就是寻找一组待反演的参数，以该组参数作为输入条件，通过正向计算获得的位移、应力或承载力的计算值与实测值逼近的过程。这种逼近追求的是总体上的最优效果，因此，反演分析目标函数通常取为以下形式

$$F(X)=\min\sum_{i=1}^{n}(f_i(x)-F_i)^2 \tag{4-15}$$

式中：$F(X)=\{x_1, x_2, x_3, \cdots, x_k, \cdots, x_m\}$，$x_k$ 为待反演的地基岩土体物理力学参数，如变形模量 $E$、黏聚力 $c$、内摩擦角 $\varphi$ 等；$m$ 为待反演的岩体参数个数；$f_1(x)$ 为地基岩土体在第 $i$ 个量测点上发生的应力、或位移、或承载力；$F_i$ 为相应的应力、或位移、或承载力的实测值；$n$ 为应力、或位移、或外荷载量测点的总数。

#### 4.4.2.2 反演问题的求解

近年来，以神经网络和遗传算法相结合的反分析方法在岩土体参数反演方面得到了广泛的应用，并积累了丰富的工程经验。该方法的具体实施可概括为以下 4 个步骤（见图 4－74）。

（1）以大量的试验、监测、前期分析结果为依据，以地基岩土体物理力学参数为基本变量，借助正交或均匀设计方法，设计一定数量规模的计算方案；

（2）采用数值模拟技术，对（1）中的各个计算方案进行正向的数值计算，获得相应的位移、应力或承载力计算值；

（3）以（2）中的计算结果为输入样本，训练人工神经网络，应用遗传算法搜索最佳的神经网络结构，建立基本变量与地基岩土体位移、或应力、或承载力实测值之间的非线性映射关系；

（4）在（3）的基础上，以位移或应力或承载力等目标函数最小为优化目标，采用遗传算法进行全局优化，最终获得地基岩土体物理力学参数的反演结果。

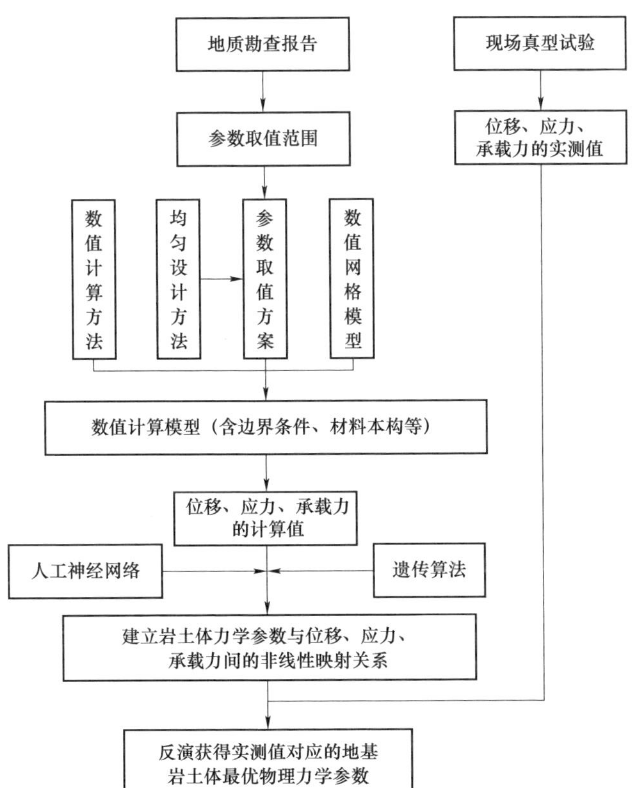


图 4-74　岩土体参数反演技术路线

5

# 数值模拟的求解及其结果表达

## 5.1 架空输电线路杆塔地基基础变形破坏问题的求解

求解精度的设置是数值模拟计算过程中收敛性控制的必要条件之一，直接影响数值模拟计算结果的精确度和计算效率。就 FLAC3D 软件而言，求解精度设定的命令流如下：

se mech ratio <value>（value 指计算精度值）

架空输电线路杆塔地基基础变形破坏过程中场变量的求解包括对地基基础应力—应变以及塑性区等参数的求解，其求解过程如图 5－1 所示。具体求解步骤如下：

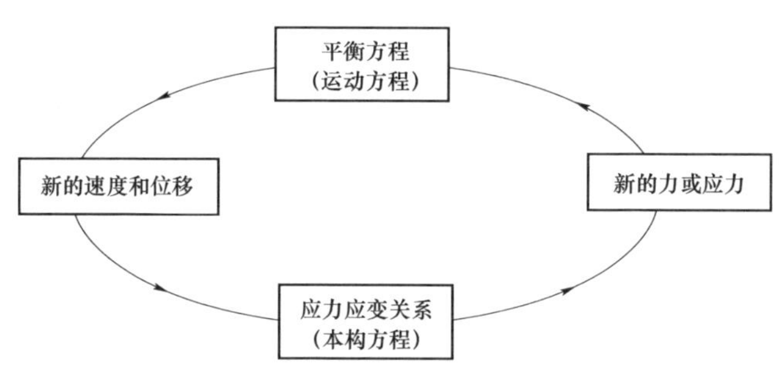


图 5－1　FLAC3D 软件求解过程图示

（1）以节点为计算对象，将力和质量集中作用在节点上，通过运动方程在时域内利用差分格式按时步进行积分求解；

（2）每个节点在每个时刻都受到来自其周围区域的合力的影响，如果合力不等于零，节点就会出现不平衡力而产生运动。在不平衡力的作用下，根据牛顿第二定律，节点会产生加速度，可在一个时步中求得其速度和位移的增量，从而获得计算时步对应时刻该节点新的速度和位移；

（3）根据某节点周围节点的运动速度可以求得该节点的应变率，然后根据材料的本构关系即可求得应力增量，进而获得新的应力值，由应力增量求出 $t$ 和 $t+\Delta t$ 时刻各个结点的不平衡力和各个节点在 $t+\Delta t$ 时的加速度，对加速度进行积分，即可得到节点新的位移值；

（4）按时步进行下一轮的计算，如此循环直到问题收敛。

FLAC3D 软件进行杆塔地基基础变形破坏问题求解的命令流为：

```
solve
```

## 5.2　应力与位移计算结果的表达

### 5.2.1　应力

以竖向（$Z$ 方向）应力分布云图的显示为例，使用命令：PLOT con szz，可对地基基础竖向应力的计算结果进行图形显示。

采用图形状态下的菜单操作也可实现地基基础竖向应力分布云图的显示，具体操作路径为：【Plotitems】/【Add】/【Zone contour】/【Stresses】/【ZZ－Stress】，并执行【OK】按钮进行确定，地基基础竖向应力云图如图 5－2 所示。

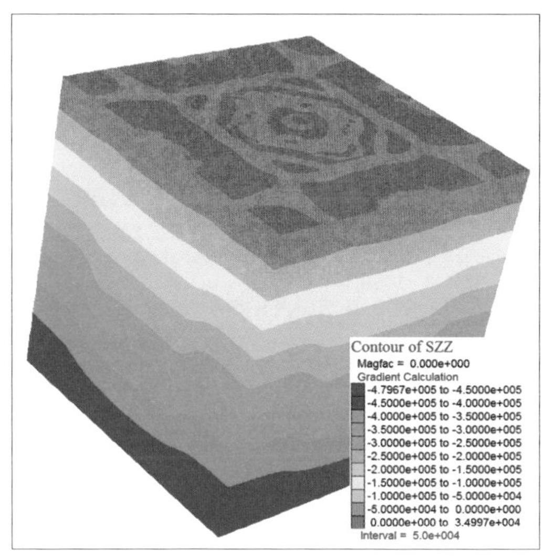


图 5－2　地基基础竖向应力云图

输出地基基础其他方向的应力云图时，可采用以下命令：

PLOT con syy；表示 $Y$ 方向的应力云图。

PLOT con sxy；表示 $XY$ 方向的应力云图。

### 5.2.2 位移

以地基基础 *Y* 方向位移云图的显示为例，使用命令：PLOT con ydis，可对地基基础 *Y* 方向位移的计算结果进行图形显示。

采用图形状态下的菜单操作也可实现地基基础 *Y* 方向位移云图的显示，具体操作路径为：【Plotitems】/【Add】/【Contour】/【Displacement】/【Y－Displacement】，并执行【OK】按钮进行确定，地基基础 *Y* 方向位移云图如图 5－3 所示。

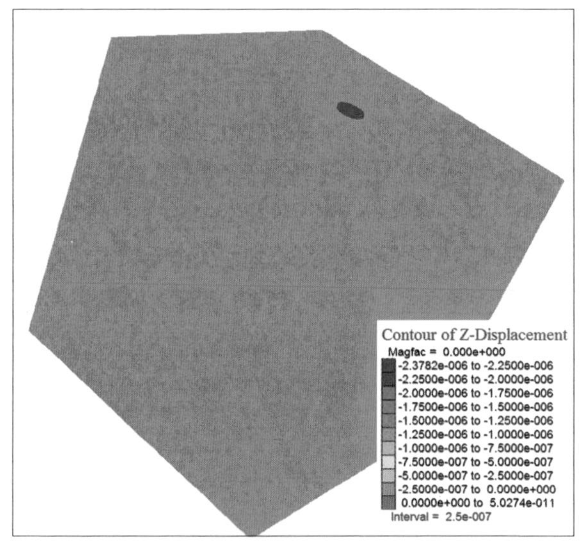


**图 5－3　地基基础 *Y* 方向位移云图**

输出地基基础其他方向的位移云图时，可采用以下命令：

PLOT con xdis；表示输出 X 方向的位移云图。

PLOT con zdis；表示输出 Z 方向的位移云图。

## 5.3 塑性区计算结果的表达

塑性区的显示通常使用如下命令：

```
PLOT block state
```

采用图形状态下菜单操作也可实现塑性区的显示，具体操作路径为：【Plotitems】/【Add】/【Block】/【State】，并执行【OK】按钮进行确定，地基基础塑性区分布云图如图 5－4 所示。

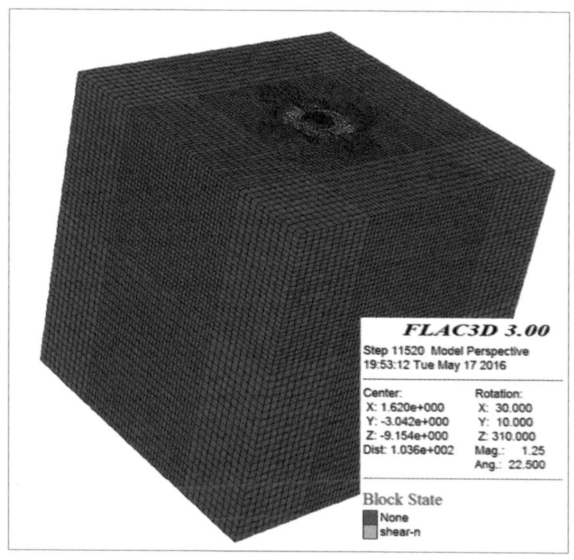


图 5-4 地基基础塑性区分布云图

在输出塑性区分布云图时，常常还用到以下命令：

PRINT zone state ;显示塑性分布区。

PLOT block state shear ;获得剪切屈服的单元，包括 shear-n 和 shear-p。

PLOT block state tension-p ;获得过去拉伸屈服的单元。

PLOT block state now ;获得当前处于塑性状态的单元，包括 shear-n 和 tension-n。

PLOT block state past ;获得过去处于塑性状态的单元，包括 shear-p 和 tension-p。

## 5.4 地基滑动面的确定

### 5.4.1 地基基础体系失稳破坏判断准则

架空输电线路杆塔基础一般由钢筋混凝土材料制成，在外荷载作用下多为线性弹性变形，一般不会发生屈服和破坏。相比而言，基础周围岩土体无论强度还是刚度，均比钢筋混凝土材料要小很多，因此，杆塔基础的失稳主要由基础周围地基岩土体产生大变形或发生破坏所致。如何判别地基岩土体达到允许变形或发生破坏，需要综合考虑基础型式、地基条件、荷载类别等因素。本专著推荐的地基基础体系失稳条件的判定准则如下：

（1）任意荷载作用下的原状土扩底基础或水平荷载作用下的桩基础。任意荷载作用下的扩底基础（如掏挖基础、岩石嵌固基础、人工挖孔桩等）或水平荷载作用下的桩基础往往以地基岩土体形成贯通的张拉和压剪的滑动面为主要的破坏模式。数值模拟计算过程中，按照以下原则判定地基基础体系是否发生失稳：

1）运行的 FLAC3D 计算程序正好处于收敛与不收敛的临界状态。该条件为判断地基基础体系失稳的辅助条件。

2）基础周围岩土体出现连续贯通的塑性区或者出现贯通的塑性剪应变区域。该条件为判断地基基础体系失稳的必要条件。换言之，如果地基基础体系失稳，则数值模拟计算获得的塑性区或者出现塑性剪应变的区域必然贯通，如图 5－5 和图 5－6 所示。

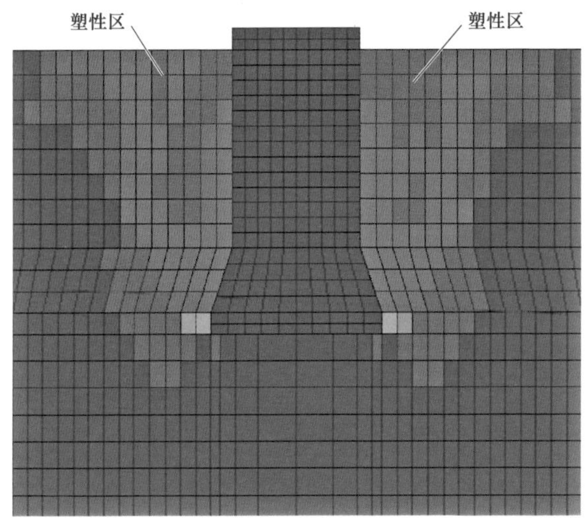


图 5－5 上拔荷载作用下扩底基础失稳时塑性区的分布

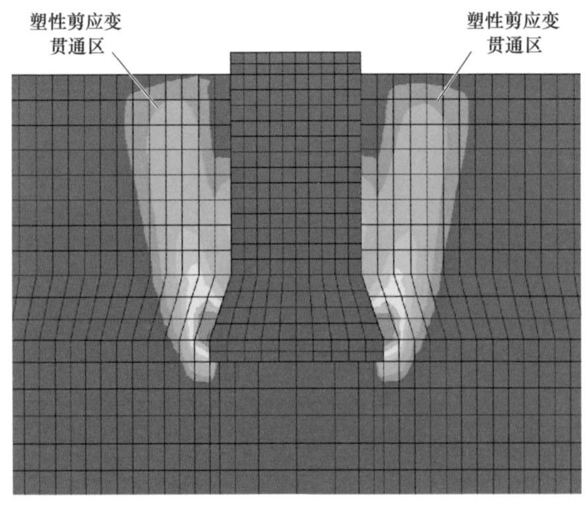


图 5－6 上拔荷载作用下扩底基础失稳时塑性剪应变区域分布

3）基础周围岩土体位移场出现明显的位移矢量分界面，分界面以上位移很大，分界面以下位移很小。该条件为判断地基基础体系失稳的充分条件。

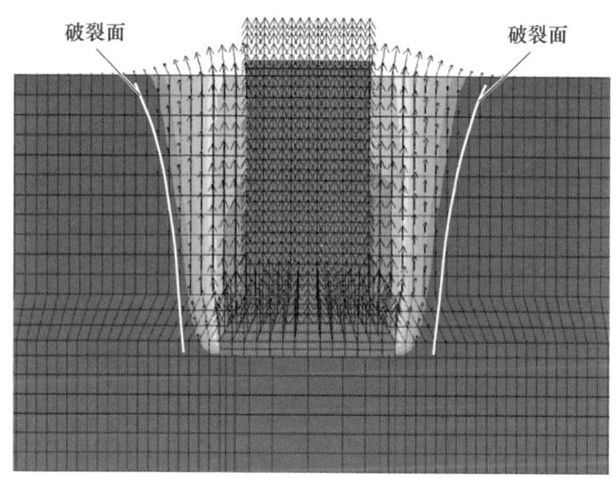


图 5-7 上拔荷载作用下掏挖基础失稳时的滑动面形态曲线

（2）上拔荷载作用下的桩基础或岩石锚杆基础。上拔荷载作用下的桩基础或岩石锚杆基础往往以基础产生较大变形而脱离地基岩土体这种模式发生破坏，数值模拟计算过程中，按照以下原则判定地基基础体系是否发生失稳：

1）运行的 FLAC3D 计算程序正好处于收敛与不收敛的临界状态。该条件为判断地基基础体系失稳的辅助条件。

2）基础顶部以及邻近基础岩土体的 $Q—S$ 曲线均出现斜率的骤变，且两者之间的相对位移明显增大，基础位移陡增，表现出基础欲脱离岩土体的趋势。该条件为判断地基基础体系失稳的充分条件。

3）运行的 FLAC3D 计算程序在基础与地基岩土体分界面上出现显著的应力不连续。该条件为判断地基基础体系失稳的必要条件。

### 5.4.2 地基滑动面的确定

外荷载作用下的杆塔基础，其周围岩土体破坏时形成的滑动面形态因基础结构、地基类型、荷载方向等方面的差异而呈现出不同的特征。本书通过描绘出地基基础体系失稳时位移场的突变分界面而确定出地基滑动面。具体而言，在数值模拟后处理过程中，首先提取地基基础体系失稳时的位移场，然后将位移场中的突变分界面描绘出来，最后获得地基岩土体的滑动面。以上拔荷载作用下掏挖基础地基基础体系的破坏为例，通过上述方法绘制出的地基岩土体的滑动面形态如图 5-7 所示。

## 5.5 荷载位移曲线计算结果的表达

荷载—位移曲线是描述外荷载作用下基础变形破坏特征最直观的表现形式之一，工程中常通过荷载—位移曲线获取基础承载力作为设计的主要依据，因此，准确获得基础的荷载—位移曲线对于工程设计具有重要意义。荷载—位移曲线一般通过现场静载试验测得，当缺乏现场试验数据时，可采用数值模拟技术获得。采用数值模拟技术获得基础荷载—位移曲线的过程可概括为：首先，按照现场试验加载的方式，对基础进行分级加载；然后，对基础顶部中心节点进行位移监测和结果输出；最终获得基础的荷载位移曲线。FLAC3D 软件中的具体操作步骤概述如下：

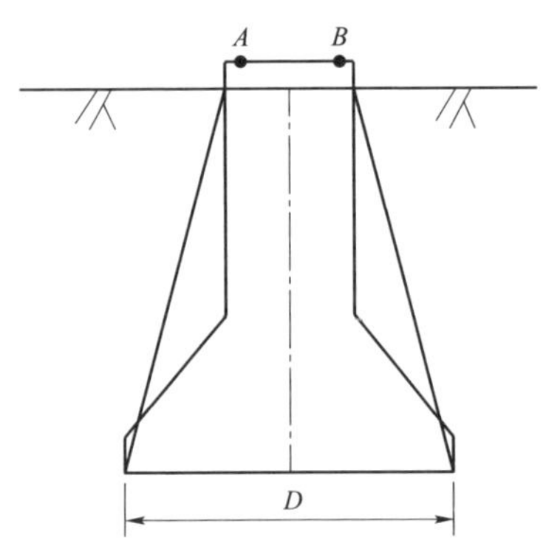

图 5－8　荷载监测点示意图

（1）根据现场静载试验获得的基础极限上拔荷载确定每一级荷载的加载值，在 FLAC 3D 程序中对杆塔基础进行分级加载，每一级加载值以及加载等级与现场试验的加载条件保持一致；

（2）确定基础网格模型顶面中心点节点 ID 号。首先使用命令：plot block grid range group groupname，选择显示基础网格模型并隐藏地基网格模型，然后显示其节点 ID 号并确定基础网格模型顶面中心点节点 ID 号（如图 5－8 中的 *A*、*B* 点）；

（3）对基础顶面中心节点进行位移监测及结果输出。

FLAC3D 程序实现上述过程的命令流如下：

```
；首先，监测待监测节点的位移信息
hist id ID1 gp zdisp id ID2 ;ID1 为监测变量的编号，ID2 为待监测节点 ID 号
；其次，在 FLAC 3D 程序默认目录下建立一个 name.log 文件记录命令窗口中的所有信息
SET log on
SET logfile name.log
；最后，输出监测节点的位移信息
print gp disp range id ID2
```

计算结束后，在 name.log 文件中可查找到监测节点在每级荷载作用下的位移信息的记录。

（4）将监测节点位移信息进行拷贝，导入 Excel、Origin 或者其他数据处理软件绘制 *Q*—*S* 曲线。

荷载—位移曲线可以真实反映不同加载阶段的基础变形承载特性，是基础承载能力最直观的表现形式之一。作为输电线路杆塔基础变形破坏过程分析一种辅助手段，数值模拟计算获得的 $Q$—$S$ 曲线是否与现场静载试验 $Q$—$S$ 曲线吻合，也是衡量数值模拟计算结果准确合理的评判标准。

# 6 实　例

## 6.1 计算参数的确定

地基岩土体变形和强度参数是架空输电线路杆塔基础变形破坏数值模拟最重要的计算参数，因此，科学合理地确定地基岩土体的变形和强度参数是准确获取杆塔基础承载力和破坏模式的前提。

本节以我国甘肃境内的戈壁滩碎石土地基为例，以碎石土地基中全尺寸掏挖基础现场上拔静载试验获得的抗拔承载力为基准，采用基于神经网络和遗传算法相结合的岩土体参数反演方法，对碎石土地基土体的弹性模量、黏聚力和内摩擦角等计算参数进行反演。

### 6.1.1 数值计算网格模型

地基场地位于甘肃省金昌市金川区境内，该场地地貌单元属于山前冲洪积平原，地形平坦、开阔。地层结构为单层结构，主要为卵石充填中粗砂，混杂零星漂石和少量黏性土，厚度大于 10m，试验场地概貌如图 6-1 所示。由于该地区地下水位普遍在 10m 以下，而进行现场试验的掏挖基础的埋深均小于 10m，因此在计算过程中不考虑地下水的作用。

图 6-1　试验场地概貌

典型掏挖基础结构型式如图 3－2 所示，基础尺寸参数具体如下：$h_0=0.2$m，$h_1=0.6$m，$h_2=0.2$m，$d=0.8$m，$h_t=4.0$m，$D=1.6$m。根据掏挖基础的几何尺寸，确定地基计算域的数值网格模型的范围为 20m×20m×20m（约为基础埋深的 3～6 倍）；基础与土层单元采用八节点六面体等参单元进行划分，基础与地基土体接触面采用无厚度的接触面单元进行模拟。按照“自基础中心向外，网格单元划分由密到疏”的原则对地基计算域进行网格划分，其中，邻近基础中心区域网格单元划分最密，远离基础中心区域网格单元划分最疏，数值网格模型共划分 255 042 个单元，267 355 个节点，数值网格模型如图 6－2 所示。

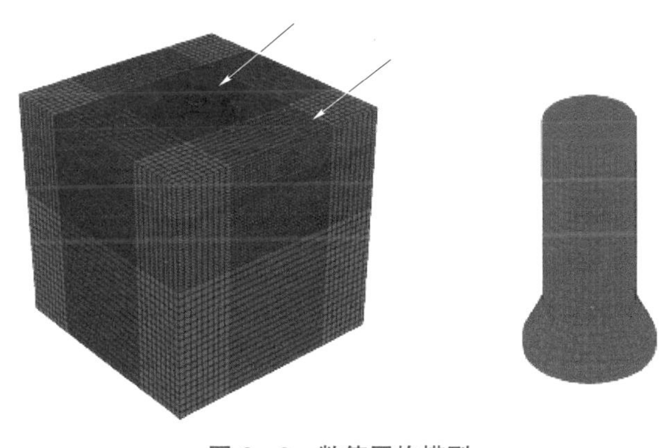

**图 6－2 数值网格模型**

本实例中的掏挖基础由钢筋混凝土制成，且埋深小于 8m，可认为基础周围土体处于低围压的状态。依据 3.3 节的介绍，选用线弹性模型作为钢筋混凝土掏挖基础的本构模型；选用理想弹塑性 *Mohr－Columb* 模型作为基础周围岩土体的本构模型，选用张拉和压剪破坏的 *Mohr－Columb* 屈服与张拉破坏相结合的复合准则作为基础周围土体的屈服准则；选用式（4－8）和式（4－9）作为基础与地基土体接触面的本构模型，选用式（4－13）和式（4－14）所表达的最大切向力与接触面黏聚力和接触面摩擦角的关系作为接触面的屈服准则。

图 6－2 中数值网格模型的 4 个侧面及底面约束均为法向约束，上表面为自由边界，掏挖基础顶部表面施加垂直向上的上拔荷载。

## 6.1.2 反演样本构造

根据现场土工试验数据，确定待反演的 3 个参数可能的取值范围如下：碎石土变形模量 $E$（15～55MPa）、黏聚力 $c$（11.5～15.5kPa）、内摩擦角$\varphi$（44.5°～48.5°）。在样本的试验阶段，将每个待反演参数的取值分成 5 个水平，各水平值见表 6－1，不参与反演的其他参数取值见表 6－2。

表 6-1　　参与反演的碎石土地基土体参数的取值水平

| 水平 | 变形模量 $E$（MPa） | 黏聚力 $c$（kPa） | 内摩擦角 $\varphi$（°） |
|---|---|---|---|
| 1 | 15 | 11.5 | 44.5 |
| 2 | 25 | 12.5 | 45.5 |
| 3 | 35 | 13.5 | 46.5 |
| 4 | 45 | 14.5 | 47.5 |
| 5 | 55 | 15.5 | 48.5 |

表 6-2　　不参与反演的其他参数取值

| 名称 | 弹性模量（GPa） | 泊松比 | 容重（$kN/m^3$） | 黏聚力（MPa） | 内摩擦角（°） | 抗拉强度（MPa） |
|---|---|---|---|---|---|---|
| 掏挖基础 | 25.0 | 0.167 | 25.0 | 1.2 | 50.0 | 1.2 |
| 基础与土接触面 | 0.21，0.01（法，切向刚度） | — | — | 0.2 | 25.0 | — |

记参与反演的参数个数为 $S$，每个参数取 $q$ 个水平，所有参数在不同水平组合下需要开展 $q^s$ 次试验。如 $S=7$，$q=3$，则需要开展 $3^7=2187$ 次试验。进行 2187 次试验的工作量巨大，不易操作，因此需要从中选择一些具有代表性的组合进行试验。

均匀设计方法是目前应用较为广泛的一种试验设计方法，它的特点是只考虑试验点的均匀分散性，而不再考虑整齐可比性，使得选取的试验点分布均匀，具有一定的代表性。对于 3 个参数、5 个水平的组合，采用 $U_{20}$（$5^3$）均匀设计方案，只需要进行 20 次试验，这大大减少了试验的工作量。将这 20 种试验方案用于神经网络的训练，具体方案数组合见表 6-3；同时，通过 $U_{20}$（$5^3$）均匀设计方案，设计出 5 种试验组合方案用来检验神经网络模型的可用性，具体方案数组合见表 6-4。

表 6-3　　待反演参数 $U_{20}$（$5^3$）方案数组合（用于训练神经网络模型）

| 参数取值方案 | 待反演参数 | | |
|---|---|---|---|
| | $E$（MPa） | $c$（kPa） | $\varphi$（°） |
| 1 | 35 | 12.5 | 47.5 |
| 2 | 15 | 11.5 | 45.5 |
| 3 | 35 | 14.5 | 47.5 |
| 4 | 15 | 15.5 | 46.5 |
| 5 | 45 | 11.5 | 44.5 |
| 6 | 15 | 14.5 | 48.5 |
| 7 | 55 | 15.5 | 46.5 |

续表

| 参数取值方案 | 待反演参数 | | |
| --- | --- | --- | --- |
| | E（MPa） | c（kPa） | φ（°） |
| 8 | 35 | 12.5 | 45.5 |
| 9 | 45 | 13.5 | 45.5 |
| 10 | 55 | 11.5 | 47.5 |
| 11 | 45 | 15.5 | 48.5 |
| 12 | 25 | 12.5 | 46.5 |
| 13 | 25 | 11.5 | 48.5 |
| 14 | 55 | 14.5 | 44.5 |
| 15 | 15 | 13.5 | 44.5 |
| 16 | 25 | 13.5 | 47.5 |
| 17 | 35 | 14.5 | 45.5 |
| 18 | 45 | 12.5 | 46.5 |
| 19 | 25 | 15.5 | 44.5 |
| 20 | 55 | 13.5 | 48.5 |

表 6–4　　待反演参数 $U_5(5^3)$ 方案数组合（用于检验神经网络模型的可用性）

| 参数取值方案 | 待反演参数 | | |
| --- | --- | --- | --- |
| | E（MPa） | c（kPa） | φ（°） |
| 1 | 25 | 15.5 | 47.5 |
| 2 | 35 | 13.5 | 48.5 |
| 3 | 55 | 12.5 | 44.5 |
| 4 | 15 | 14.5 | 44.5 |
| 5 | 55 | 14.5 | 48.5 |

对于表 6–3 和 6–4 中的每一组试验组合，采用 FLAC3D 软件进行正向数值计算，获得每一项参数组合下的掏挖基础抗拔承载力计算值，将其与相对应的待反演参数组合在一起作为一个样本。这样便得到用于训练神经网络的 20 个样本（见表 6–5）和用于检验神经网络可用性的 5 个样本（见表 6–6）。

表 6–5　　各试验组合中样本的取值方案（用于训练神经网络模型）

| 参数取值方案 | 待反演参数 | | | 承载力（比例极限）（kN） |
| --- | --- | --- | --- | --- |
| | E（MPa） | c（kPa） | φ（°） | |
| 1 | 35 | 12.5 | 47.5 | 2250 |
| 2 | 15 | 11.5 | 45.5 | 2310 |

续表

| 参数取值方案 | 待反演参数 | | | 承载力（比例极限）（kN） |
|---|---|---|---|---|
| | $E$（MPa） | $c$（kPa） | $\varphi$（°） | |
| 3 | 35 | 14.5 | 47.5 | 2340 |
| 4 | 15 | 15.5 | 46.5 | 2380 |
| 5 | 45 | 11.5 | 44.5 | 2150 |
| 6 | 15 | 14.5 | 48.5 | 2310 |
| 7 | 55 | 15.5 | 46.5 | 2435 |
| 8 | 35 | 12.5 | 45.5 | 2120 |
| 9 | 45 | 13.5 | 45.5 | 2230 |
| 10 | 55 | 11.5 | 47.5 | 2240 |
| 11 | 45 | 15.5 | 48.5 | 2430 |
| 12 | 25 | 12.5 | 46.5 | 2260 |
| 13 | 25 | 11.5 | 48.5 | 2240 |
| 14 | 55 | 14.5 | 44.5 | 2330 |
| 15 | 15 | 13.5 | 44.5 | 2150 |
| 16 | 25 | 13.5 | 47.5 | 2370 |
| 17 | 35 | 14.5 | 45.5 | 2280 |
| 18 | 45 | 12.5 | 46.5 | 2230 |
| 19 | 25 | 15.5 | 44.5 | 2320 |
| 20 | 55 | 13.5 | 48.5 | 2340 |

表 6-6　各试验组合中样本的取值方案（用于检验神经网络模型的可用性）

| 参数取值方案 | 待反演参数 | | | 承载力（比例极限）（kN） |
|---|---|---|---|---|
| | $E$（MPa） | $c$（kPa） | $\varphi$（°） | |
| 1 | 25 | 15.5 | 47.5 | 2270 |
| 2 | 35 | 13.5 | 48.5 | 2320 |
| 3 | 55 | 12.5 | 44.5 | 2240 |
| 4 | 15 | 14.5 | 44.5 | 2310 |
| 5 | 55 | 14.5 | 48.5 | 2410 |

### 6.1.3　地基岩土体变形和强度参数反演

地基岩土体变形和强度参数反演的实施过程可分为以下三个步骤：

（1）数据预处理：按照式（6-1）将样本数据标准化为［0.1，0.9］区间数据

$$x_i' = 0.1 + (0.9 - 0.1)\frac{x_i - x_{\min}}{x_{\max} - x_{\min}} \tag{6-1}$$

式中：$x_i'$ 为标准化之后的数据；$x_i$ 为原始数据，$i = 1, 2, 3, \cdots, n$，$n$ 为样本的个数；$x_{\min} = \min\{x_i\}$，$x_{\max} = \max\{x_i\}$。

（2）取式（6－2）所示的检验误差函数，搜索最优的神经网络模型

$$F(X) = \sqrt{\frac{1}{n}\sum_{i=1}^{n}[F_i(X) - F_i]^2} \tag{6-2}$$

式中：$F_i(X)$为样本 $i$（$i = 1, 2, 3, \cdots, n$）的网络输出；$F_i$ 为样本 $i$ 的期望输出；$n$ 为检验样本总数。

采用遗传算法搜索发现，地基岩土体的变形模量 $E$、黏聚力 $c$ 和内摩擦角 $\varphi$ 三个待反演参数与掏挖基础抗拔承载力的映射关系，结构为 3－44－4－1 的神经网络在学 89 800 次时预测效果最佳，学习误差为 0.035 706，测试误差为 0.057 773。

（3）应用神经网络—遗传优化算法，在给定的参数范围内进行搜索计算，寻找与掏挖基础抗拔承载力实测值相匹配的地基土体的变形模量 $E$、黏聚力 $c$ 和内摩擦角 $\varphi$ 的值即为反演出的地基参数值。

### 6.1.4 结果分析

根据上述实施步骤，对上拔荷载作用下的掏挖基础地基参数值进行反演，计算结果见表 6－7。根据表 6－7 中的地基参数值，采用 FLAC3D 软件正算获得掏挖基础的抗拔承载力为 3150kN。图 6－3 为掏挖基础现场上拔静载试验获得的荷载—位移曲线，从曲线上可以获取基础抗拔承载力值为 3200kN，将基于反演结果正算获得的掏挖基础抗拔承载力与现场试验值进行对比分析，结果见表 6－8。从表 6－8 可以看出，两者相对误差仅为 1.5%。由此表明，采用本实例中的方法获取掏挖基础的地基计算参数以及对基础承载力的预测均是可行的。

表 6－7　　碎石土地基计算参数反演结果

| 变形模量 $E$（MPa） | 黏聚力 $c$（kPa） | 内摩擦角 $\varphi$（°） |
|---|---|---|
| 54.5 | 15.2 | 46.3 |

表 6－8　　掏挖基础抗拔承载力计算值与试验值对比分析结果

| 项　目 | 抗拔承载力（kN） | 相对误差 |
|---|---|---|
| 试验值 | 3200 | 1.5% |
| 计算值 | 3150 | |

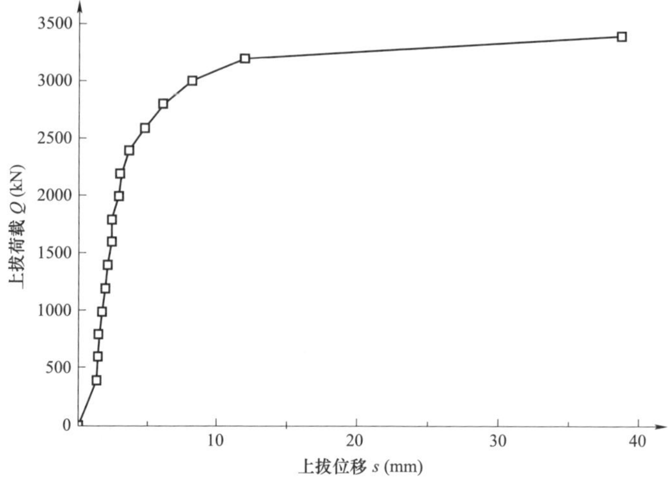


图 6-3　掏挖基础现场上拔静载试验荷载—位移曲线

## 6.2　杆塔基础地基变形破坏过程的再现以及承载力的确定

架空输电线路原状土基础的抗拔承载力由基础自重、地基岩土体重量以及地基岩土体自身的抗剪强度三部分组成，其抗拔承载力与其变形破坏过程息息相关。本节通过工程实例，采用数值模拟方法对几种典型杆塔基础受力过程中地基的变形破坏过程进行再现，在此基础上确定基础的抗拔承载力。

### 6.2.1　掏挖基础

以 2012 年黄土地基中开展的全尺寸掏挖基础现场上拔试验为例。试验场地位于甘肃省甘谷县新兴镇史家坪村北郊的拟建 750kV 变电站厂址处，该场地地层由第四系全新统冲洪积相地层与第三系砂质黏土岩构成，上部地层为冲洪积相的黄土状粉土，厚为 28～36m，下部地层为冲、洪积相的砂土与碎石土，厚为 5～6m，底部为第三系砂质黏土岩，厚度大于 10m，地下水位大于 10m，工程中可不考虑地下水影响，试验场地概貌如图 6-4 所示。

图 6-4　试验现场概貌

通过室内土工试验和现场原位直剪试验，获得黄土地基土体的物理力学指标参数，见表 6－9。

表 6－9　黄土地基土体物理力学指标参数取值

| 参　数 | 试验值 |
|---|---|
| 密度 $\rho$（kN/m$^3$） | 1.87 |
| 孔隙比 $e$ | 0.79 |
| 含水量 $\omega$（%） | 17.71 |
| 比重 $G_s$ | 2.85 |
| 塑限 $\omega_P$（%） | 18.8 |
| 液限 $\omega_L$（%） | 30.2 |
| 塑性指数 $I_p$ | 11.4 |
| 黏聚力 $c$（kPa） | 14.8 |
| 内摩擦角 $\phi$（°） | 23.8 |

#### 6.2.1.1　数值计算网格模型

以 6.1 节中掏挖基础为例，基础结构型式及尺寸参数详见前文所述。按 6.1 节的方法和原则绘制数值计算网络模型，整个地基基础计算域共划分 161 936 个单元，171 485 个节点，数值计算网格模型（FLAC3D 软件中显示）如图 6－5 所示。

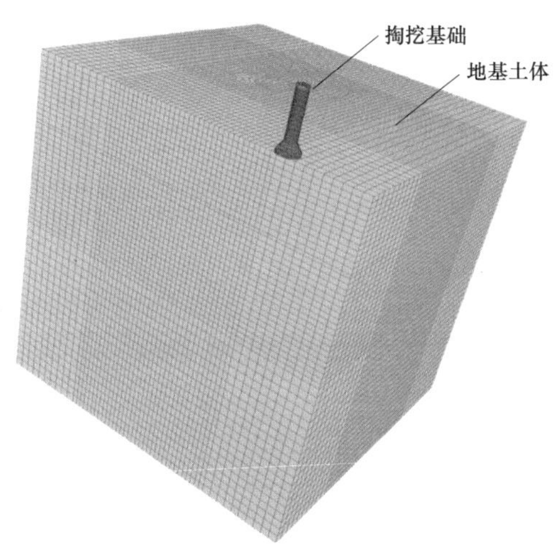


图 6－5　数值计算网格模型示意图（FLAC3D 软件中显示）

#### 6.2.1.2 数值计算参数取值

依据黄土地基的土工试验结果，结合工程经验和参数反演结果，确定本次计算的参数取值，具体见表 6－10。

表 6－10　　掏挖基础及黄土地基土体的数值计算参数取值

| 名称 | 弹性模量（GPa） | 泊松比$\nu$ | 容重$\gamma$（kN/m$^3$） | 黏聚力 $c$（MPa） | 内摩擦角 $\varphi$（°） | 抗拉强度（MPa） |
|---|---|---|---|---|---|---|
| 掏挖基础 | 30.0 | 0.2 | 25.0 | 1.2 | 50.0 | 1.2 |
| 地基土体 | 0.035 | 0.3 | 15.4 | 0.01 | 23.9 | 0.1 |
| 接触面 | 2.1 和 0.1（法、切向刚度） | — | — | 0.15 | 25.0 | — |

#### 6.2.1.3 材料本构模型及屈服准则的选取

本实例中的掏挖基础、黄土地基以及地基与基础之间接触面的本构模型及屈服准则的选取原则与 6.1 节一致，具体详见上文。

#### 6.2.1.4 数值计算边界条件及加载方式

根据现场试验过程中掏挖基础实际的受力特征，确定边界条件如下：地基计算域的 4 个侧面及底面设置为法向约束，上表面设置为自由边界，掏挖基础顶部施加垂直向上的上拔荷载，数值计算网络模型边界条件示意如图 6－6 所示。

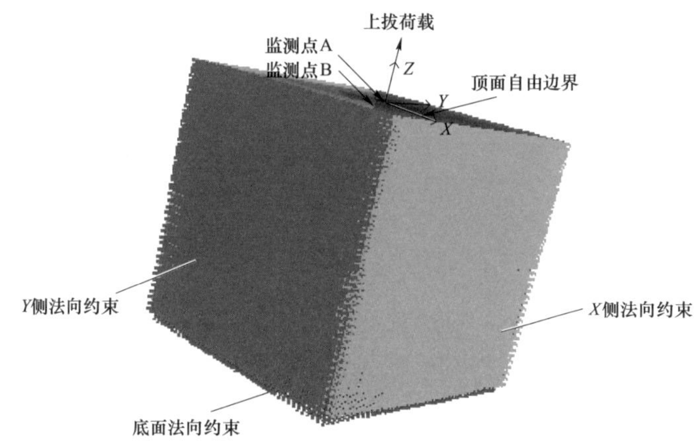


图 6－6　数值计算网格模型边界条件示意图

为真实模拟和再现掏挖基础现场上拔静载荷试验的全过程，按照现场试验的加载方式，在基础顶部施加垂直向上的均布面荷载，采用应力加载方式，进行逐级加载，直至地基土体发生破坏。本实例采用 5.4.1 节中的地基基础体系失稳破坏综合判断准则判定掏挖基础地基土体发生破坏。数值计算过程中在掏挖基础顶部和基础周围土体表面设置位移监测点（见图 6-6 的 A 和 B 点），便于获取基础的荷载—位移曲线。

#### 6.2.1.5 数值计算结果分析

依据基础顶部监测点的实时位移值，可绘制出掏挖基础的荷载—位移曲线。图 6-7 为通过数值模拟计算获得的基础荷载位移曲线与现场试验获得的基础荷载—位移曲线对比分析结果，从图 6-7 中可以看出，两条曲线均符合“缓变型”特征，即经历了“直线—曲线—直线”的非线性变化过程，这也与 1.2.2 节的现场试验分析结果吻合。

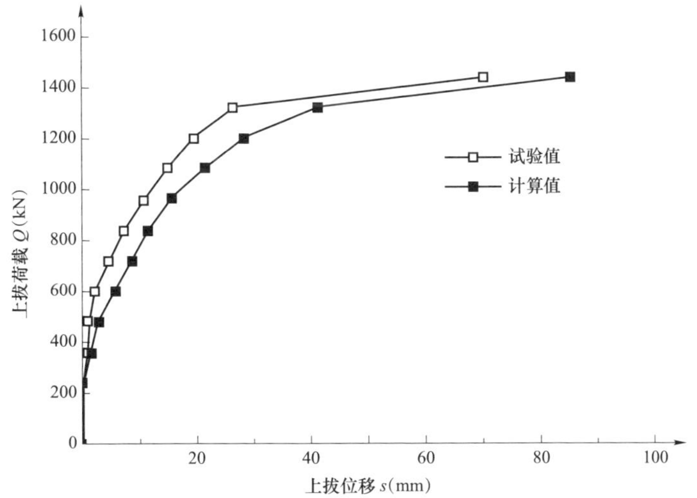


图 6-7　数值模拟计算与现场试验获得的荷载—位移曲线对比结果

为了验证数值计算结果的准确性，将计算值与现场试验值进行对比，结果见表 6-11。从表 6-11 中可以看出，两者相对误差为 10%，满足工程需要。

表 6-11　　掏挖基础抗拔承载力计算值与试验值的对比结果

| 抗拔承载力（kN） | | 相对误差（%） |
|---|---|---|
| 试验值 | 1200 | 10 |
| 计算值 | 1320 | |

图 6-8 为上拔荷载作用下掏挖基础周围土体塑性区发展的计算结果。由图 6-8 可知，掏挖基础在上拔荷载的作用下，扩底上部土体首先发生塑性屈服；随着荷载的不断增加，塑性区逐渐向上扩展；当施加第十一级荷载时［见图 6-8（i）］，塑性区贯通，形成由基底至地面整体贯通的完整的滑动面，地基发生破坏。

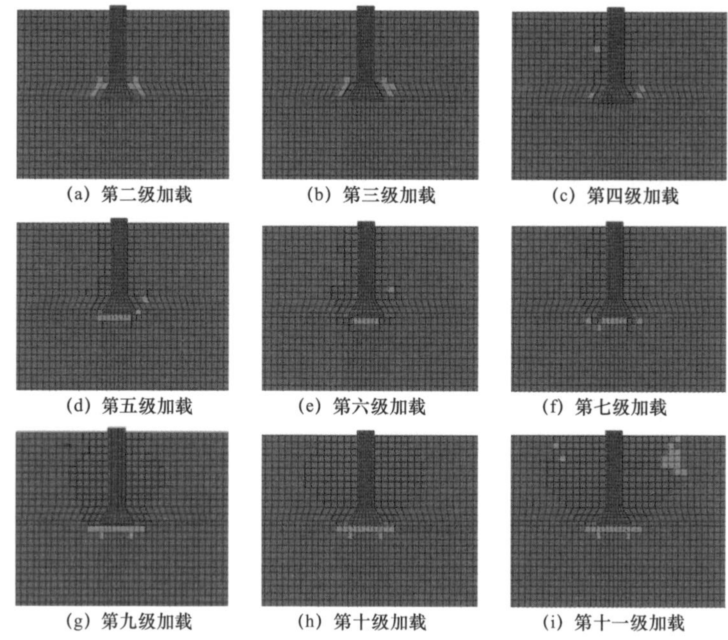

(a) 第二级加载　(b) 第三级加载　(c) 第四级加载

(d) 第五级加载　(e) 第六级加载　(f) 第七级加载

(g) 第九级加载　(h) 第十级加载　(i) 第十一级加载

图 6-8　上拔荷载作用下掏挖基础塑性区发展过程

同时，提取出与图 6-8 塑性区发展过程相对应的地基基础竖向位移变化的计算结果，如图 6-9 所示。

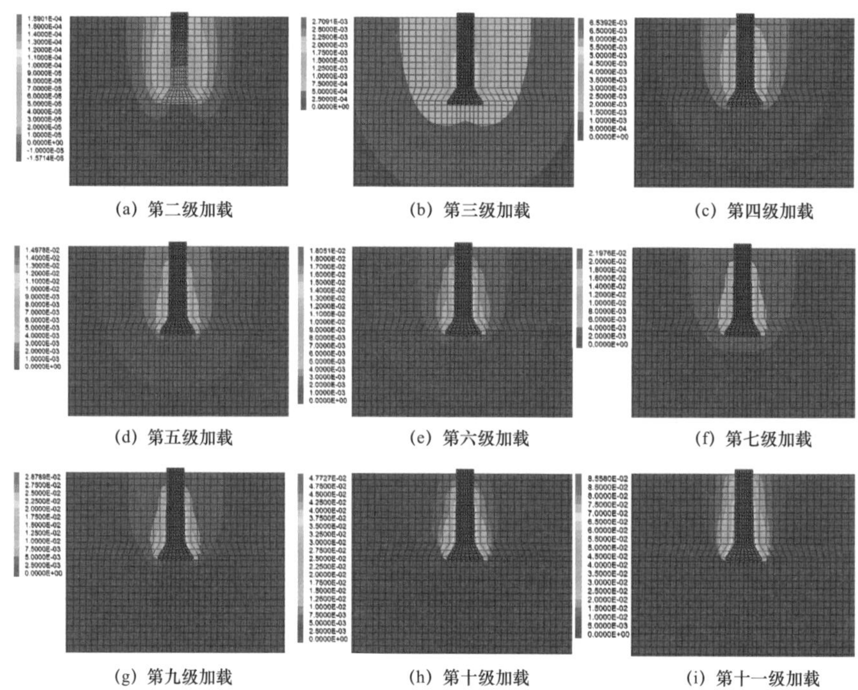

(a) 第二级加载　(b) 第三级加载　(c) 第四级加载

(d) 第五级加载　(e) 第六级加载　(f) 第七级加载

(g) 第九级加载　(h) 第十级加载　(i) 第十一级加载

图 6-9　上拔荷载作用下掏挖基础周围土体竖向位移变化过程（单位：m）

由图 6－9 可知，基础周围土体的位移变化过程与塑性区的发展过程基本一致。上拔荷载作用下，掏挖基础扩底上部土体首先产生细微的变形；随着荷载的增加，变形不断向上扩展；当增加至极限荷载时（施加第十一级荷载），基础周围土体形成明显的位移分界面［见图 6－9（i）］；当上拔荷载继续增加时，基础位移急剧增大而迅速脱离地基土体，整个地基基础体系丧失承载能力。因此，当基础周围土体形成明显的位移分界面时，可认为地基土体达到极限承载状态，此时的上拔荷载即为该基础的抗拔承载力。

结合图 6－8 与图 6－9 可知，掏挖基础变形破坏经历了“扩底上部土体压缩挤密—土体塑性区出现和发展—基础周围地基土体剪切滑移破坏”的渐进破坏过程，这与 1.2 节的试验分析结果吻合。

### 6.2.2 岩石锚杆基础

以 2014 年石灰岩地基中开展的岩石单锚基础现场上拔试验为例。试验场地位于湖北省宜昌市夷陵区南津关村，现场地质条件为奥陶系的石灰岩，试验场地概貌如图 6－10 所示。

图 6－10　试验场地概貌

为确定岩体基本质量指标，在现场分别进行了岩体和岩块的弹性波速测试，其中现场岩体 2m 深度处波速的标准值为 3253m/s，标准岩块波速的标准值为 4451m/s，根据 GB/T 50266—2013《工程岩体试验方法标准》计算获得该试验场地地基岩体的完整性系数 $K_v=0.53$。同时将现场取回的块状岩样经加工、打磨，制成 $\phi$50mm×100mm 大小的标准试样，分别开展了岩石单轴压缩、三轴压缩强度试验，获得岩石饱和单轴抗压强度 $R_c=61.01$MPa。根据 GB/T 50218—2014《工程岩体分级标准》，计算得到现场岩体的基本质量指标 $BQ=415.5$，由此判定现场岩体的基本质量分级为Ⅲ级，为较破碎的坚硬岩。

#### 6.2.2.1 数值计算网格模型

典型岩石锚杆基础结构型式如图 3－55 所示，其中锚筋采用 HRB400 螺纹钢，包裹体采用 C30 细石混凝土。基础的尺寸参数具体如下：锚杆直径 $d_0$＝0.036m，锚孔直径 $d$＝0.11m，锚杆锚固长度 $l$＝4m，锚杆自由长度 $l_0$＝1.8m，锚孔深度 $h$＝4.15m，锚杆保护层厚度为 0.15m。

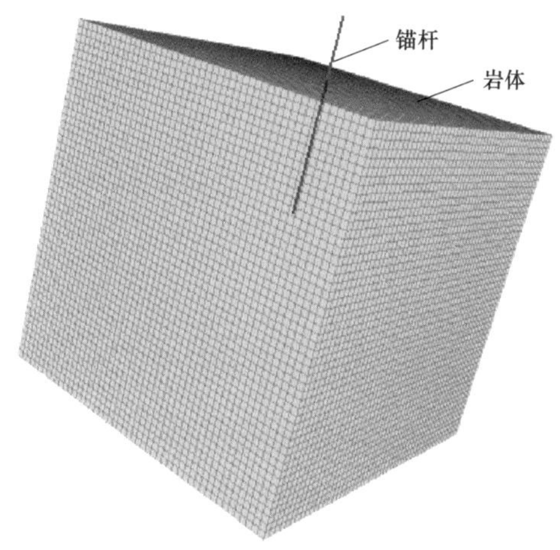


图 6－11 数值计算网格模型示意图（FLAC3D 软件中显示）

根据锚杆基础的几何尺寸，确定岩石地基计算域的数值网格模型的范围为 20m×20m×20m；岩体单元采用八节点六面体等参单元进行划分，锚杆采用 FLAC 内嵌的结构单元—Cable 单元进行模拟。数值网格模型共划分 132 744 个单元，146 284 个节点，数值计算网格模型（FLAC3D 软件中显示）如图 6－11 所示。

#### 6.2.2.2 数值计算参数取值

依据石灰岩试样的岩石力学强度试验结果，结合工程经验和参数反演结果，确定本次计算的参数取值，见表 6－12 和表 6－13。

表 6－12　石灰岩地基数值计算参数取值

| 名称 | 弹性模量（GPa） | 泊松比 $\nu$ | 容重 $\gamma$（$kN/m^3$） | 黏聚力 $c$（MPa） | 内摩擦角 $\varphi$（°） | 抗拉强度（MPa） |
|---|---|---|---|---|---|---|
| 石灰岩 | 32.8 | 0.22 | 25.0 | 14.31 | 53.46 | 11.12 |

表 6－13　锚杆及包裹体数值计算参数取值

| 名称 | 弹性模量（GPa） | 横截面积（$\times10^{-3}m^2$） | 黏聚力 $c$（GPa） | 内摩擦角 $\varphi$（°） | 刚度（GPa） |
|---|---|---|---|---|---|
| 锚杆 | 2000 | 1.02 | 12.0 | 50.0 | 26.0 |
| 包裹体 | 200 | 1.3 | 2.8 | 34.0 | 23.0 |

#### 6.2.2.3 材料本构模型及屈服准则的选取

本实例中嵌入岩石的锚杆为 HRB400 材质、直径为 $\phi$36mm 的螺纹钢筋，具有弹塑性变形特征，依据 4.5 节，选用理想弹塑性模型作为锚杆的本构模型，以受拉条件下达到屈服极限作为其屈服准则；锚杆周围岩体同样具有弹塑性变形特征，且处于低围压的状态，选用理想弹塑性模型作为本构模型，选用能反映岩体在上拔过程中张拉和压剪破坏的 *Mohr – Columb* 屈服与张拉破坏相结合的复合准则作为地基岩体的屈服准则；选用式（4–8）和式（4–9）作为锚杆与岩体接触面的本构模型，选用式（4–13）和式（4–14）所表达的最大切向力与接触面黏聚力和接触面摩擦角的关系作为接触面的屈服准则。

#### 6.2.2.4 数值计算边界条件及加载方式

根据现场试验过程中岩石锚杆基础实际的受力特征，确定边界条件如下：地基计算域的 4 个侧面及底面设置为法向约束，上表面设置为自由边界，锚杆基础顶部施加垂直向上的上拔荷载，数值计算网络模型边界条件示意如图 6–12 所示。

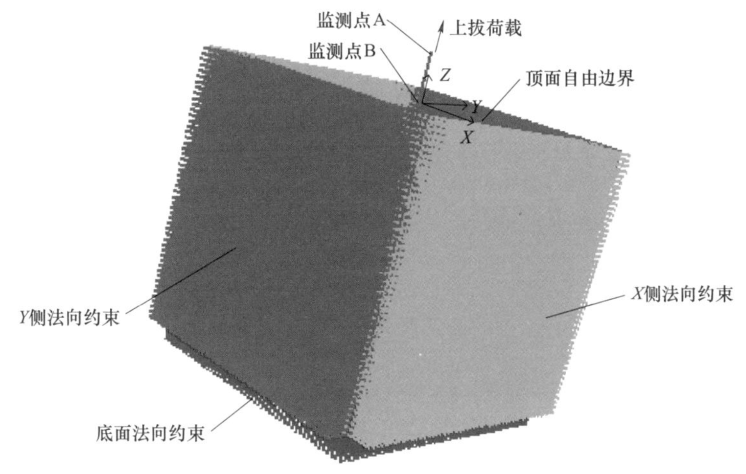


图 6–12 数值计算网格模型边界条件示意图

为真实模拟和再现岩石锚杆基础现场上拔静载荷试验的全过程，按照现场试验的加载方式，在基础顶部施加垂直向上的集中荷载，采用应力加载方式，进行逐级加载，直至锚杆发生屈服或地基岩体破坏。本实例采用 5.4.1 节中的地基基础体系失稳破坏综合判断准则判定岩石锚杆基础发生破坏。数值计算过程中在锚杆顶部和地基岩体表面分别设置位移监测点（见图 6–12 的 A 和 B 点），便于获取基础的荷载位移曲线。

#### 6.2.2.5 数值计算结果分析

依据基础顶部监测点的实时位移值，可绘制出岩石锚杆基础的荷载—位移曲线。图 6－13 为通过数值模拟计算获得的基础荷载位移曲线与现场试验获得的基础荷载—位移曲线对比分析结果，从图 6－13 中可以看出，两条曲线均符合“陡降型”特征，即经历了“直线—直线”的变化过程，且屈服极限点明显。这也与 1.2.2 节的现场试验分析结果吻合。

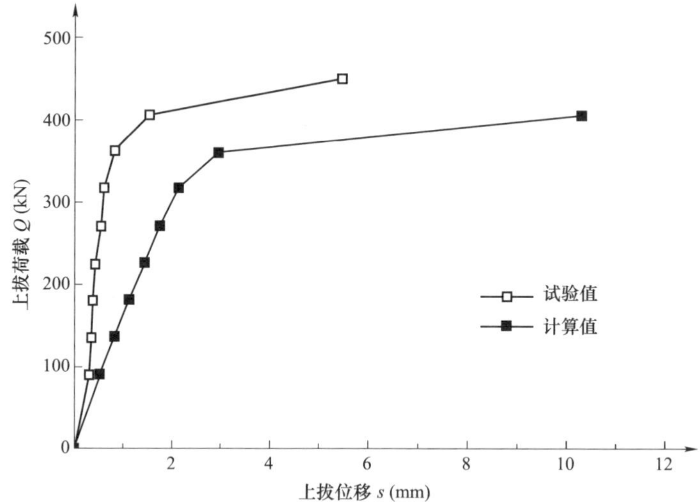


图 6－13　数值模拟计算与现场试验获得的荷载—位移曲线对比结果

表 6－14 对比分析了岩石锚杆基础抗拔承载力的计算值与试验值，从表 6－14 中可以看出，两者相对误差为 10%，满足工程需要。

表 6－14　　岩石锚杆基础抗拔承载力计算值与试验值的对比分析结果

| 抗拔承载力（kN） | | 相对误差 |
|---|---|---|
| 试验值 | 450 | 10% |
| 计算值 | 405 | |

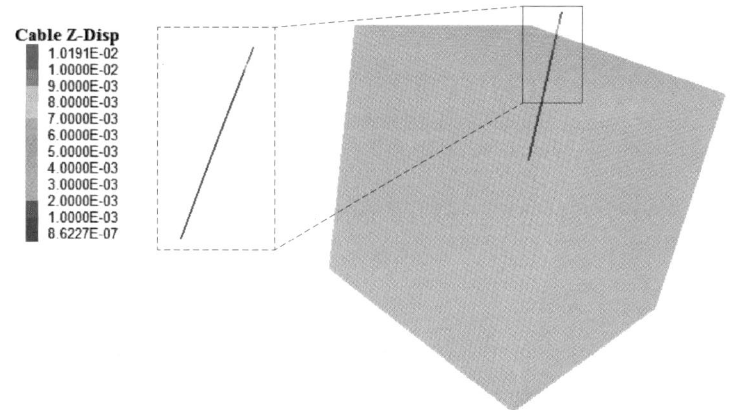


图 6－14　上拔荷载作用下锚杆在极限状态时竖向位移分布（单位：m）

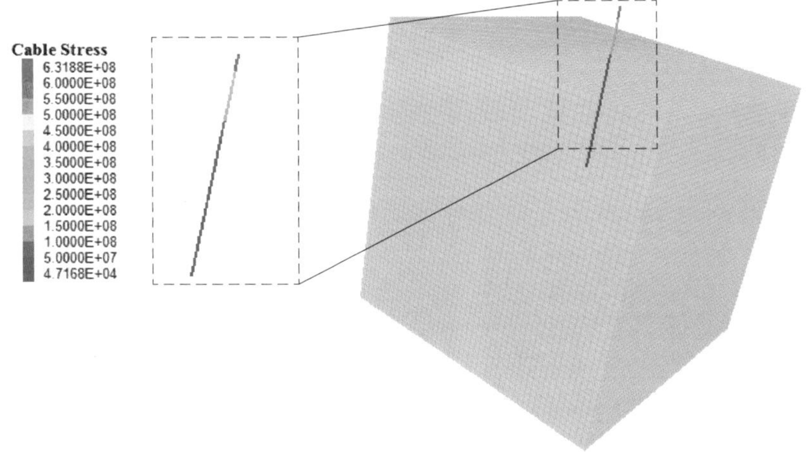


图 6－15 上拔荷载作用下锚杆竖向应力分布（单位：Pa）

图 6－14 和图 6－15 分别为数值模拟计算获得的整个地基基础体系丧失承载能力时，岩石锚杆基础的位移和应力云图。由图可知，地基基础系统失稳时，锚杆自由段产生较大的位移和应力，该位移量已达到锚杆筋体的极限拉应变，锚杆被拉断，而锚固段周围岩体未产生明显的位移，且应力值较小。

由此表明，岩石锚杆基础在该石灰岩地基中以“锚筋屈服破坏”为主要破坏模式，这与现场试验获得的结果吻合，如图 6－16 所示。

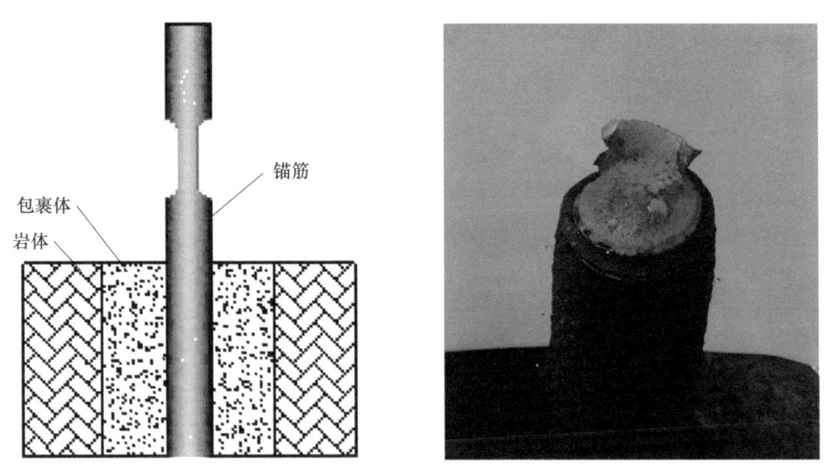


图 6－16 上拔荷载作用下岩石锚杆基础的破坏模式

## 6.2.3 岩石嵌固基础

以 2015 年强风化岩地基中开展的全尺寸嵌固基础现场上拔试验为例。试验场地位于安徽省六安市霍山县高桥湾经济开发区，临近 500kV 龙政线，场址区宏观地貌属大别山区，微地貌为丘陵，为原先山地开挖整平而成，试验场地概貌如图 6-17 所示。现场勘探表明，试验场区强风化层厚 5～7m。根据现场勘探及岩样地质薄片鉴定结果，获得基岩的矿物组成及基本物理力学指标参数，见表 6-15。

图 6-17　试验场地概貌

表 6-15　　地基岩体类型及物理力学指标参数

| 岩性 | 地质描述 | 重力密度 $\gamma$（kN/m$^3$） | 黏聚力 $c$（kPa） | 内摩擦角 $\varphi$（°） |
|---|---|---|---|---|
| 含火山角砾的安山质凝灰岩 | 角砾含 23%，粒径 0.65～6.8mm；安山岩含 77%，主要由斜长石微晶～细晶以及晶屑组成 | 22.0 | 50 | 28 |

为确定试验场地基岩的软硬程度，对现场收集的岩石样品进行了岩石点荷载强度测试，换算得到的岩石饱和单轴抗压强度为 $R_c=24.8$MPa，根据 GB/T 50218—2014，岩石坚硬程度可判定为较软岩。

为了判定试验场地基岩的完整性，在现场分别进行了岩体和岩块的弹性波速测试，试验获得岩石的完整性系数 $K_v=0.22$，经判定，试验场地岩体完整程度为破碎。

根据 GB/T 50218—2014，计算得到现场岩体的基本质量指标 $BQ=229.4$，由此判定现场岩体的基本质量分级为Ⅴ级，为破碎的较软岩。

#### 6.2.3.1　数值计算网格模型

岩石嵌固基础结构型式如图 3-37 所示，尺寸参数具体如下：$h_0=0.2$m，$d=1.0$m，$D=1.8$m，$h_t=5.4$m。

根据嵌固基础的几何尺寸，确定地基计算域的数值网格模型的范围为 20m×20m×20m；嵌固基础与地基岩体采用八节点六面体等参单元进行划分，嵌固基础与地基岩体接触面采用无厚度的接触面单元进行模拟。整个地基基础计算域共划分 129 676 个单元，137 665 个节点，数值计算网格模型（FLAC3D 软件中显示）如图 6－18 所示。

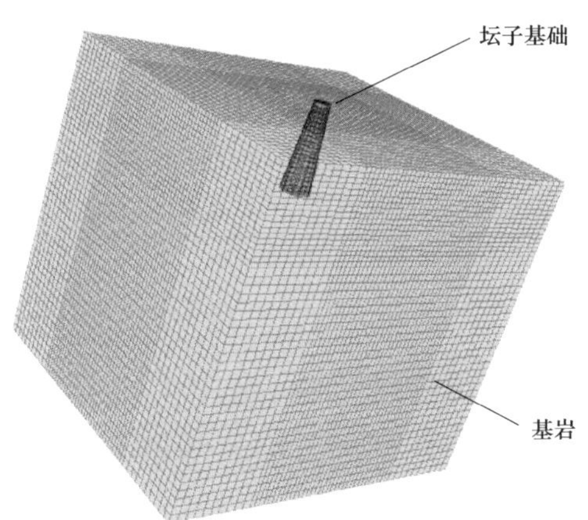


图 6－18 数值计算网格模型示意图（FLAC3D 软件中显示）

### 6.2.3.2 数值计算参数取值

依据岩石试样的力学强度试验结果，结合工程经验和参数反演结果，确定本次计算的参数取值，具体见表 6－16。

表 6－16 嵌固基础及地基岩体的数值计算参数取值

| 名称 | 弹性模量（GPa） | 泊松比 $\nu$ | 容重 $\gamma$（kN/m³） | 黏聚力 $c$（MPa） | 内摩擦角 $\varphi$（°） | 抗拉强度（MPa） |
|---|---|---|---|---|---|---|
| 嵌固基础 | 30.0 | 0.2 | 25.0 | 1.2 | 50.0 | 1.2 |
| 地基岩体 | 6.56 | 0.22 | 22.0 | 2.9 | 38 | 11.12 |
| 接触面 | 15.65 和 15.65（法、切向刚度） | — | — | 2.3 | 30 | — |

### 6.2.3.3 数值计算本构模型及屈服准则的选取

本实例中的岩石嵌固基础由钢筋混凝土制成，且埋深小于 8m，可认为基础周围岩体处于低围压的状态。依据 3.3 节，选用线弹性模型作为钢筋混凝土嵌固基础的本构模型；选用理想弹塑性 *Mohr－Columb* 模型作为岩体的本构模型，选用张拉和压剪破坏的 *Mohr－Columb* 屈服与张拉破坏相结合的复合准则作为基础周围岩体的屈服准则；选用式（4－8）和式（4－9）作为基础与岩体接触面的本构模型，选用式（4－13）和式（4－14）所表达的最大切向力与接触面黏聚力和接触面摩擦角的关系作为接触面的屈服准则。

#### 6.2.3.4 数值计算边界条件及加载方式

根据现场试验过程中岩石嵌固基础实际的受力特征，确定边界条件如下：地基计算域的 4 个侧面及底面设置为法向约束，上表面设置为自由边界，嵌固基础顶部施加垂直向上的上拔荷载，数值计算网格模型边界条件示意如图 6－19 所示。

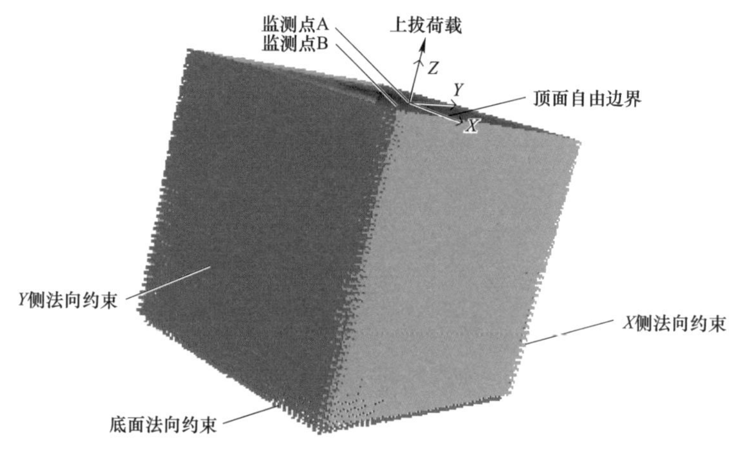


图 6－19 数值计算网格模型边界条件示意图

为真实模拟和再现岩石嵌固基础现场上拔静载荷试验的全过程，按照现场试验的加载方式，在基础顶部施加垂直向上的均布面荷载，采用应力加载方式，进行逐级加载，直至地基岩体发生破坏。本实例采用 5.4.1 节中的地基基础体系失稳破坏综合判断准则判定岩石嵌固基础地基岩体发生破坏。数值计算过程中在岩石嵌固基础顶部和基础周围岩体表面设置位移监测点（见图 6－19 的 A 和 B 点），便于获取基础的荷载—位移曲线。

#### 6.2.3.5 数值计算结果分析

依据基础顶部监测点的实时位移值，可绘制出岩石嵌固基础的荷载—位移曲线。图 6－20 所示为通过数值模拟计算获得的基础荷载位移曲线与现场试验获得的基础荷载—位移曲线对比分析结果，从图 6－20 中可以看出，两条曲线的整体变化特征较为吻合。

表 6－17 对比分析了岩石嵌固基础抗拔承载力的计算值与试验值，从表 6－17 中可以看出，两者相对误差为 4.5%，满足工程需要。

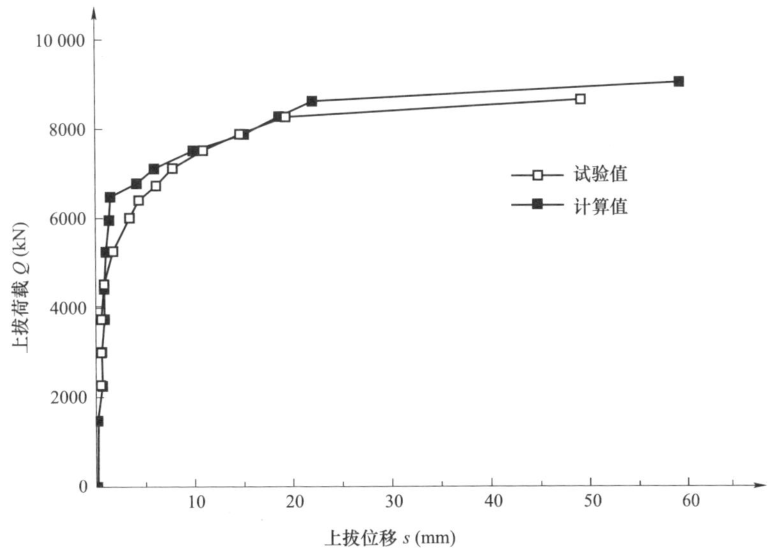


图 6-20　数值模拟计算与现场试验获得的荷载—位移曲线对比结果

表 6-17　　岩石嵌固基础抗拔承载力计算值与试验值的对比结果

| 抗拔承载力（kN） | | 相对误差（%） |
|---|---|---|
| 试验值 | 8250 | 4.9 |
| 计算值 | 8625 | |

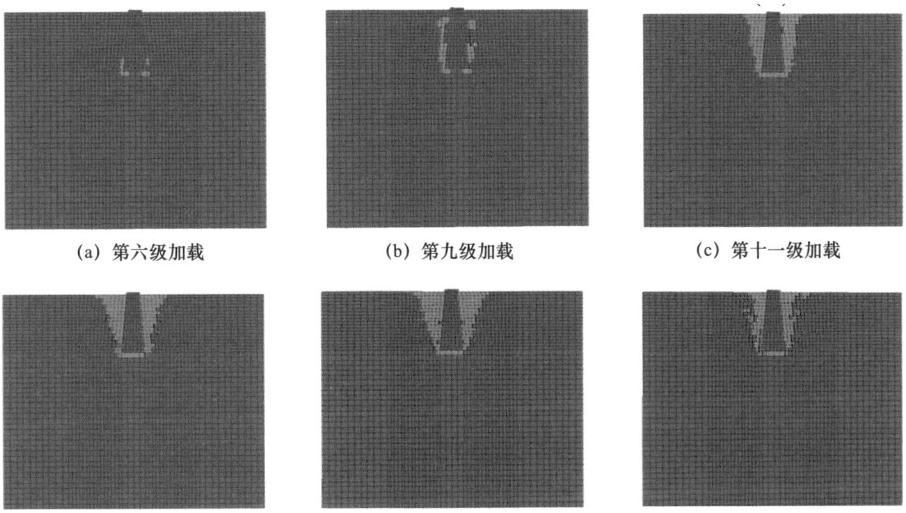

(a) 第六级加载　(b) 第九级加载　(c) 第十一级加载

(d) 第十三级加载　(e) 第十四级加载　(f) 第十五级加载

图 6-21　上拔荷载作用下岩石嵌固基础塑性区发展过程

图 6-21 为上拔荷载作用下嵌固基础周围岩体塑性区发展的计算结果。由图 6-21 可知，嵌固基础在上拔荷载的作用下，基础底部岩体首先发生塑性屈

服［见图 6－21（a）］；随着荷载的不断增加，塑性区逐渐向上扩展［见图 6－21（b）］；当达到极限荷载时［见图 6－21（f）］，塑性区贯通，形成由基底至地面整体贯通的完整的滑动面。

图 6－22 为地基基础竖向位移的计算结果，由图 6－22 可知，基础周围岩体的位移变化与塑性区的发展过程基本一致。在上拔荷载作用下，嵌固基础底部周围岩体首先产生细微的变形［见图 6－22（a）］；随着荷载的增加，变形不断向上扩展；临近极限荷载时，嵌固基础周围岩体形成明显的位移分界面［见图 6－22（f）］，此时，基础已处于极限平衡状态，相应的上拔荷载值即为基础的抗拔承载力。当上拔荷载继续增加，基础位移发生快速增大，使得嵌固基础出现明显的大位移而脱离岩体，整个基础体系丧失承载能力。

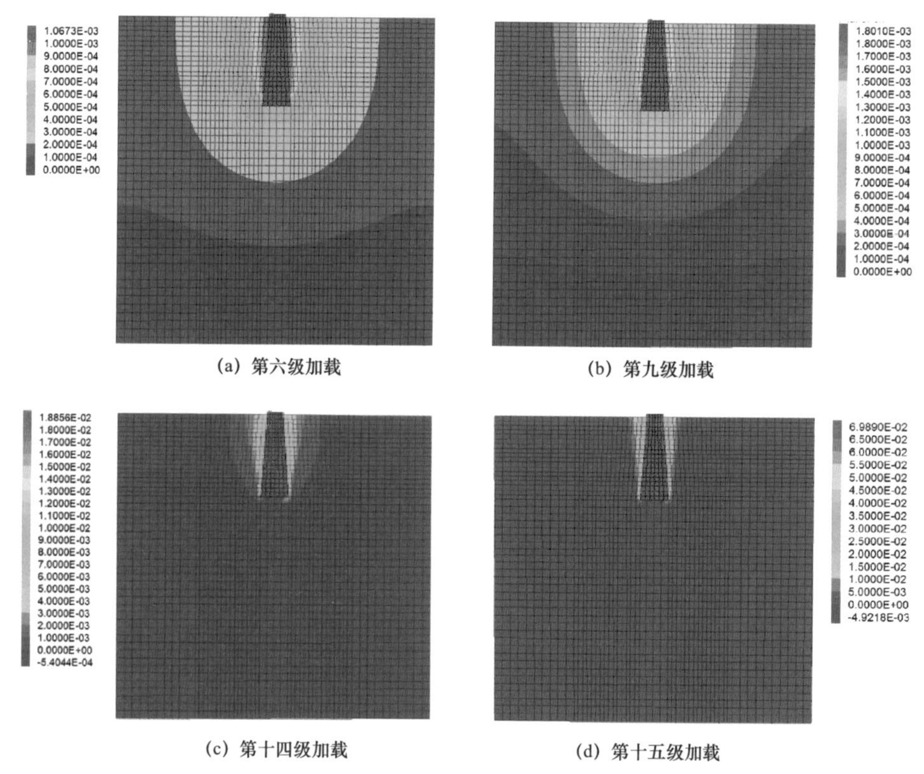


(a) 第六级加载　(b) 第九级加载

(c) 第十四级加载　(d) 第十五级加载

图 6－22　上拔荷载作用下岩石嵌固基础周围岩体竖向位移变化过程（单位：m）

## 6.2.4　桩基础

以 2012 年黄土地基中开展的全尺寸桩基础现场上拔试验为例，此次试验与 6.2.1 节掏挖基础的现场试验位于同一场地，地基条件和土体参数参见 6.2.1 节。

#### 6.2.4.1 数值计算网格模型

桩基础结构型式如图 3－20 所示，基础尺寸参数具体如下：$h_0=0.2$m，$d=1.0$m，$h_t=7.5$m。根据桩基础的几何尺寸，确定地基计算域的数值网格模型的范围为 20m×20m×20m；桩基础及地基土体采用八节点六面体等参单元进行划分，桩基础与地基土体接触面采用无厚度的接触面单元进行模拟。整个地基基础计算域共划分 127 755 个单元，140 275 个节点，数值计算网格模型（FLAC3D 软件中显示）如图 6－23 所示。

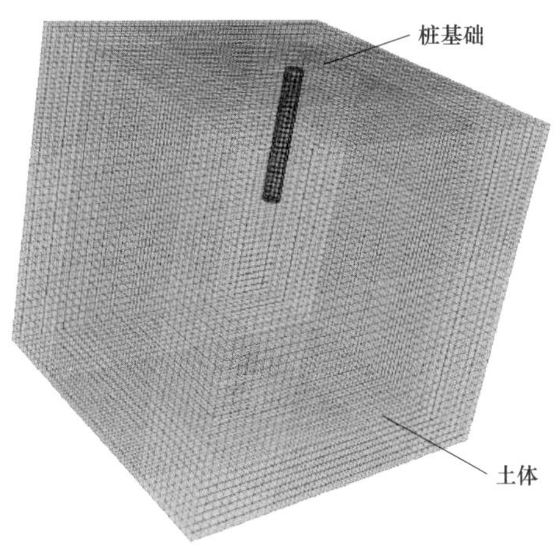


图 6－23 数值计算网格模型示意图（FLAC3D 软件中显示）

#### 6.2.4.2 数值计算参数取值

依据黄土试样的土工试验结果，结合工程经验和参数反演结果，确定本次计算的参数取值，具体见表 6－18。

表 6－18 桩基础及地基土体的数值计算参数取值

| 名称 | 弹性模量（GPa） | 泊松比 $\nu$ | 容重 $\gamma$（kN/m³） | 黏聚力 $c$（MPa） | 内摩擦角 $\varphi$（°） | 抗拉强度（MPa） |
|---|---|---|---|---|---|---|
| 桩基础 | 30.0 | 0.2 | 25.0 | 1.2 | 50.0 | 1.2 |
| 地基土体 | 0.035 | 0.3 | 20.09 | 0.03 | 25 | 0.1 |
| 接触面 | 2.1 和 0.1（法、切向刚度） | — | — | 0.15 | 26.0 | — |

#### 6.2.4.3 材料本构模型及屈服准则的选取

本实例中的桩基础由钢筋混凝土制成，且埋深小于 8m，可认为基础周围土体处于低围压的状态。依据 3.3 节，选用线弹性模型作为钢筋混凝土桩基础的本构模型，选用理想弹塑性 *Mohr－Columb* 模型作为地基土体本构模型，选用张拉和压剪破坏的 *Mohr－Columb* 屈服与张拉破坏相结合的复合准则作为基础周围土体的屈服准则；选用式（4－8）和式（4－9）作为桩土接触面的本构模型，选用式（4－13）和式（4－14）所表达的最大切向力与接触面黏聚力和接触面摩擦角的关系作为接触面的屈服准则。

#### 6.2.4.4 边界条件及加载方式

根据现场试验过程中桩基础实际的受力特征，确定边界条件如下：地基计算域的 4 个侧面及底面设置为法向约束，上表面设置为自由边界，桩基础顶部施加垂直向上的上拔荷载，数据计算网格模型边界条件示意如图 6－24 所示。

为真实模拟和再现桩基础现场上拔静载荷试验的全过程，按照现场试验的加载方式，在基础顶部施加垂直向上的均布面荷载，采用应力加载方式，进行逐级加载，直至地基土体发生破坏。本实例采用 5.4.1 节中的地基基础体系失稳破坏综合判断准则判定桩基础地基土体发生破坏。数值计算过程中在桩基础顶部和基础周围土体表面设置位移监测点（见图 6－24 的 A 和 B 点），便于获取基础的荷载位移曲线。

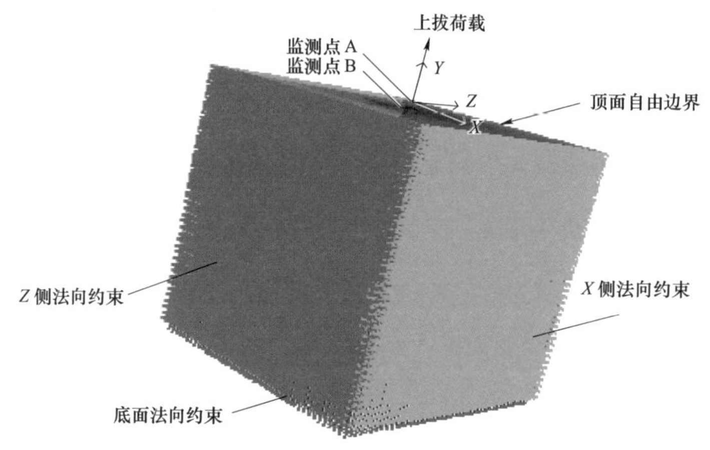


图 6－24　数值计算网格模型边界条件示意图

#### 6.2.4.5 数值计算结果分析

依据基础顶部监测点的实时位移值，可绘制出桩基础的荷载—位移曲线。图 6－25 为通过数值模拟计算获得的基础荷载位移曲线与现场试验获得的基础荷载—位移曲线对比分析结果，从图 6－25 中可以看出，两条曲线均符合“陡降型”特征，即经历了“直线—直线”两个阶段的变化过程，这也与 1.2.2 节的现场试验分析结果吻合。

表 6－19 对比分析了桩基础抗拔承载力的计算值与试验值，从表 6－19 中可以看出，两者相对误差为 6.1%，满足工程需要。

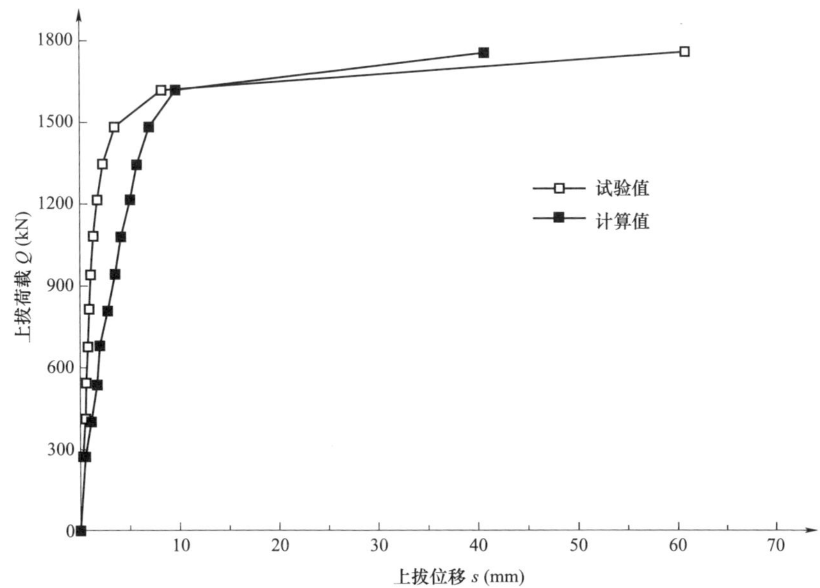


**图 6－25　数值模拟计算与现场试验获得的荷载—位移曲线对比结果**

**表 6－19　　　　桩基础抗拔承载力计算值与试验值的对比结果**

| 抗拔承载力（kN） | | 相对误差（%） |
| --- | --- | --- |
| 试验值 | 1620 | 6.1 |
| 计算值 | 1720 | |

图 6－26 为上拔荷载作用下桩基础周围土体塑性区发展的计算结果。由图 6－26 可知，桩基础在上拔荷载的作用下，首先是靠近桩顶（距离地面 0～0.8m）和桩底（距离地面 3～5m）的桩周土体发生塑性屈服[见图 6－26（a）]，随着荷载的不断增加，塑性区逐渐向上下两侧延伸［见图 6－26（b）]；当达到极限荷载时［见图 6－26（f)]，塑性区贯通，形成直径略大于桩径的桶桩滑动面。

图 6－27 所示为上拔荷载作用下桩基础竖向位移的计算结果，由图 6－27 可知，桩基础周围土体的位移变化过程与塑性区的发展过程基本一致。在上拔荷载作用下，靠近桩顶与桩底的土体首先产生细微的变形；随着荷载的增加，变形不断向上下两侧均匀扩展；当达到极限荷载时，桩周土体形成明显的位移分界面［见图 6－27（f)]，在上拔荷载的继续作业下桩基础位移急剧增大使得基础脱离土体，整个基础体系丧失承载能力。

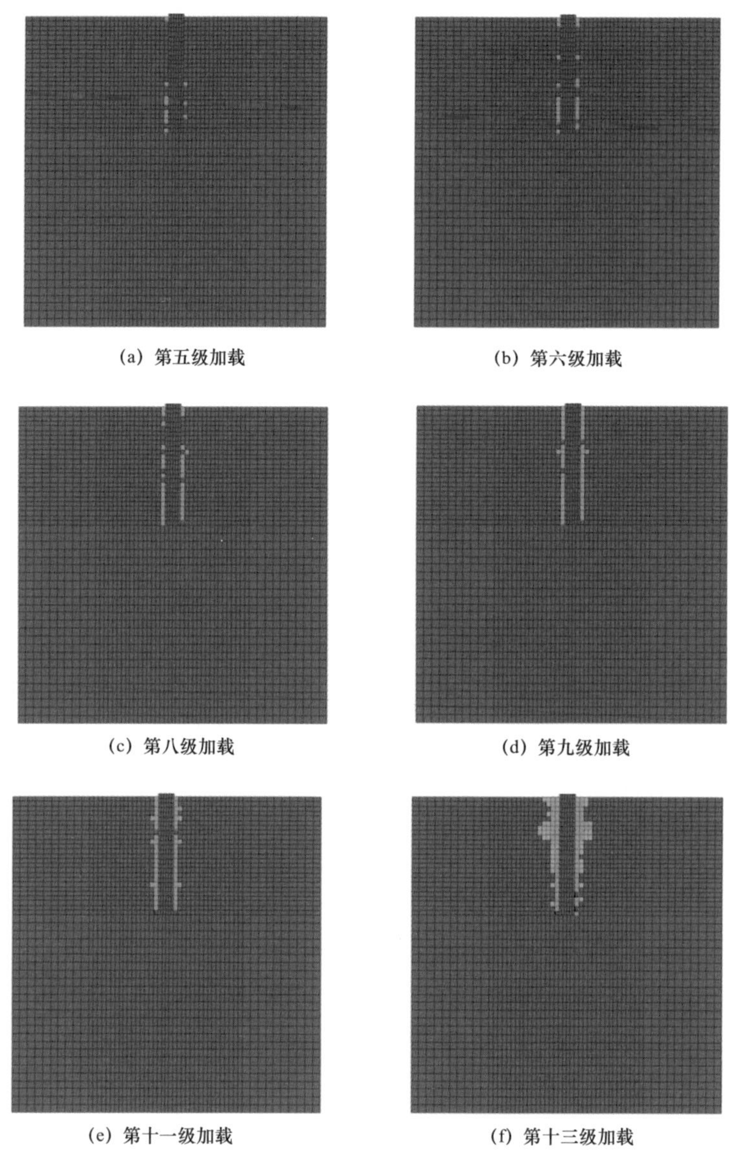

(a) 第五级加载　(b) 第六级加载

(c) 第八级加载　(d) 第九级加载

(e) 第十一级加载　(f) 第十三级加载

图 6-26　上拔荷载作用下桩基础塑性区发展过程

综上所述，黄土地基中桩基础主要以“基础从土体中抽出”为破坏模式，即承载力大于桩土间摩擦力时桩发生相对地基土体的大变形而发生破坏，整个破坏过程可概括为以下三个阶段：① 加载初期，桩土界面顶部和中下部位出现间条状的剪切塑性变形，剪切方向与桩轴向成一定角度［图 6-27（c）］；② 随着上拔荷载的增加，基础位移逐渐增大，桩土界面顶部和中间部位发生剪切滑移，形成滑移面但无明显连接［图 6-27（e）］；③ 当上拔荷载接近极限荷载时，桩身位移进一步增加，基础中部滑移面与顶部滑移面通过桩土界面最终形成连续的滑移面，桩基础位移迅速增大，抗拔能力消失，地基基础体系丧失承载能力［图 6－27（f）］。这与 1.2.3 节试验分析结果吻合。

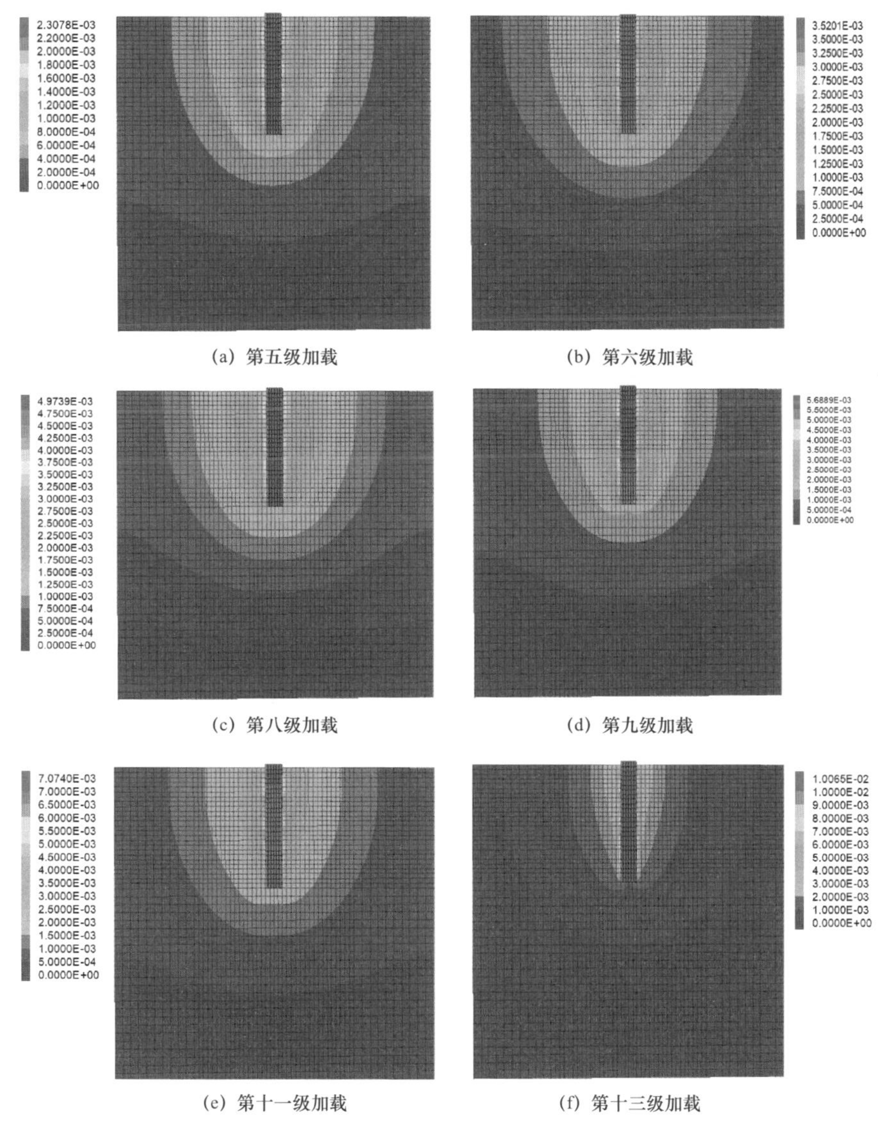


图 6－27　上拔荷载作用下桩基础竖向位移变化过程（单位：m）

## 6.2.5　复合基础

以 2017 年上覆红黏土下卧石灰岩地基中开展的全尺寸短桩—锚杆复合基础（简称复合基础）现场上拔试验为例。试验场地位于广东省阳春市潭水镇境内，试验场地上覆红黏土 3～7.8m 厚、下卧未风化的石灰岩，地下水最高水位 1m，试验场地概貌如图 6－28 所示。

图 6－28　试验场地概貌

### 6.2.5.1　数值计算网格模型

复合基础结构型式如图 6－29 所示，基础尺寸参数具体为：$d=1.4$m，$d_0=0.13$m，$h_0=0.2$m，$h_1=4.8$m，$l_0=1.8$m，$h_2=4.45$m，短桩布置 6 根锚筋，锚筋为 HRB400 材质螺纹钢，直径为 36mm，$s=0.624$m，锚杆包裹体采用 C30 细石混凝土。

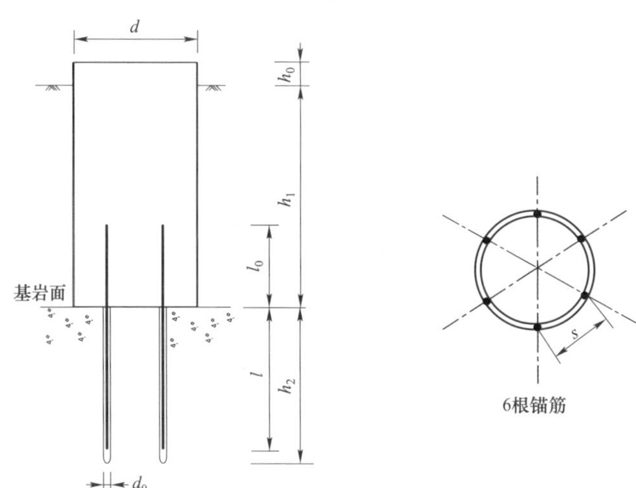


图 6－29　复合基础结构示意图

根据复合基础的几何尺寸，确定复合基础及地基计算域的数值网格模型的范围为 20m×20m×20m；短桩基础与岩层采用八节点六面体等参单元进行网格划分，短桩基础与地基土体的接触面采用无厚度的接触面单元进行模拟，锚杆采用 FLAC 软件的内嵌结构单元－Cable 单元进行模拟。数值网格模型共划分 145 180 个单元，152 896 个节点，数值计算网格模型如图 6－30 所示。

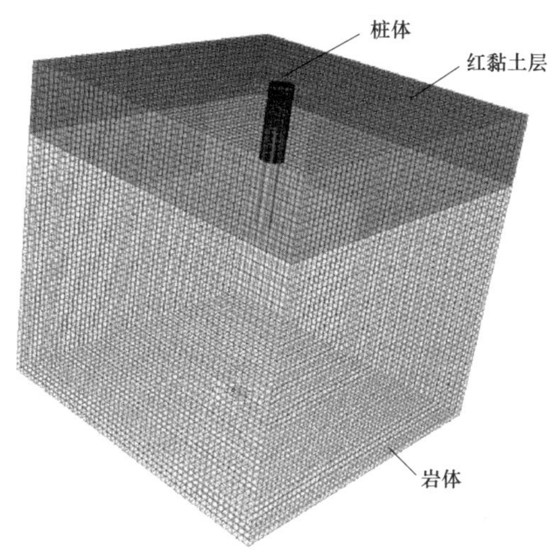


图 6－30 复合基础数值计算网格模型示意图（FLAC3D 软件中显示）

### 6.2.5.2 数值计算参数取值

依据红黏土和石灰岩试样的物理力学强度试验结果，结合工程经验和参数反演结果，确定本次计算的参数取值，具体见表 6－20 和表 6－21。

表 6－20 红黏土及石灰岩数值计算参数取值

| 名称 | 弹性模量（GPa） | 泊松比 $\nu$ | 容重 $\gamma$（kN/m³） | 黏聚力 $c$（MPa） | 内摩擦角 $\varphi$（°） | 抗拉强度（MPa） |
|---|---|---|---|---|---|---|
| 短桩基础 | 30.0 | 0.20 | 25.0 | 1.2 | 50.0 | 1.2 |
| 红黏土 | 0.005 | 0.3 | 15.0 | 0.5 | 13 | 0.1 |
| 石灰岩 | 32.8 | 0.22 | 25.0 | 14.3 | 53.5 | 11.12 |
| 接触面 | 134.4 和 134.4（法、切向刚度） | — | — | 11.5 | 42.8 | — |

表 6－21 锚杆及包裹体数值计算参数取值

| 名称 | 弹性模量（GPa） | 横截面积（$\times 10^{-3}$m²） | 黏聚力 $c$（GPa） | 内摩擦角 $\varphi$（°） | 刚度（GPa） |
|---|---|---|---|---|---|
| 锚杆 | 2000 | 1.02 | 12.0 | 50.0 | 26.0 |
| 包裹体 | 200 | 1.3 | 2.8 | 34.0 | 23.0 |

#### 6.2.5.3 材料本构模型及屈服准则的选取

本实例中的短桩由钢筋混凝土制成，岩石锚杆为 HRB400 材质，直径为 $\phi$36mm 的螺纹钢筋，且短桩–岩石锚杆复合基础的相对埋深（*h*/*D*）较浅（小于 8m），地基岩土体在受荷过程中可认为是处于低围压的状态。依据 3.3 节，选用线弹性模型作为钢筋混凝土桩基础的本构模型，选用理想弹塑性模型作为锚杆的本构模型，以受拉条件下达到屈服极限作为其屈服准则；选用理想弹塑性 *Mohr*–*Columb* 模型作为地基岩土体本构模型，选用张拉和压剪破坏的 *Mohr*–*Columb* 屈服与张拉破坏相结合的复合准则作为基础周围岩土体的屈服准则；选用式（4–8）和式（4–9）作为桩土与锚杆–岩体接触面的本构模型，选用式（4–13）和式（4–14）所表达的摩尔–库伦屈服准则作为接触面的屈服准则。

#### 6.2.5.4 数值计算边界条件及加载方式

根据现场试验过程中复合基础实际的受力特征，确定边界条件如下：地基计算域的 4 个侧面及底面设置为法向约束，上表面设置为自由边界，复合基础顶部施加垂直向上的上拔荷载，数值计算网格模型边界条件示意如图 6–31 所示。

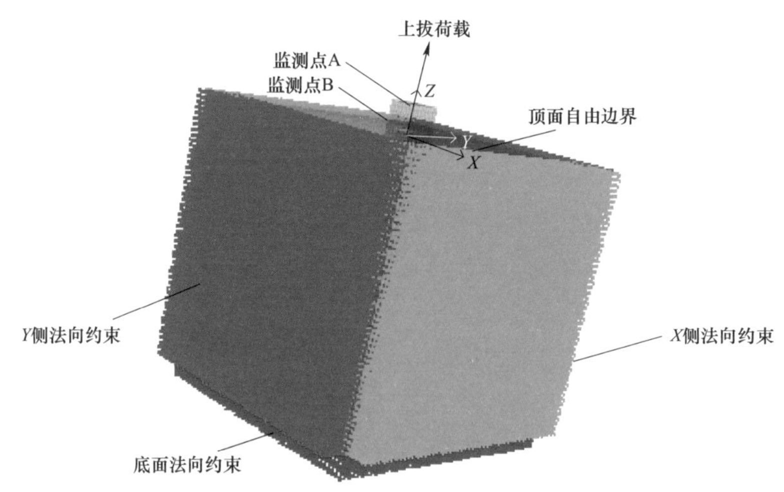


**图 6–31 数值计算网格模型边界条件示意图**

为真实模拟和再现复合基础现场上拔静载荷试验的全过程，按照现场试验的加载方式，在基础顶部施加垂直向上的均布面荷载，采用应力加载方式，进行逐级加载，直至地基基础体系破坏。本实例采用 5.4.1 节中的地基基础体系失稳破坏综合判断准则判定复合基础地基岩土体发生破坏。数值计算过程中在复合基础顶部和基础周围土体表面设置位移监测点（见图 6－31 的 A 和 B 点），便于获取基础的荷载—位移曲线。

### 6.2.5.5 数值计算结果分析

依据基础顶部监测点的实时位移值，可绘制出复合基础的荷载—位移曲线。图 6－32 为通过数值模拟计算获得的基础荷载位移曲线与现场试验获得的基础荷载—位移曲线对比分析结果，从图 6－32 中可以看出，两条曲线的整体变化特征较为吻合。

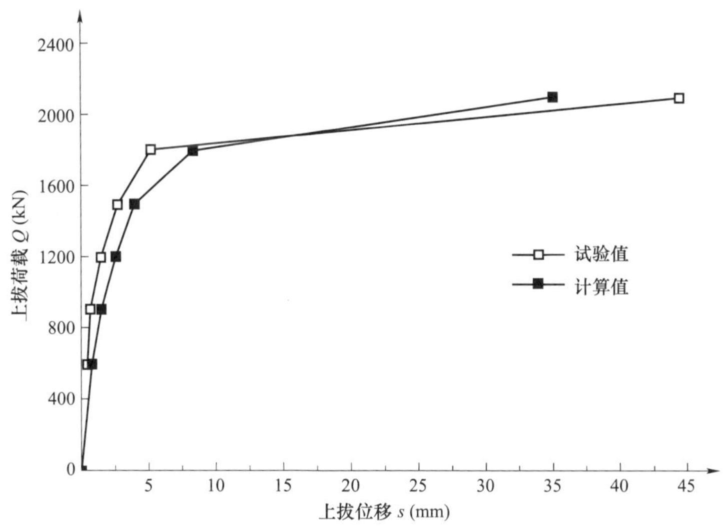


图 6－32 数值模拟计算与现场试验获得的荷载—位移曲线对比结果

表 6－22 对比分析了复合基础抗拔承载力的计算值与试验值，从表中可以看出，两者相对误差为 7.14%，满足工程需要。

表 6－22 复合基础抗拔承载力计算值与试验值的对比结果

| 抗拔承载力（kN） | | 相对误差（%） |
|---|---|---|
| 试验值 | 2100 | 7.14 |
| 计算值 | 1950 | |

图 6－33 和图 6－34 分别为临近破坏时，复合基础塑性剪应变及塑性区、

竖向位移的分布云图，由图可知，复合基础中锚杆嵌固段的塑性剪应变区域最为明显，由此可判断出上拔荷载作用下的复合基础锚杆嵌固段首先发生屈服，这一点从图 6－34（b）的塑性区分布云图中也可以看出。

由图 6－34 可以看出，塑性区局部贯通时，短桩及锚杆位移较大，最大位移达到 2.6cm。同时，复合基础中的短桩段与周围土体之间的位移差距逐渐增大，并形成明显的位移分界面（见图 6－34），基础与周围岩土体产生分离，基础被整体拔出，丧失承载能力，复合基础已处于极限承载力状态，此时的上拔荷载值即为该复合基础的极限抗拔承载力。

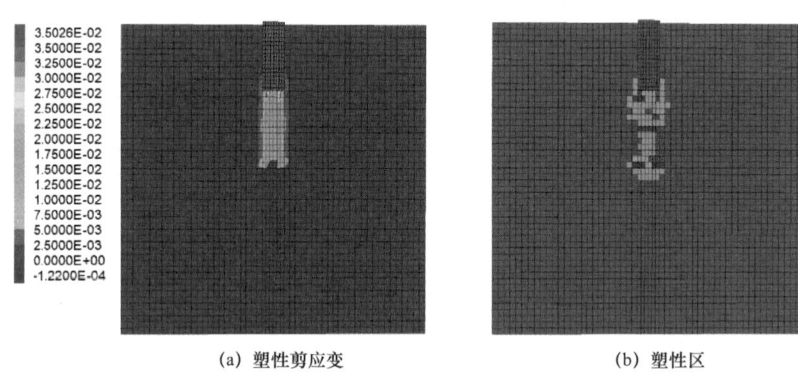


(a) 塑性剪应变　　(b) 塑性区

图 6－33　上拔荷载作用下复合基础在极限状态时塑性剪应变与塑性区分布图

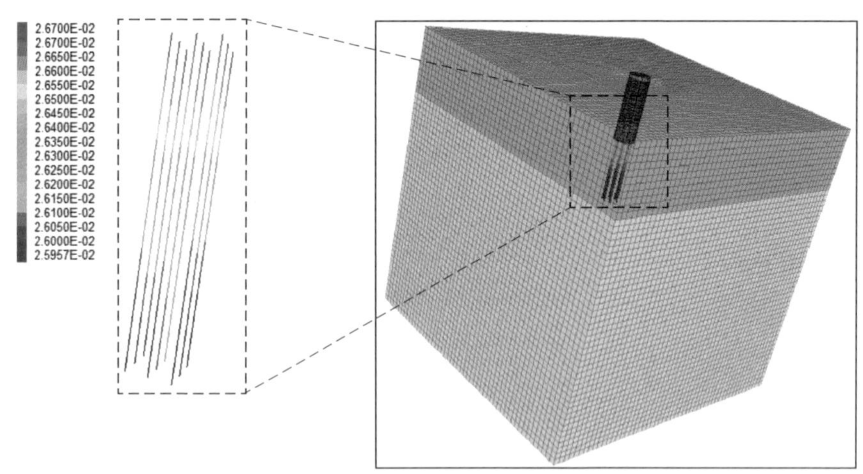


图 6－34　上拔荷载作用下复合基础锚杆竖向位移分布图

## 6.3 杆塔基础地基土体滑动面形态的确定

架空输电线路杆塔基础设计主要受上拔稳定性控制，而上拔稳定性计算的关键参数是基础的抗拔承载力。根据 1.3.2 节可知：工程中通常基于某一几何形状的岩土体滑动面假设，采用极限平衡法建立基础抗拔承载力的理论计算公式，因此正确认识上拔岩土体破坏模式及滑动面的形态特征是建立输电线路杆塔基础抗拔承载力理论计算公式的前提。

本节以碎石土地基中上拔与水平组合荷载作用下的掏挖基础为例，采用数值模拟技术对杆塔基础地基土体滑动面形态特征进行分析，具体详细叙述如下。

### 6.3.1 基于均匀设计的数值计算样本的构建

为准确描绘上拔与水平组合荷载作用下杆塔基础地基土体滑动面的形态特征，需要选择多种几何尺寸的基础样本进行数值模拟分析，以确保获得的滑动面几何特征的数学模型具有代表性。参照 6.1.2 节，采用均匀设计方法进行基础样本的设计。

根据 750kV 输电线路杆塔荷载大小，结合现场地基条件，确定基础尺寸参数可能取值的范围如下：深宽比 $h/D$ 为 1.5～3.5、扩展角 $\theta$ 为 10°～30°、柱直径 $d$ 为 0.8～1.6m，其他参数分别为 $h_0=0.2$m、$h_1=0.6$m，$h_2=0.2$mm，各参数具体含义如图 6-35 所示。

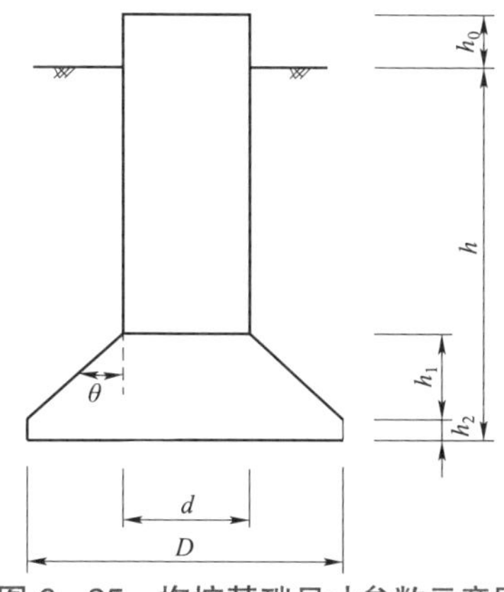


图 6-35　掏挖基础尺寸参数示意图

为获得多种几何尺寸参数且具有代表性的基础样本，取深宽比 $h/D$、扩展角 $\theta$、柱直径 $d$ 等三个参数可能取值范围中的 5 个水平用于构造基础计算样本，见表 6-23。

表 6-23　基础尺寸参数的取值水平

| 水平 | $h/D$ | $\theta$（°） | $d$（m） |
|---|---|---|---|
| 1 | 1.5 | 10 | 0.8 |
| 2 | 2 | 15 | 1.0 |
| 3 | 2.5 | 20 | 1.2 |
| 4 | 3 | 25 | 1.4 |
| 5 | 3.5 | 30 | 1.6 |

采用 $U_{20}$（$5^3$）均匀设计方案获得 25 种不同的基础设计参数组合作为本次数值模拟分析的计算样本，见表 6-24。

表 6-24　　25 种基础设计参数组合信息表

| 方案数 | $h/D$ | $\theta$（°） | $d$（mm） |
|---|---|---|---|
| 1 | 3.5 | 25 | 1.0 |
| 2 | 3.5 | 20 | 1.6 |
| 3 | 1.5 | 15 | 1.0 |
| 4 | 2 | 30 | 1.0 |
| 5 | 2 | 20 | 1.4 |
| 6 | 1.5 | 10 | 1.4 |
| 7 | 1.5 | 25 | 0.8 |
| 8 | 2 | 25 | 0.8 |
| 9 | 3 | 25 | 1.4 |
| 10 | 1.5 | 20 | 1.6 |
| 11 | 3.5 | 10 | 1.2 |
| 12 | 2.5 | 30 | 1.2 |
| 13 | 3 | 30 | 0.8 |
| 14 | 3 | 20 | 1.0 |
| 15 | 2.5 | 15 | 1.4 |
| 16 | 3.5 | 15 | 0.8 |
| 17 | 2.5 | 20 | 0.8 |
| 18 | 2.5 | 10 | 1.0 |
| 19 | 3 | 15 | 1.2 |
| 20 | 3.5 | 30 | 1.4 |
| 21 | 3 | 10 | 1.6 |
| 22 | 2 | 15 | 1.6 |
| 23 | 1.5 | 30 | 1.6 |
| 24 | 2.5 | 25 | 1.6 |
| 25 | 2 | 10 | 0.8 |

## 6.3.2 数值计算网格模型

根据表6-24中25个基础计算样本的尺寸参数信息，按照6.1节的方法和原则绘制数值计算网格模型，具体如图6-36所示，以表6-24中方案15为例，整个地基基础计算域共划分为255 042个单元、267 355个节点。

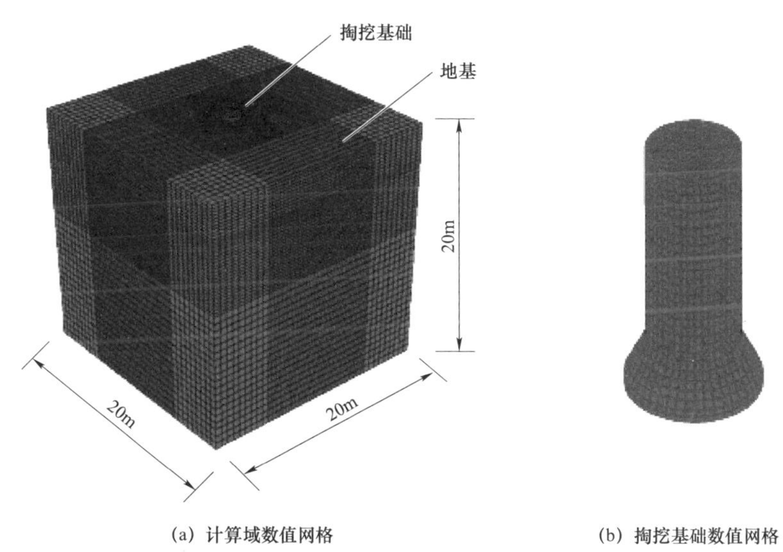


(a) 计算域数值网格　　(b) 掏挖基础数值网格

图6-36　数值计算网格模型示意图

## 6.3.3 数值计算参数取值

依据碎石土地基现场土工试验的结果，结合6.1节中的反演结果，确定本次数值模拟计算参数的取值见表6-25。

表6-25　掏挖基础及碎石土地基数值计算参数取值

| 名称 | 弹性模量 $E$（GPa） | 泊松比 $\nu$ | 容重 $\gamma$（$kN/m^3$） | 黏聚力（MPa） | 内摩擦角 $\varphi$（°） | 抗拉强度（MPa） |
|---|---|---|---|---|---|---|
| 掏挖基础 | 25.0 | 0.167 | 25.0 | 1.2 | 50.0 | 1.2 |
| 碎石土 | 54.5 | 0.25 | 21.4 | 0.015 2 | 46.3 | 0.015 3 |
| 桩土接触面 | 0.21 和 0.01（法、切向刚度） | — | — | 0.2 | 25.0 | — |

### 6.3.4 材料本构模型及屈服准则的选取

本实例中的掏挖基础、地基以及地基与基础之间接触面的本构模型及屈服准则的选取原则与 6.1 节一致，具体详见上文。

### 6.3.5 数值计算边界条件及加载方式

根据工程中杆塔基础真实的受力特征，确定数值模拟计算的边界条件如下：地基计算域的 4 个侧面及底面设置为法向约束，上表面设置为自由边界，掏挖基础顶部施加垂直向上（图 6－37 中所示的 $Z$ 方向）的上拔荷载和水平向（图 6－37 中所示的 $X$ 方向）的水平荷载，其中水平荷载为上拔荷载的 1/10，如图 6－37 所示。

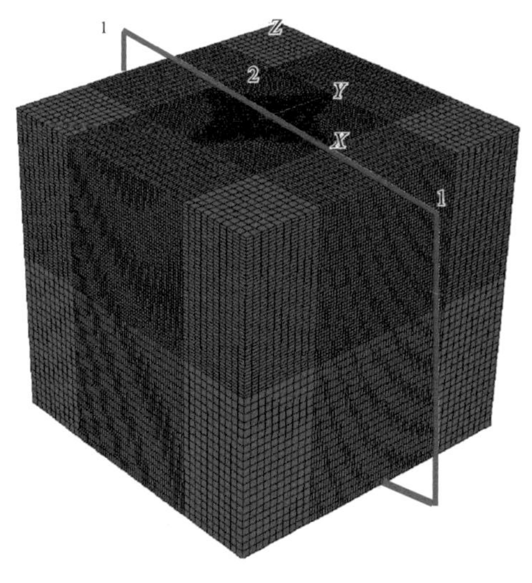


图 6－37 地基基础计算域 1－1 截面（$XOZ$ 面）的位置示意图

### 6.3.6 组合荷载作用下扩底基础地基土体数值计算结果

运用 FLAC3D 软件，采用第 4 章中的方法对 25 个基础计算样本进行数值模拟计算，依据 5.4.1 节中的地基基础体系失稳破坏的综合判断准则，获得 25 个基础计算样本的上拔土体的滑动面形态，见表 6－26。

表 6-26　25 个基础计算样本上拔土体滑动面形态曲线（1-1 截面）

| 方案 | 滑动面形态曲线 | 方案 | 滑动面形态曲线 |
|---|---|---|---|
| 1 | 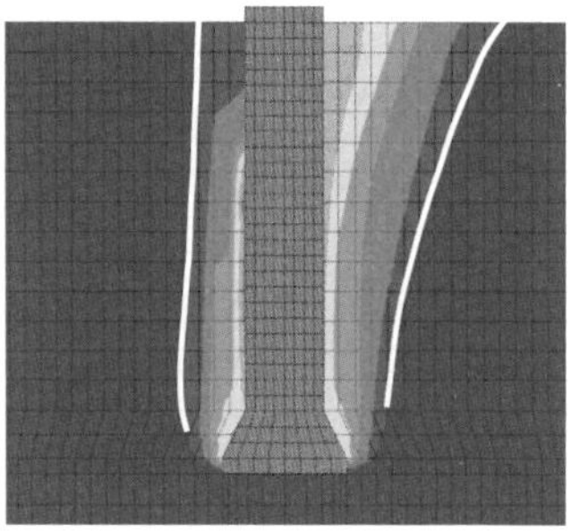 | 2 | 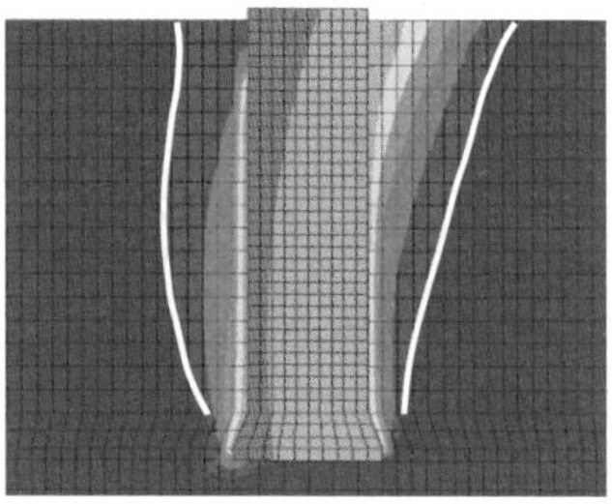 |
| 3 | 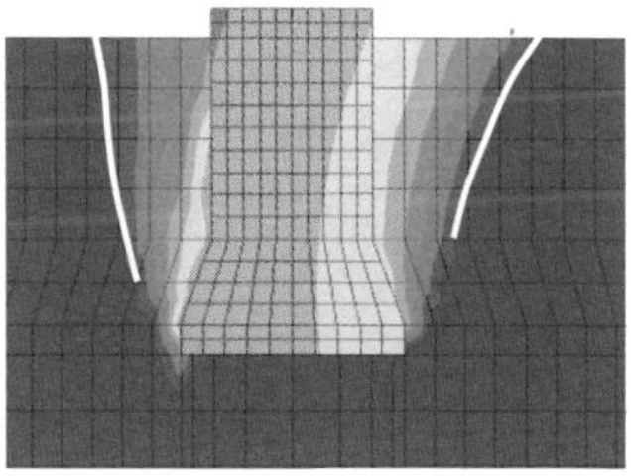 | 4 | 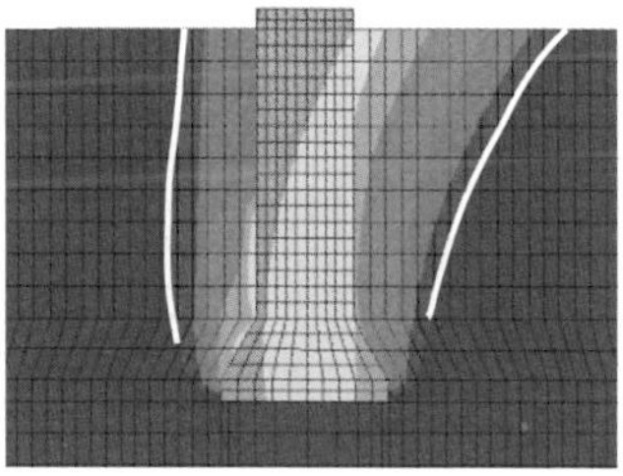 |
| 5 | 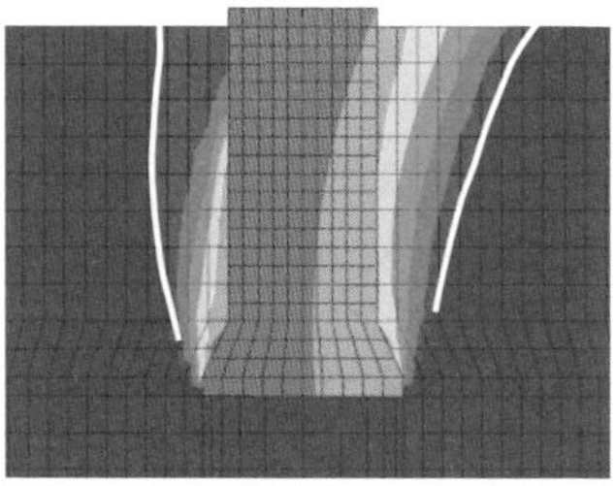 | 6 | 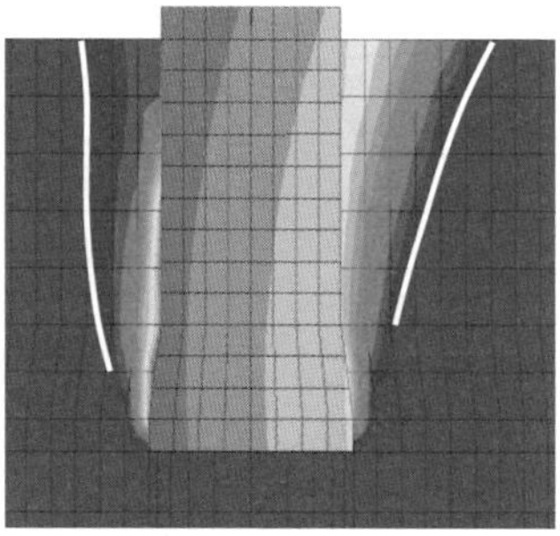 |
| 7 | 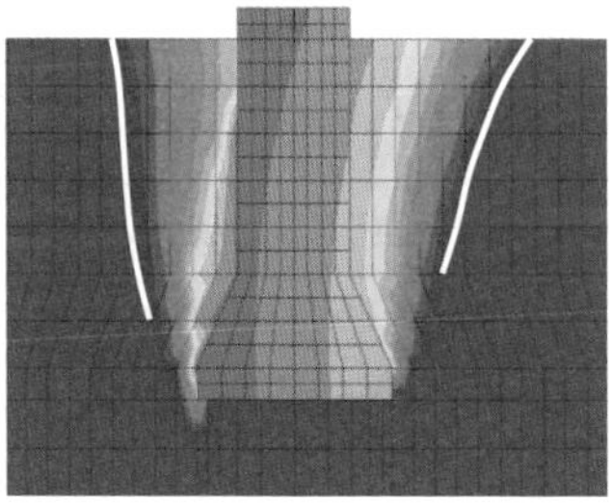 | 8 | 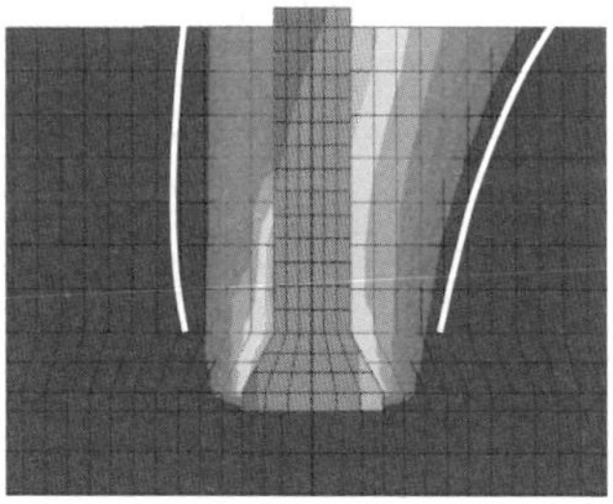 |

续表

| 方案 | 滑动面形态曲线 | 方案 | 滑动面形态曲线 |
| --- | --- | --- | --- |
| 9 | 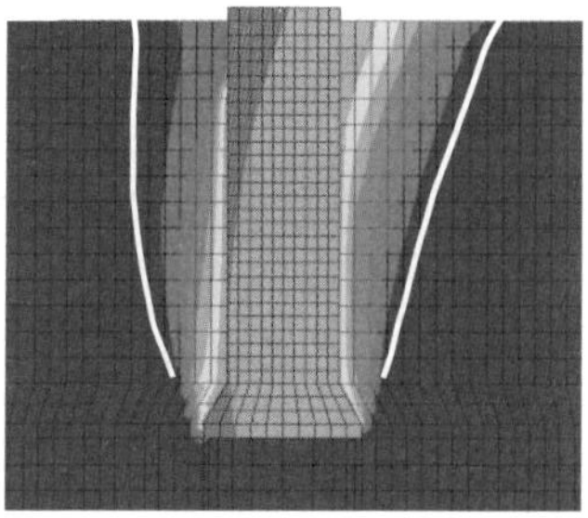 | 10 | 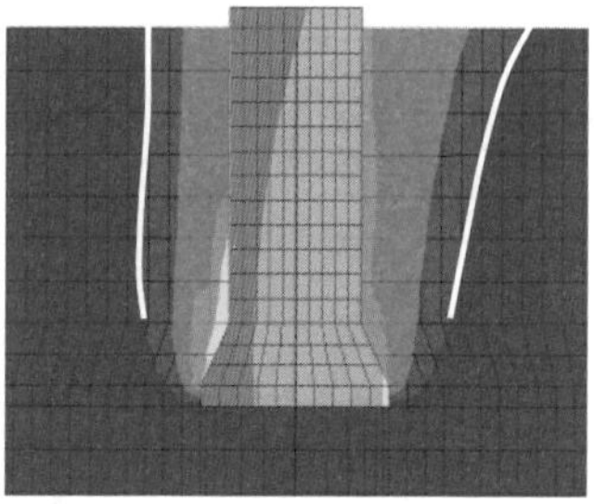 |
| 11 | 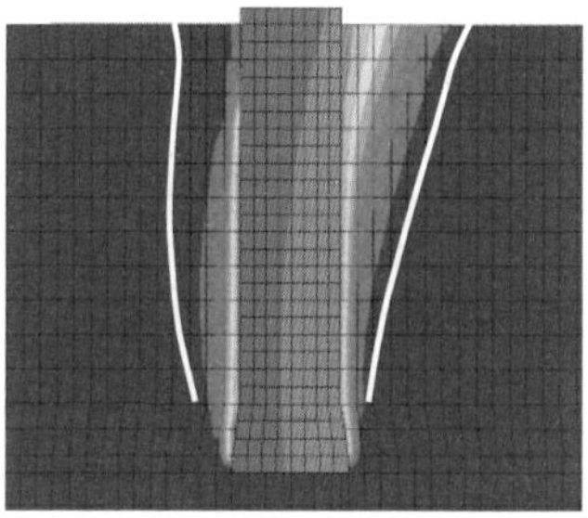 | 12 | 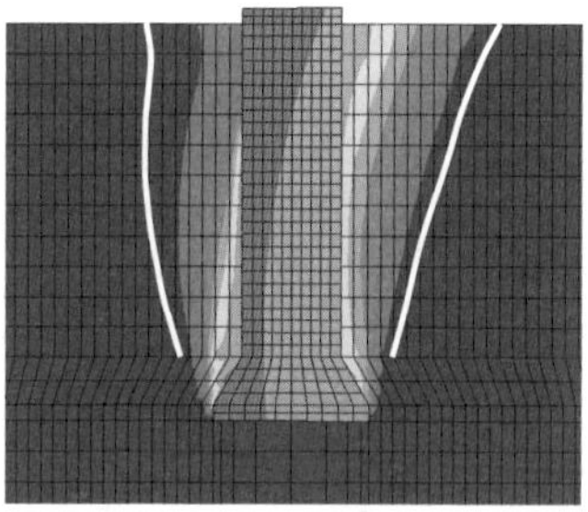 |
| 13 | 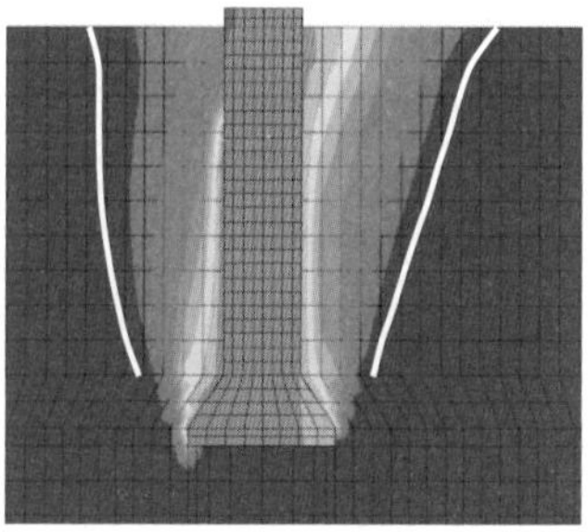 | 14 | 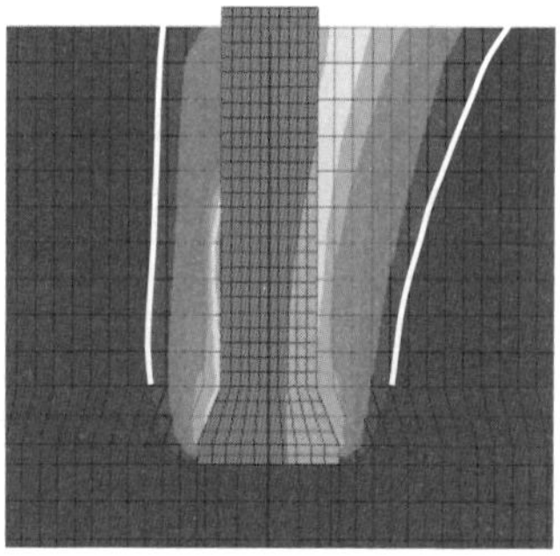 |
| 15 | 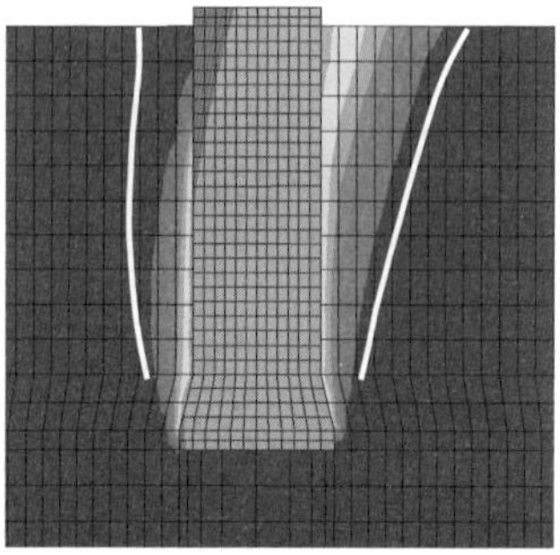 | 16 | 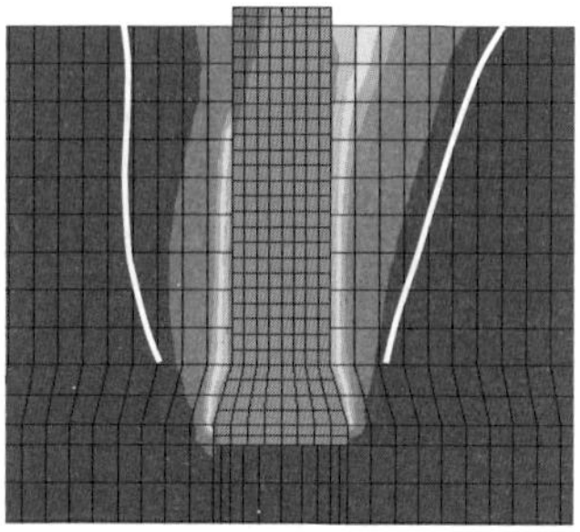 |

续表

| 方案 | 滑动面形态曲线 | 方案 | 滑动面形态曲线 |
|---|---|---|---|
| 17 | 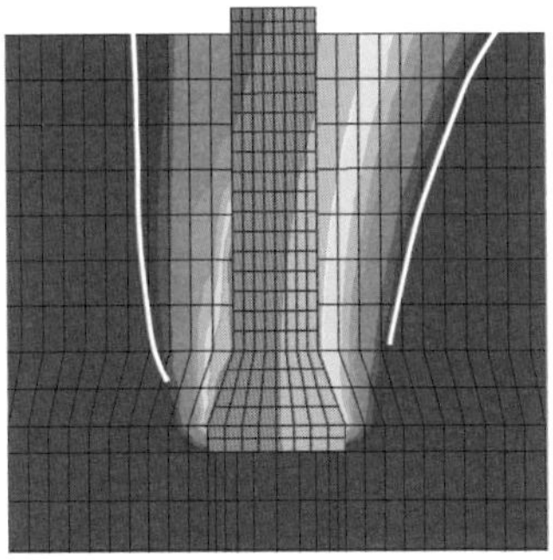 | 18 | 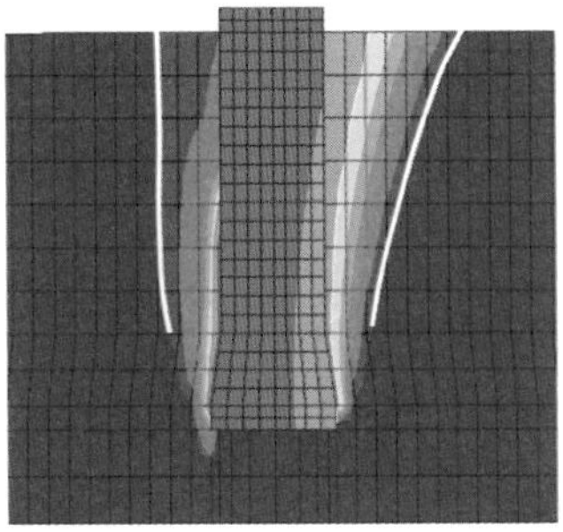 |
| 19 | 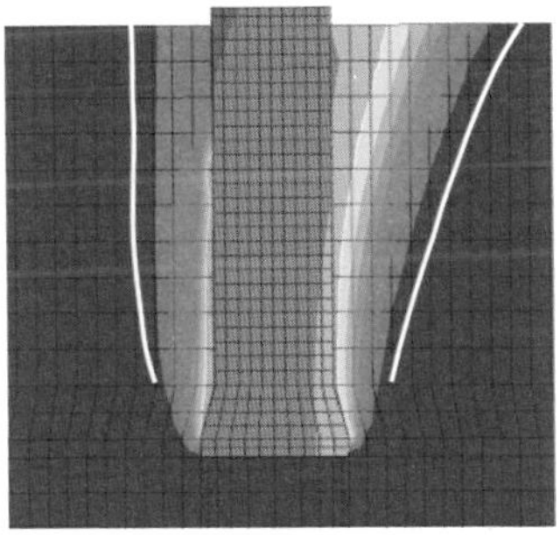 | 20 | 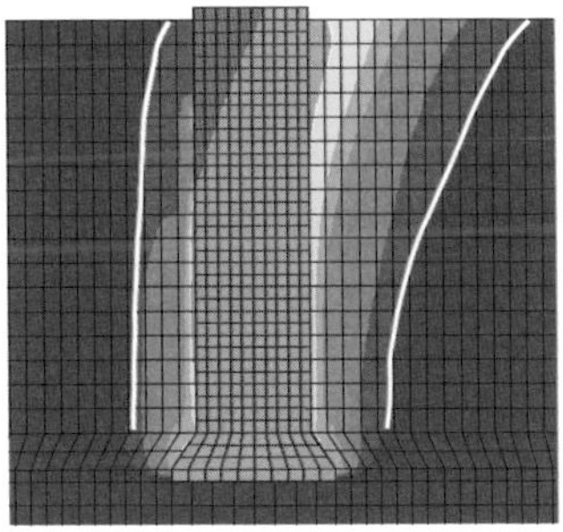 |
| 21 | 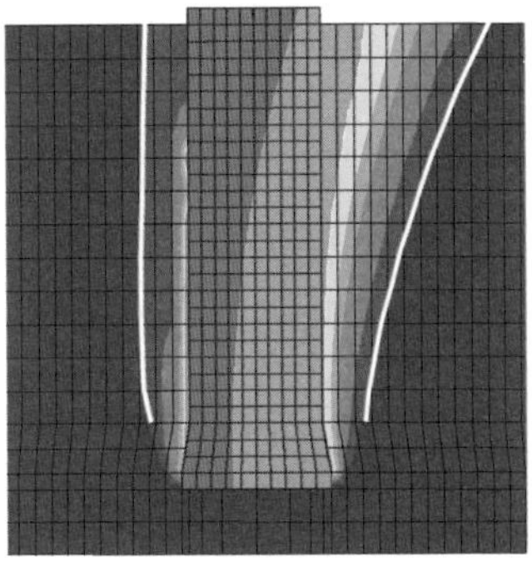 | 22 | 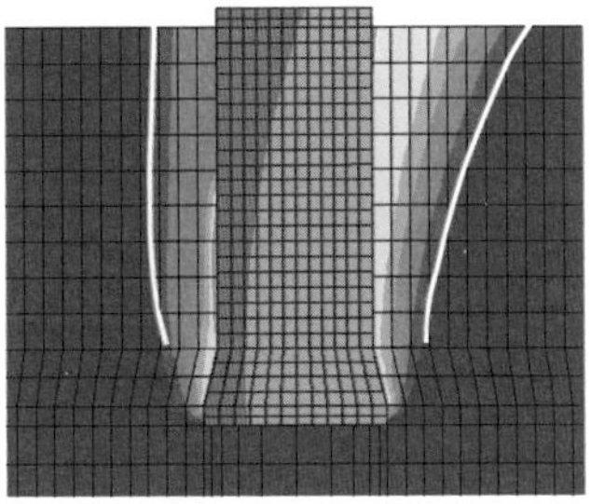 |
| 23 | 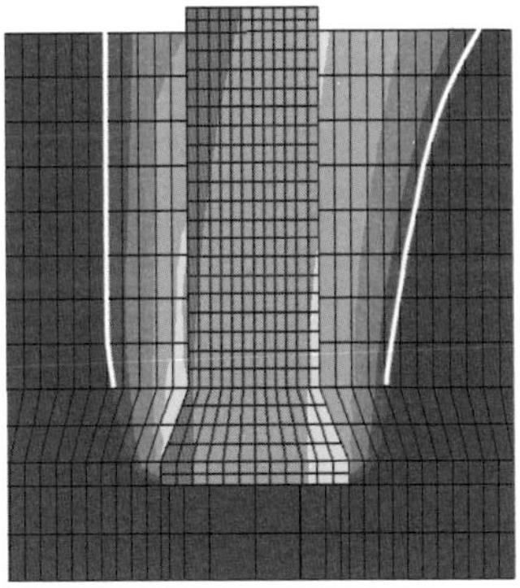 | 24 | 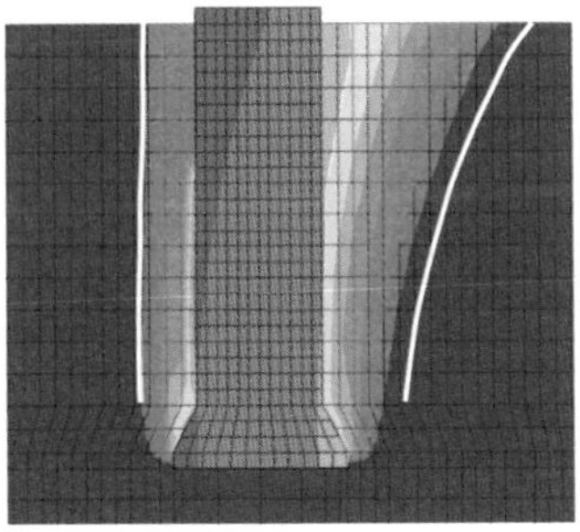 |

续表

| 方案 | 滑动面形态曲线 | 方案 | 滑动面形态曲线 |
|---|---|---|---|
| 25 |  |  |  |

由表 6–26 可知，上拔与水平组合荷载作用下的掏挖基础，当地基土体达到极限平衡状态时，所形成的滑动面形态曲线中心发生偏移，已不再呈轴对称形状，其中与水平荷载作用方向一致的滑动面形态曲线为一段连续的弧线，背离水平荷载方向的滑动面形态曲线由两段弧线组成（见图 6–38），并且基础两侧滑动面形态曲线特征与基础的深宽比、扩展角以及立柱直径等尺寸参数有关。

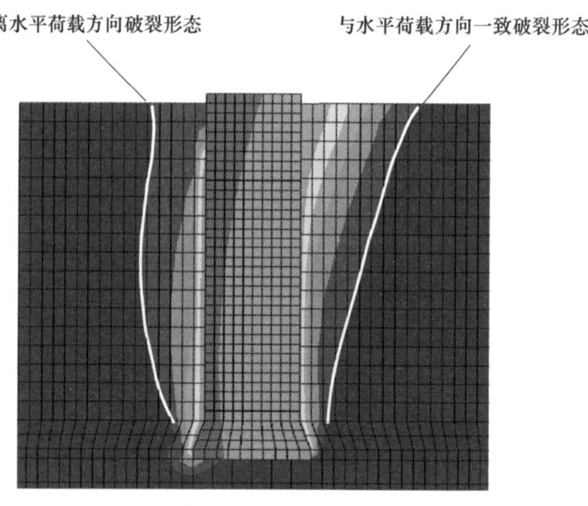


图 6–38　上拔与水平组合荷载作用下掏挖基础上拔土体滑动面形态曲线示意图（样本 2）

## 6.3.7　地基土体滑动面形态概化模型的确定

### 6.3.7.1　掏挖基础上拔土体滑动面形态曲线的选择

依次选用双曲线模型、指数模型、抛物线模型、幂函数模型和三角函数模型等数学模型，对表 6–26 中掏挖基础 1–1 截面的地基土体滑动面形态曲线进行拟合，初步获得基础 1－1 截面的地基土体滑动面形态曲线数学模型。其中，背离水平荷载方向（X 轴负方向）的地基土体滑动面形态曲线的数学模型可表示为

$$x^2 = a_1 z \tan(a_2 \times z) + a_3 \tag{6-3}$$

与水平荷载方向一致（$X$ 轴正向）的地基土体滑动面形态曲线的数学模型可近似表示为

$$z = \frac{a_1 - a_2}{1 + \left(\frac{x}{1.25}\right)^{a_3}} + a_2 \tag{6-4}$$

式中：$a_1$、$a_2$ 和 $a_3$ 为参数。

### 6.3.7.2　掏挖基础上拔土体滑动面形态曲线拟合

采用自主研发的数据拟合软件对表 6－26 中的掏挖基础 1－1 截面的地基土体滑动面形态曲线进行分析计算，获得数学模型式（6－3）和式（6－4）中的参数 $a_1$、$a_2$、$a_3$ 及拟合相关系数，见表 6－27 和表 6－28。

表 6－27　背离水平荷载方向的掏挖基础地基土体滑动面形态曲线拟合结果

| 方案 | $a_1$ | $a_2$ | $a_3$ | 相关系数 |
|---|---|---|---|---|
| 1 | 0.035 1 | －5.10 | 2.38 | 0.999 1 |
| 2 | 0.035 2 | －5.40 | 2.42 | 0.983 3 |
| 3 | 0.015 3 | －7.00 | 1.42 | 0.994 0 |
| 4 | 0.035 1 | －5.30 | 2.47 | 0.988 8 |
| 5 | 0.035 3 | －5.20 | 2.33 | 0.988 2 |
| 6 | 0.020 0 | －8.64 | 1.97 | 0.999 7 |
| 7 | 0.022 0 | －8.16 | 1.86 | 0.998 7 |
| 8 | 0.025 2 | －4.08 | 1.82 | 0.99 |
| 9 | 0.023 0 | －8.48 | 1.89 | 0.996 9 |
| 10 | 0.027 5 | －8.32 | 2.38 | 0.997 9 |
| 11 | 0.015 1 | －7.42 | 1.37 | 0.996 6 |
| 12 | 0.015 0 | －7.56 | 1.34 | 0.994 8 |
| 13 | 0.015 2 | －7.14 | 1.34 | 0.998 8 |
| 14 | 0.032 0 | －6.00 | 0.92 | 0.999 9 |
| 15 | 0.035 2 | －5.00 | 2.33 | 0.999 7 |
| 16 | 0.025 1 | －4.00 | 2.89 | 0.998 4 |
| 17 | 0.025 3 | －4.24 | 2.94 | 0.997 7 |
| 18 | 0.025 2 | －4.08 | 3.06 | 0.992 7 |

续表

| 方案 | $a_1$ | $a_2$ | $a_3$ | 相关系数 |
|---|---|---|---|---|
| 19 | 0.025 2 | −4.32 | 2.89 | 0.999 6 |
| 20 | 0.025 0 | −4.16 | 3.00 | 0.999 9 |
| 21 | 0.031 0 | −6.48 | 0.90 | 0.998 4 |
| 22 | 0.033 0 | −6.24 | 0.88 | 0.997 5 |
| 23 | 0.030 0 | −6.36 | 0.93 | 0.999 3 |
| 24 | 0.015 0 | −7.28 | 1.39 | 0.997 6 |
| 25 | 0.030 0 | −6.12 | 0.88 | 0.999 8 |

**表 6−28　与水平荷载方向一致的掏挖基础地基土体滑动面曲线拟合结果**

| 方案 | $a_1$ | $a_2$ | $a_3$ | 相关系数 |
|---|---|---|---|---|
| 1 | 0.351 | −4.51 | −2.52 | 0.998 5 |
| 2 | 0.353 | −4.50 | −2.47 | 0.996 2 |
| 3 | 0.151 | −6.33 | −1.34 | 0.999 4 |
| 4 | 0.352 | −4.52 | −2.38 | 0.998 4 |
| 5 | 0.351 | −4.53 | −2.42 | 0.998 4 |
| 6 | 0.200 | −7.20 | −1.86 | 0.998 1 |
| 7 | 0.230 | −7.22 | −1.82 | 0.999 0 |
| 8 | 0.251 | −3.61 | −1.86 | 0.999 4 |
| 9 | 0.200 | −7.25 | −1.89 | 0.997 2 |
| 10 | 0.152 | −7.23 | −2.39 | 0.997 2 |
| 11 | 0.153 | −6.34 | −1.37 | 0.996 8 |
| 12 | 0.150 | −6.36 | −1.45 | 0.998 4 |
| 13 | 0.154 | −6.31 | −1.39 | 0.993 1 |
| 14 | 0.300 | −5.42 | −0.88 | 0.998 5 |
| 15 | 0.350 | −4.54 | −2.33 | 0.991 9 |
| 16 | 0.254 | −3.60 | −2.94 | 0.996 5 |
| 17 | 0.251 | −3.62 | −3.12 | 0.998 8 |
| 18 | 0.250 | −3.61 | 3.06 | 0.990 4 |
| 19 | 0.253 | −3.62 | −3.00 | 0.999 3 |
| 20 | 0.250 | −3.63 | −2.89 | 0.999 2 |
| 21 | 0.300 | −5.41 | −0.92 | 0.999 6 |
| 22 | 0.320 | −5.45 | −0.90 | 0.999 3 |

续表

| 方案 | $a_1$ | $a_2$ | $a_3$ | 相关系数 |
| --- | --- | --- | --- | --- |
| 23 | 0.310 | -5.40 | -0.95 | 0.996 9 |
| 24 | 0.152 | -6.30 | -1.42 | 0.998 0 |
| 25 | 0.330 | -5.44 | -0.93 | 0.997 1 |

由表 6-27 和表 6-28 可以看出，采用式（6-3）和式（6-4）中的数学模型对掏挖基础 1-1 截面的地基土体滑动面形态曲线的拟合相关系数均达到了 97%以上，由此表明采用式（6-3）和式（6-4）可以较好地定量描述上拔与水平组合荷载作用下的掏挖基础上拔土体滑动面的形状特征。

对表 6-27、表 6-28 中的参数 $a_1$、$a_2$、$a_3$ 进行对比分析，发现 $a_1$、$a_2$、$a_3$ 分别与参数 $h_t/D$、$d$、$\theta$之间存在某种线性关系。分别以 $a_1$、$a_2$、$a_3$ 为变量，$h_t/D$、$d$、$\theta$为自变量，基于最小二乘法原理，利用线性函数模型对表 6-27 和表 6-28 中每一组数据进行拟合计算，计算结果如下：表 6-27 中 $a_1 = 0.01h_t / D$、$a_2 = 4.5d$、$a_3 = 5\tan\theta$；表 6-28 中 $a_1 = 0.1h_t / D$、$a_2 = 4.5d$、$a_3 = 4.5\tan\theta$。由此可进一步获得碎石土地基中上拔与水平组合荷载作用下的掏挖基础上拔土体滑动面形态曲线的数学概化模型。其中，背离水平荷载方向的掏挖基础地基土体滑动面形态曲线的概化模型见式（6-5），与水平荷载方向一致的掏挖基础地基土体滑动面形态曲线概化模型见式（6-6）。

$$x^2 = 0.01\frac{h}{D}z\tan(-4.5zd) + 5\tan\theta \tag{6-5}$$

$$z = \frac{0.1\dfrac{h}{D} + 4.5d}{1 + \left(\dfrac{x}{1.25}\right)^{-4.5\tan\theta}} - 4.5d \tag{6-6}$$

式中：$h_t/D$ 为深宽比；$\theta$为扩展角；$d$ 为立柱直径。

#### 6.3.7.3 掏挖基础地基土体滑动面形态曲线数学模型的验证

为验证式（6-5）和式（6-6）中的概化模型的准确性，对比分析了同一数据点的数值模拟与理论模型计算解之间的误差，分析结果见表 6-29 和表 6-30。其中，背离水平荷载方向的曲线上取三个点（$x_1$，$z_1$）、（$x_2$，$z_2$）、（$x_3$，$z_3$），与水平荷载方向一致的方向上取三个点（$x_4$，$z_4$）、（$x_5$，$z_5$）、（$x_6$，$z_6$）。由表 6-29 和表 6-30 可知，数值模拟与理论模型计算解的相对误差在 4.9%以内，两者吻合较好。

表 6-29　背离水平荷载方向的滑动面形态曲线的数值模拟解与理论模型计算解对比分析结果

| | 方案 | $z_1$（m） | 数值模拟解 | 理论模型计算解 | 相对误差 |
|---|---|---|---|---|---|
| | | | $x_1$（m） | $x_1'$（m） | |
| (a) 点 $(x_1, z_1)$ | 1 | −2.231 3 | −1.474 4 | −1.53 | 4.1% |
| | 2 | −2.322 4 | −1.439 2 | −1.37 | 4.8% |
| | 3 | −0.346 5 | −1.584 6 | −1.62 | 2.5% |
| | 4 | −0.610 4 | −1.670 3 | −1.70 | 1.5% |
| | 5 | −0.773 1 | −1.339 9 | −1.30 | 2.8% |
| | 6 | −0.373 9 | −0.910 4 | −0.93 | 2.2% |
| | 7 | −0.305 6 | −1.494 3 | −1.54 | 2.8% |
| | 8 | −1.104 5 | −1.502 6 | −1.52 | 1.4% |
| | 9 | −0.759 6 | −1.406 9 | −1.39 | 1.5% |
| | 10 | −0.830 5 | −1.414 6 | −1.37 | 3.0% |
| | 11 | −0.806 1 | −0.949 3 | −0.99 | 3.9% |
| | 12 | −0.363 9 | −1.685 5 | −1.68 | 0.3% |
| | 13 | −0.786 4 | −1.685 1 | −1.70 | 0.6% |
| | 14 | −0.752 4 | −1.292 8 | −1.35 | 4.6% |
| | 15 | −0.737 9 | −1.280 2 | −1.32 | 2.8% |
| | 16 | −0.749 4 | −1.207 | −1.15 | 4.7% |
| | 17 | −0.366 4 | −1.333 2 | −1.38 | 3.9% |
| | 18 | −0.363 7 | −0.736 8 | −0.71 | 3.8% |
| | 19 | −0.782 2 | −1.169 6 | −1.18 | 1.0% |
| | 20 | −1.972 | −1.669 9 | −1.70 | 1.6% |
| | 21 | −0.783 1 | −0.942 3 | −0.93 | 1.7% |
| | 22 | −0.731 | −1.202 7 | −1.14 | 4.9% |
| | 23 | −0.699 8 | −1.672 9 | −1.69 | 0.8% |
| | 24 | −0.798 8 | −1.501 8 | −1.52 | 1.3% |
| | 25 | −0.361 6 | −0.944 6 | −0.98 | 3.3% |

| | 方案 | $z_2$（m） | 数值模拟解 | 理论模型计算解 | 相对误差 |
|---|---|---|---|---|---|
| | | | $x_2$（m） | $x_2'$（m） | |
| (b) 点 $(x_2, z_2)$ | 1 | −3.349 | −1.499 | −1.52 | 1.2% |
| | 2 | −3.101 | −1.401 | −1.35 | 3.4% |
| | 3 | −1.056 | −1.002 | −0.98 | 1.8% |

续表

| | 方案 | $z_2$（$m$） | 数值模拟解 | 理论模型计算解 | 相对误差 |
|---|---|---|---|---|---|
| | | | $x_2$（$m$） | $x'_2$（$m$） | |
| (b) 点 ($x_2$, $z_2$) | 4 | −1.555 | −1.629 | −1.70 | 4.6% |
| | 5 | −1.547 | −1.405 | −1.35 | 3.8% |
| | 6 | −1.12 | −0.927 | −0.95 | 2.0% |
| | 7 | −0.923 | −1.456 | −1.53 | 4.9% |
| | 8 | −1.956 | −1.512 | −1.54 | 1.9% |
| | 9 | −1.514 | −1.601 | −1.53 | 4.6% |
| | 10 | −1.248 | −1.404 | −1.35 | 3.7% |
| | 11 | −1.612 | −0.969 | −0.92 | 4.8% |
| | 12 | −1.486 | −1.672 | −1.66 | 1.0% |
| | 13 | −1.582 | −1.678 | −1.69 | 0.9% |
| | 14 | −1.494 | −1.291 | −1.35 | 4.9% |
| | 15 | −1.476 | −1.201 | −1.16 | 3.7% |
| | 16 | −1.509 | −1.147 | −1.14 | 0.6% |
| | 17 | −1.085 | −1.307 | −1.36 | 3.9% |
| | 18 | −1.461 | −0.968 | −0.94 | 2.6% |
| | 19 | −1.557 | −1.144 | −1.14 | 0.7% |
| | 20 | −2.731 | −1.812 | −1.84 | 1.3% |
| | 21 | −1.962 | −1.695 | −1.77 | 4.2% |
| | 22 | −2.178 | −1.216 | −1.16 | 4.8% |
| | 23 | −1.749 | −1.758 | −1.70 | 3.4% |
| | 24 | −1.996 | −1.563 | −1.49 | 4.6% |
| | 25 | −0.73 | −0.955 | −0.93 | 2.5% |
| | 方案 | $z_3$（$m$） | 数值模拟解 | 理论模型计算解 | 相对误差 |
| | | | $x_3$（$m$） | $x'_3$（$m$） | |
| (c) 点 ($x_3$, $z_3$) | 1 | −4.107 | −1.497 | −1.52 | 1.7% |
| | 2 | −4.256 5 | −1.37 | −1.34 | 2.4% |
| | 3 | −1.411 9 | −1.2 | −1.16 | 3.5% |
| | 4 | −2.178 6 | −1.671 | −1.70 | 1.8% |
| | 5 | −2.703 5 | −1.338 | −1.38 | 3.0% |
| | 6 | −1.862 2 | −0.907 | −0.93 | 2.5% |

续表

| | 方案 | $z_3$（m） | 数值模拟解 | 理论模型计算解 | 相对误差 |
|---|---|---|---|---|---|
| | | | $x_3$（m） | $x_3'$（m） | |
| （c）点（$x_3$，$z_3$） | 7 | −1.551 8 | −1.489 | −1.52 | 2.2% |
| | 8 | −2.462 | −1.49 | −1.53 | 2.9% |
| | 9 | −2.277 3 | −1.539 | −1.48 | 3.9% |
| | 10 | −2.080 2 | −1.376 | −1.33 | 3.7% |
| | 11 | −2.414 3 | −0.912 | −0.95 | 3.9% |
| | 12 | −2.594 3 | −1.706 | −1.75 | 2.8% |
| | 13 | −2.370 4 | −1.609 | −1.69 | 4.9% |
| | 14 | −2.616 | −1.297 | −1.34 | 3.1% |
| | 15 | −2.576 4 | −1.222 | −1.16 | 4.8% |
| | 16 | −2.254 7 | −1.127 | −1.10 | 2.4% |
| | 17 | −1.803 7 | −1.296 | −1.35 | 4.2% |
| | 18 | −2.188 7 | −0.981 | −0.94 | 3.8% |
| | 19 | −2.733 7 | −1.174 | −1.14 | 3.0% |
| | 20 | −3.532 2 | −1.66 | −1.70 | 2.5% |
| | 21 | −3.912 6 | −0.967 | −0.94 | 3.2% |
| | 22 | −2.904 5 | −1.2 | −1.14 | 4.9% |
| | 23 | −2.435 6 | −1.763 | −1.68 | 4.6% |
| | 24 | −3.193 1 | −1.584 | −1.54 | 2.8% |
| | 25 | −1.466 5 | −0.891 | −0.92 | 3.4% |

表 6−30　与水平荷载方向一致的滑动面形态曲线的数值模拟解与理论模型计算解对比分析结果

| | 方案 | $z_4$（m） | 数值模拟解 | 理论模型计算解 | 相对误差 |
|---|---|---|---|---|---|
| | | | $x_4$（m） | $x_4'$（m） | |
| （a）点（$x_4$，$z_4$） | 1 | 2.61 | −0.48 | −0.51 | 4.35% |
| | 2 | 2.12 | −1.92 | −1.88 | 2.11% |
| | 3 | 1.24 | −2.09 | −2.19 | 4.93% |
| | 4 | 1.72 | −1.26 | −1.23 | 2.42% |
| | 5 | 1.22 | −3.09 | −3.12 | 0.78% |
| | 6 | 1.14 | −3.16 | −3.20 | 0.99% |
| | 7 | 1.06 | −1.99 | −2.05 | 3.47% |

续表

| | 方案 | $z_4$（$m$） | 数值模拟解 | 理论模型计算解 | 相对误差 |
|---|---|---|---|---|---|
| | | | $x_4$（$m$） | $x'_4$（$m$） | |
| （a）点（$x_4$，$z_4$） | 8 | 1.48 | −2.16 | −2.11 | 2.39% |
| | 9 | 2.33 | −1.09 | −1.11 | 2.00% |
| | 10 | 2.30 | −1.35 | −1.35 | 0.15% |
| | 11 | 1.75 | −2.08 | −2.15 | 2.96% |
| | 12 | 2.06 | −0.95 | −0.97 | 1.61% |
| | 13 | 2.01 | −0.61 | −0.58 | 4.85% |
| | 14 | 1.98 | −1.22 | −1.23 | 1.00% |
| | 15 | 1.16 | −3.29 | −3.18 | 3.40% |
| | 16 | 1.47 | −1.39 | −1.43 | 3.02% |
| | 17 | 1.56 | −1.34 | −1.33 | 0.24% |
| | 18 | 0.96 | −2.45 | −2.38 | 3.00% |
| | 19 | 1.99 | −1.70 | −1.77 | 4.41% |
| | 20 | 2.44 | −0.68 | −0.65 | 4.81% |
| | 21 | 1.44 | −3.31 | −3.24 | 2.24% |
| | 22 | 1.30 | −3.27 | −3.42 | 4.37% |
| | 23 | 1.91 | −1.69 | −1.68 | 0.34% |
| | 24 | 2.80 | −0.91 | −0.91 | 0.40% |
| | 25 | 0.78 | −2.00 | −2.05 | 2.87% |

| | 方案 | $z_5$（$m$） | 数值模拟解 | 理论模型计算解 | 相对误差 |
|---|---|---|---|---|---|
| | | | $x_5$（$m$） | $x'_5$（$m$） | |
| （b）点（$x_5$，$z_5$） | 1 | 2.16 | −0.78 | −0.82 | 4.61% |
| | 2 | 2.31 | −1.62 | −1.68 | 3.73% |
| | 3 | 1.11 | −2.26 | −2.34 | 3.62% |
| | 4 | 1.88 | −1.00 | −1.01 | 0.14% |
| | 5 | 1.60 | −2.35 | −2.40 | 2.15% |
| | 6 | 1.39 | −2.82 | −2.94 | 4.28% |
| | 7 | 1.25 | −1.69 | −1.73 | 2.51% |
| | 8 | 1.89 | −1.43 | −1.46 | 2.27% |
| | 9 | 2.23 | −1.15 | −1.21 | 4.88% |
| | 10 | 2.25 | −1.37 | −1.39 | 0.91% |

续表

| | 方案 | $z_5$（$m$） | 数值模拟解 | 理论模型计算解 | 相对误差 |
|---|---|---|---|---|---|
| | | | $x_5$（$m$） | $x_5'$（$m$） | |
| （b）点（$x_5$，$z_5$） | 11 | 1.53 | −2.22 | −2.29 | 3.39% |
| | 12 | 1.82 | −1.31 | −1.30 | 1.33% |
| | 13 | 1.70 | −0.87 | −0.91 | 3.78% |
| | 14 | 1.71 | −1.53 | −1.50 | 1.67% |
| | 15 | 1.61 | −2.45 | −2.53 | 3.47% |
| | 16 | 1.28 | −1.68 | −1.60 | 4.59% |
| | 17 | 1.41 | −1.45 | −1.49 | 2.98% |
| | 18 | 1.24 | −2.09 | −2.13 | 1.99% |
| | 19 | 1.73 | −1.95 | −2.00 | 2.44% |
| | 20 | 2.56 | −0.57 | −0.55 | 4.14% |
| | 21 | 2.00 | −2.66 | −2.76 | 3.62% |
| | 22 | 1.75 | −2.65 | −2.76 | 4.36% |
| | 23 | 2.04 | −1.40 | −1.45 | 3.93% |
| | 24 | 2.65 | −1.05 | −1.03 | 1.79% |
| | 25 | 0.96 | −1.84 | −1.89 | 3.23% |
| | 方案 | $z_6$（$m$） | 数值模拟解 | 理论模型计算解 | 相对误差 |
| | | | $x_6$（$m$） | $x_6'$（$m$） | |
| （c）点（$x_6$，$z_6$） | 1 | 1.79 | −1.22 | −1.20 | 1.22% |
| | 2 | 2.03 | −2.05 | −2.00 | 2.57% |
| | 3 | 1.02 | −2.41 | −2.46 | 1.82% |
| | 4 | 1.45 | −1.71 | −1.69 | 0.75% |
| | 5 | 1.40 | −2.68 | −2.76 | 2.84% |
| | 6 | 1.25 | −3.19 | −3.07 | 3.76% |
| | 7 | 1.17 | −1.84 | −1.86 | 0.92% |
| | 8 | 1.64 | −1.89 | −1.82 | 3.53% |
| | 9 | 1.90 | −1.65 | −1.64 | 0.97% |
| | 10 | 2.08 | −1.57 | −1.54 | 2.23% |
| | 11 | 1.22 | −2.62 | −2.55 | 2.37% |
| | 12 | 1.51 | −1.90 | −1.89 | 0.36% |
| | 13 | 1.48 | −1.28 | −1.23 | 4.09% |

续表

| | 方案 | $z_6$（$m$） | 数值模拟解 | 理论模型计算解 | 相对误差 |
|---|---|---|---|---|---|
| | | | $x_6$（$m$） | $x_6'$（$m$） | |
| （c）点（$x_6$，$z_6$） | 14 | 1.47 | −1.82 | −1.78 | 1.97% |
| | 15 | 1.40 | −2.68 | −2.80 | 4.48% |
| | 16 | 1.07 | −1.90 | −1.81 | 4.85% |
| | 17 | 1.19 | −1.83 | −1.75 | 4.33% |
| | 18 | 1.13 | −2.18 | −2.22 | 1.70% |
| | 19 | 1.48 | −2.33 | −2.26 | 3.24% |
| | 20 | 2.19 | −0.94 | −0.91 | 2.43% |
| | 21 | 1.76 | −2.85 | −2.94 | 3.47% |
| | 22 | 1.44 | −3.19 | −3.18 | 0.34% |
| | 23 | 1.79 | −1.94 | −1.93 | 0.52% |
| | 24 | 2.23 | −1.50 | −1.46 | 3.18% |
| | 25 | 0.86 | −1.90 | −1.98 | 4.36% |

## 6.4　原状土杆塔基础基坑稳定性分析

长期以来，由于缺乏专业化的机械设备和相应的操作规程，掏挖基础普遍以人工开挖为主，由此造成施工过程中人工投入大、作业人员劳动强度高、工作效率低、施工周期长、作业危险性高，并且部分施工方式未能充分考虑环境保护的要求。随着我国经济的快速发展，电网建设人力资源成本大幅度提高，特别在高海拔的无人区，一线施工人员稀缺的同时，人工费用成本也很高，因此，发展线路全过程机械化施工技术，降低人工投入和作业风险成为电网建设中的主要任务。

与传统的人工掏挖作业方式相比，机械化施工的基础在设计方法方面与之并无差异，只需满足孔壁和扩大头的自立稳定性，并且与相应的机械设备规格参数相匹配即可。

输电线路基础在机械化施工过程中，挖孔设备的自重在整个开挖过程中对地面土体施加一个向下的作用力，而该力对于基础开挖过程中孔壁土体自立稳定性都是不利因素。鉴于此，本节在充分考虑挖孔设备自重荷载不利因素影响的前提下，采用数值模拟技术分析钻机开挖过程中掏挖基础基坑周围土体的位移及塑性区分布，进而论证了孔壁和扩大头处土体的自立稳定性。

## 6.4.1 机械成孔的开挖模型

掏挖基础机械化成孔工序可概括为：钻机作业场地布置→钻机组装调试→钻机对中、调整→直孔钻进→扩底作业→成孔质量检查→转移孔位→基坑掏挖完成→钻机转移作业场地。

根据不同的地质条件，旋挖钻进的钻头可分为螺旋钻头、旋挖钻斗、筒式取芯钻头及扩底钻头四种。其中，扩底钻头是输电线路工程中最为常用的钻头类型，如图 6－39 所示。

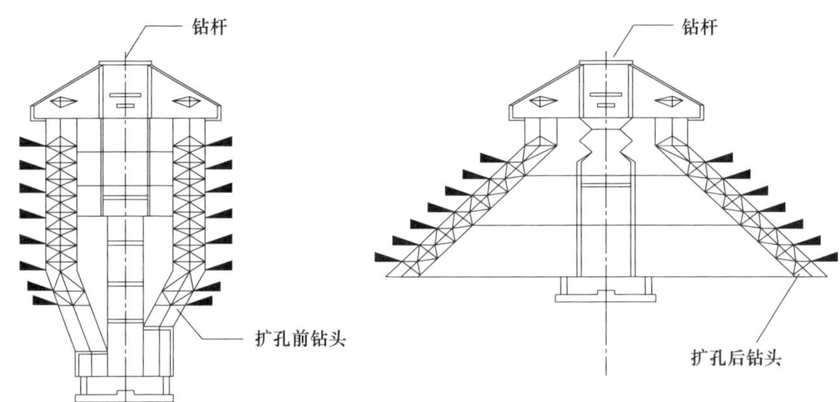


图 6－39　扩底钻头构造图

扩底钻头的工作原理如下：由液压马达带动钻杆转动，随之带动安装于钻杆下端的直孔钻头钻进，达到基础埋深的设计深度后超挖 300mm 左右，换扩底钻头，扩底钻头上的牙轮向两边展开的同时破碎桩底周边的岩土体进行扩底；钻进至设计孔深后，将钻斗留在原处机械旋转数圈，将孔底虚土尽量装入斗内，起钻；起钻后再对孔底虚土进行清理。

简言之，扩底钻头就像一把“雨伞”，一压就撑开，开始旋挖扩大头；一提就合上，可载土起钻。依据上述原理，将机械成孔过程概化为如图 6－40 所示的四个开挖步骤。

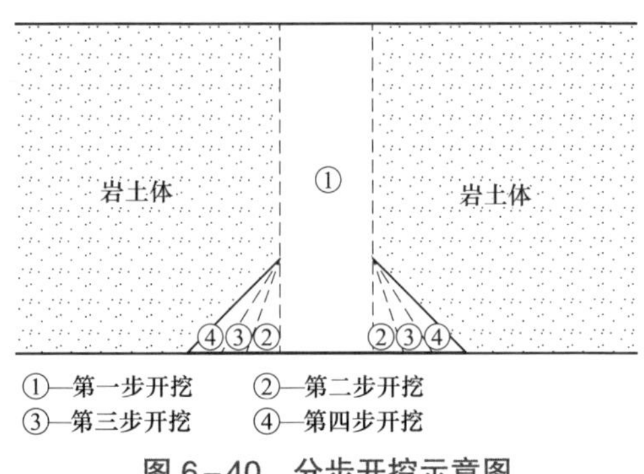


图 6－40　分步开挖示意图

## 6.4.2 机械成孔过程中孔壁土体变形破坏数值分析

张楼（船业）站 220kV 线路工程是国家电网有限公司 2013 年 6 项机械化试点工程之一，线路总长 88.5km，线路沿线地貌成因类型为剥蚀丘陵、冲积平原，地貌类型为丘陵、平地。沿线地基以粉质黏土为主，平均层深在 10m 以上，地下水位大于 10m，可不考虑，地基土体物理力学参数见表 6-31。

表 6-31　地基土体物理力学参数

| 地基参数 | 粉质黏土 | 地基参数 | 粉质黏土 |
|---|---|---|---|
| 含水量（%） | 22.3 | 饱和度（%） | 86 |
| 孔隙比 | 0.64 | 黏聚力 $c$（kPa） | 37 |
| 比重 | 2.70 | 内摩擦角 $\varphi$（°） | 10.2 |

### 6.4.2.1 数值网格模型的建立

掏挖孔的轮廓和大小与掏挖基础的形状和尺寸相同。掏挖基础的上部直径 $d$=1.2m，扩底直径 $D$=2.4m（扩底倍率 2 倍），扩底高度$\Delta h$=0.6m，埋深 $h$ 分别为 4、6、8m 的掏挖基础周围的土体，基础尺寸参数如图 6-41 所示。

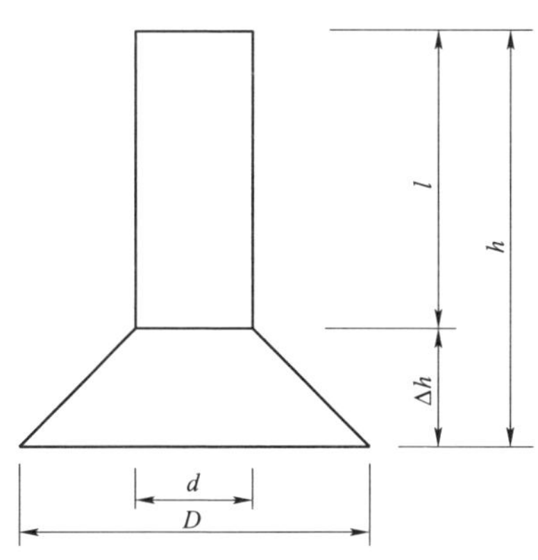


图 6-41　掏挖基础结构外形图

现场试验表明，基坑开挖的影响范围大致为开挖深度的 3 倍，因此，选取数值计算模型的范围为 40m×40m×$h$+5m（$h$ 为基础埋深，基底以下 5m 作为地基持力层）。整个地基土体采用八节点六面体等参单元进行网格划分。根据开挖过程对地基土体的影响程度大小，从孔口向外，网格划分从密到疏，其中，孔口周围的网格划分最密。数值网格模型具体如图 6-42 所示。

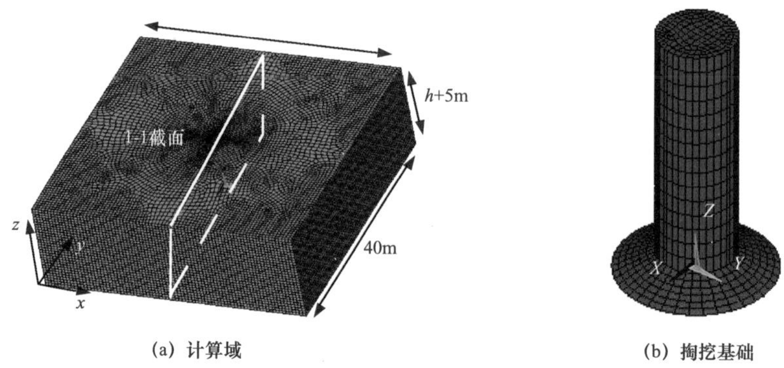


(a) 计算域　　(b) 掏挖基础

图 6-42　数值网格模型

基坑开挖过程采用空模型模拟，按照图 6-40 所示分四步开挖进行，对每一步开挖卸荷作用引起的基础周围土体的变形和破坏进行数值计算。

### 6.4.2.2　本构模型及计算参数

由上文可知，对于处于低围压状态的土体，其本构模型基本符合理想弹塑性本构模型。由于本实例中掏挖基础埋深不大于 8m，地基土体在受荷过程中可认为是处于低围压的状态，因此本次计算中选择理想弹塑性模型作为地基土体的本构模型。

地基土体在开挖和钻机自重荷载作用下发生不同程度的弹塑性变形，在该过程中地基土体可能出现压剪和张拉破坏，因此本次计算中选择能反映岩土体在开挖过程中张拉和压剪破坏 Mohr-Columb 屈服与张拉破坏相结合的复合准则，作为地基土体的屈服准则。

根据表 6-31 中的试验数据，同时参考相关文献，综合确定本次计算参数取值，具体见表 6-32。

表 6-32　　计 算 参 数 取 值

| 地基参数 | 粉质黏土 | 地基参数 | 粉质黏土 |
|---|---|---|---|
| 变形模量（GPa） | 0.2 | 黏聚力 $c$（kPa） | 37 |
| 泊松比 $\nu$ | 0.26 | 内摩擦角 $\varphi$（°） | 10.2 |
| 容重（kN/m$^3$） | 18.9 | 抗拉强度（kPa） | 37 |

### 6.4.2.3　边界条件

由于实际开挖过程中，旋挖钻机自始至终作用于地基表面，直至开挖结束。因此，旋挖钻机的自重作为局部荷载作用于地基表面，对地基土体的变形和破坏产生直接的影响。

表 6－33 为旋挖钻机规格参数表。本文取钻机自重荷载为 450kN（其中钻机自重 400kN，作业放大系数为 1.1），履带尺寸为 8m×4m，带宽 0.8m，履带间距为 4m。根据现场作业特点，将钻机布置在距离孔口 1m 位置处，两侧履带作用于地基上的均布荷载为 32.5kPa，钻机荷载作用俯视图如图 6－43 所示。

表 6－33　旋挖钻机设计参数

| 序号 | 名　称 | 参数值 | |
|---|---|---|---|
| 1 | 设备 | XR180L | XR200L |
| 2 | 钻孔最大直径（mm） | $\phi$1500 | $\phi$2000 |
| 3 | 钻孔深度（m） | 12～20 | 12～25 |
| 4 | 钻机尺寸（m×m×m） | 7.51×3.8×14.2 | 7.7×3.8×14.2 |
| 5 | 整机工作重量（t） | 38 | 40 |

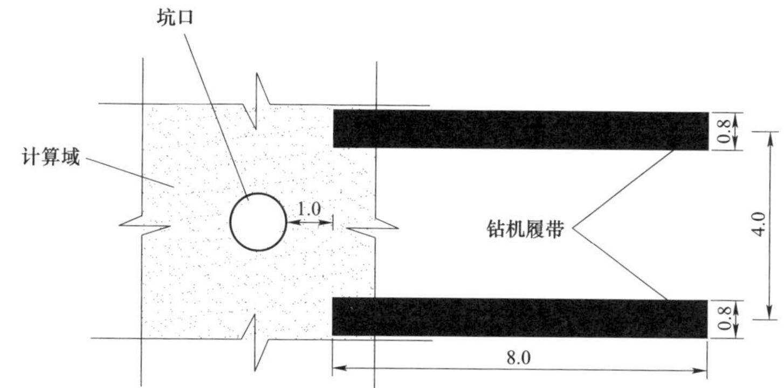


图 6－43　钻机荷载作用俯视图（单位：m）

综上所述，本次数值计算的边界条件为：计算域的 4 个侧面及底面约束为法向约束，计算域上表面为自由边界，地基上表面距孔口 1.0m 处沿 $x$ 轴方向对称布置作用面积为 0.8m×8m 的均布荷载，方向与重力方向一致。

## 6.4.3　机械成孔过程中孔壁土体稳定性分析

### 6.4.3.1　机械成孔过程孔壁土体位移变化规律

对开挖后孔壁周围土体的位移变化进行计算，1－1 截面水平向位移分布云图如图 6－44 所示。从图中可以看出孔壁两侧土体均发生不同程度的水平向位移，其中孔口处的土体水平位移最大，其次是靠近扩大头处。土体位移方向指向孔口中心，由此表明开挖卸荷作用使得土体朝向开挖面临空方向变形。

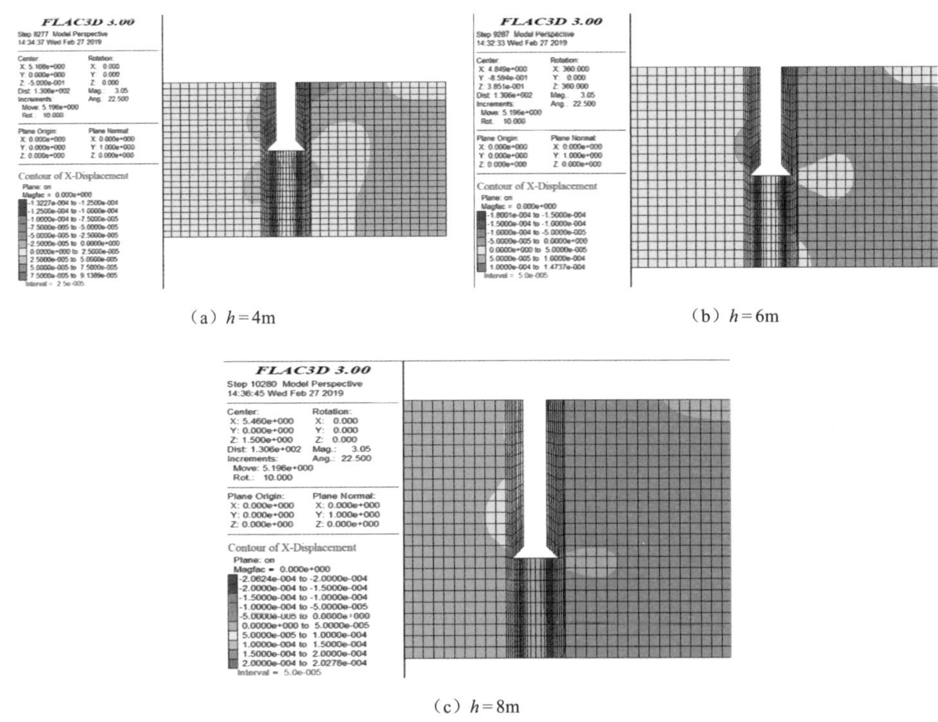

（a）$h=4$m

（b）$h=6$m

（c）$h=8$m

**图 6－44　1－1 截面水平向位移分布云图**

记孔口两侧的点分别为 A 和 B，扩大头两侧的点分别为 C 和 D，如图 6－45 所示。表 6－34 统计出开挖过程中不同开挖步结束时，A、B、C、D 四点的水平向位移值。由表 6－34 可知，轴线两侧土体的水平向位移不等，其中靠近钻机一侧 A 点较远离钻机一侧 B 点的水平向位移大。$h=4$m 时，A 点的位移达到

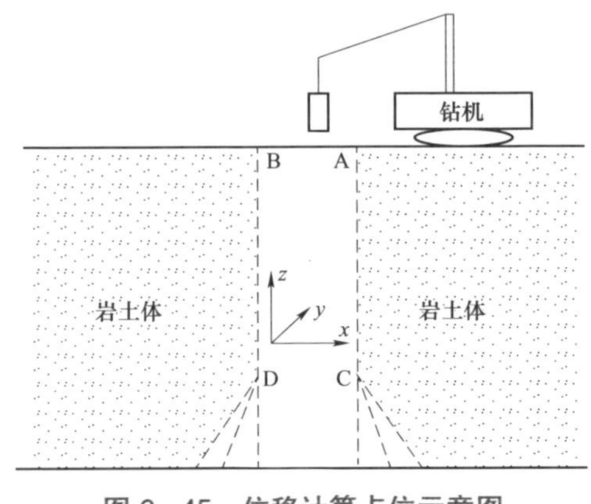


**图 6－45　位移计算点位示意图**

B 点位移的 2 倍，$h$=6m 和 $h$=8m 时，A 点位移约为 B 点位移的 1.5 倍。由此表明，钻机自重荷载对孔口土体水平向位移影响明显。

由表 6－34 可知，C 点和 D 点的位移大小关系与 A 点和 B 点恰恰相反，即 D 点水平位移大于 C 点水平位移。这主要由于临近钻机一侧的土体不断被压实，C 点所受到的竖向压力较 D 点要大，因此开挖卸荷作用导致其在水平方向的位移较 D 点要小。

表 6－34　　不同位置处孔壁土体位移值

| 孔深（m） | 土体状态 | 水平位移（mm） | | | |
|---|---|---|---|---|---|
| | | A 点 | B 点 | C 点 | D 点 |
| | 开挖前 | 0 | 0 | 0 | 0 |
| $h$=4 | 开挖后 | －0.132 2 | 0.076 3 | －0.047 8 | 0.080 5 |
| $h$=6 | 开挖后 | －0.180 0 | 0.120 2 | －0.098 5 | 0.135 1 |
| $h$=8 | 开挖后 | －0.206 2 | 0.143 0 | －0.163 1 | 0.202 8 |

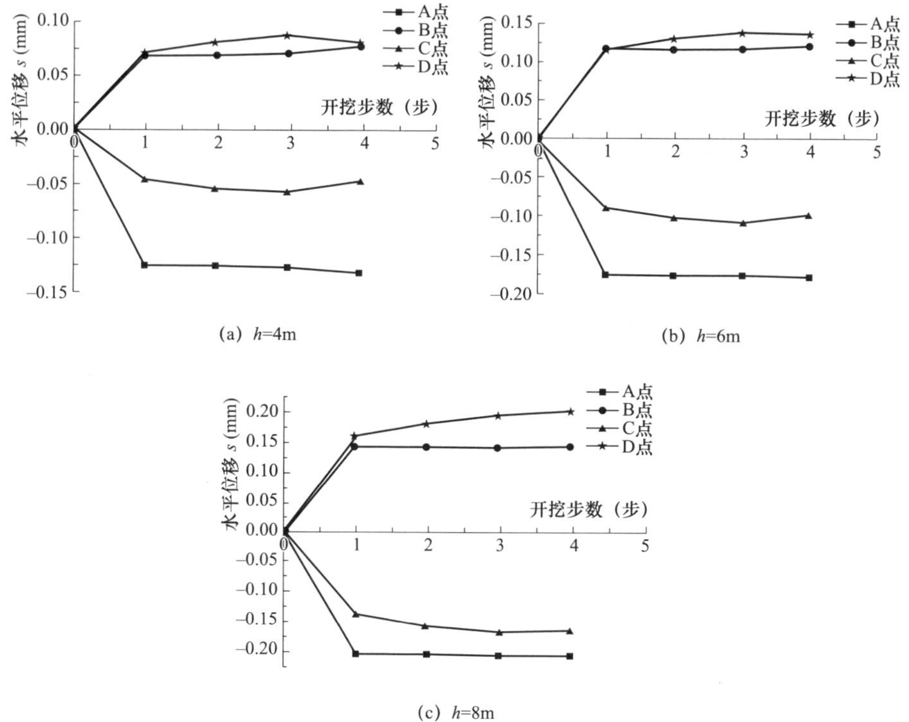


图 6－46　不同位置处水平位移与开挖步的关系曲线

图 6－46 所示为水平向位移随开挖步数的变化曲线，由图 6－46 可知，随

着开挖步数的增加，各点位移均呈递增趋势。其中第一步开挖引起的位移变化量约占总位移量的90%，占主导地位，第二、三、四步引起的水平位移较第一步引起的位移小很多。由此表明，开挖卸荷作用引起的土体位移在第一步开挖时最为明显，之后，随着开挖步数增加，位移趋向稳定。

#### 6.4.3.2 机械成孔过程孔壁土体塑性区变化规律

通过计算，获得了不同开挖步后，土体的塑性区分布，如图6-47所示。

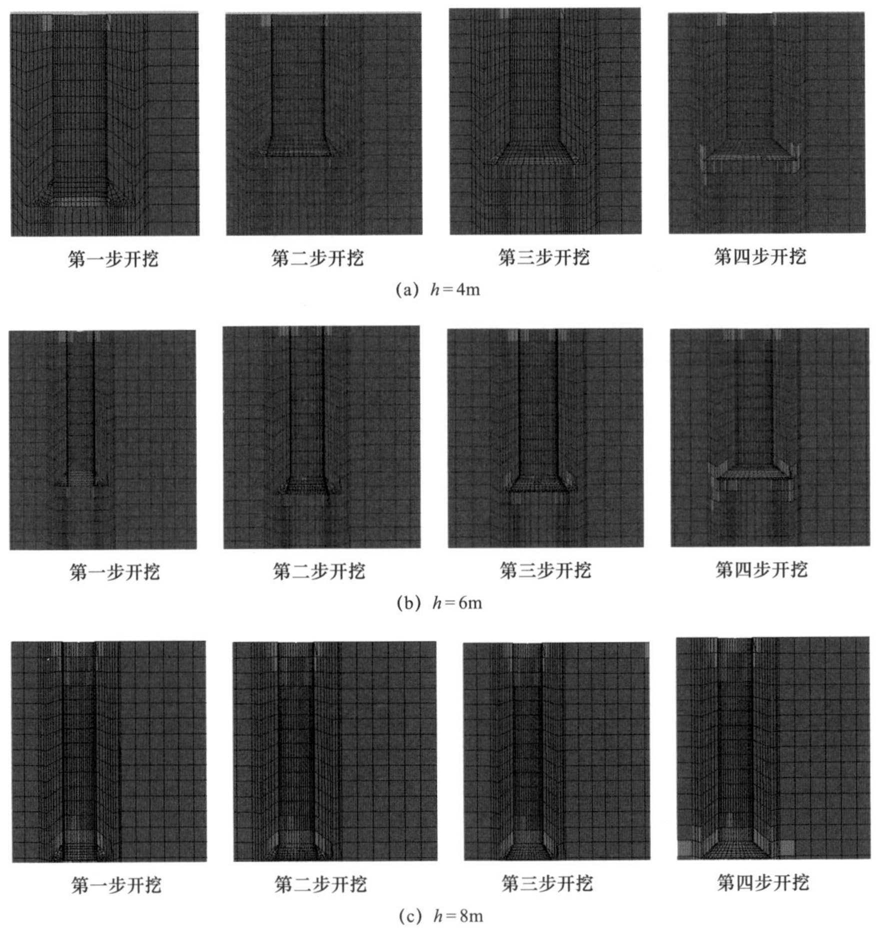


图6-47 1-1截面塑性区分布图

从图6-47中可以看出，孔壁不同位置处出现塑性区，其中孔口和扩大头附近区域塑性区面积最大。由此表明，在直柱段开挖过程中可能出现孔口附近极小范围土体的滑落，在扩大头段开挖过程中也可能出现扩大头局部非常小范围土体的掉落。由于开挖过程中未出现孔口至扩大头之间区域塑性区贯通的现象，由此表明开挖过程中孔壁土体不会发生整体的滑塌。

比较不同埋深的掏挖孔侧壁土体塑性区的分布，存在以下差异：

（1）孔口处和扩大头处的塑性区分布面积与埋深 $h$ 存在正相关的关系，即埋深 $h$ 越大，孔口和扩大头处塑性区分布越广。

（2）随着基础埋深 $h$ 的增加，扩大头外缘附近区域出现向外和向下延伸的塑形区，这表明开挖卸荷作用与开挖处的土体自重应力有关，自重应力越大，开挖卸荷作用越明显，扩大头处开挖面附近土体的破坏越强烈。

（3）轴线两侧孔口处塑性区的分布并未出现较大差异，这与土体水平位移的影响规律不同。由此表明，开挖卸荷作用引起孔口土体的塑性破坏随埋深 $h$ 的增加变化很小。

### 6.4.4　工程建议及措施

本节采用 FLAC3D 数值模拟软件，对旋挖钻机成孔过程中掏挖基础孔壁土体的变形破坏进行模拟分析，结论及工程措施建议如下：

（1）孔口两侧土体水平位移随着开挖的推进逐渐增加，第一步开挖后的位移变化量占总位移的 90%。钻机开挖卸荷对孔口两侧土体的水平向位移影响较为明显；扩大头处土体水平向位移的影响规律与孔口土体相反，即临近钻机侧土体位移较远离侧小，这主要由于钻机自重荷载与开挖卸荷共同作用。

（2）随着开挖过程的推进，孔口与扩大头附近区域出现的塑性区面积较大；其中直柱段在开挖过程中形成的局部塑形区可能引起该局部范围内土体的滑落，扩大头段开挖过程中出现的塑性区容易引起扩大头局部土体的掉落；但整个开挖成孔过程，未出现从孔口至扩大头之间区域塑性区的贯通，故开挖过程孔壁整体是稳定的。

（3）掏挖基础在机械化成孔施工过程中应重点关注孔口及扩大头附近局部区域的变形破坏，以便及时采取相应的加固支护措施。

# 附录A　基于ANSYS软件的数值网格模型建立命令流

## A.1　桩基础数值网格模型建立命令流

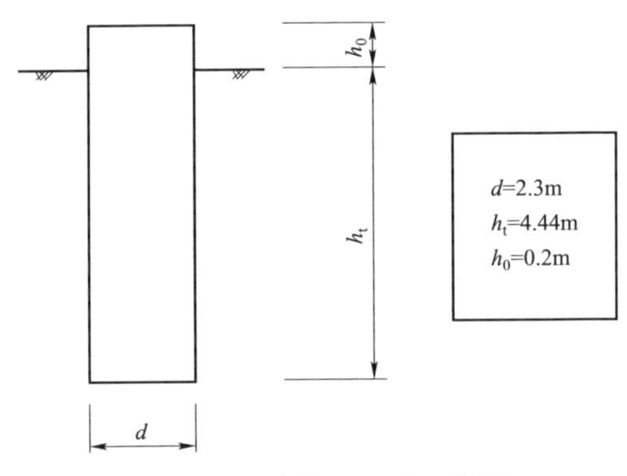


图A－1　桩基础尺寸示意图

```
!!!!!!!!!!!!!!!!!!!!!!!!!!!!!!!!!!!!!!!!!!!!!!!!!!!!!!!!!!!!!!!!!!!!!!!!!!!!!!!!!!!!!!! !!!!!! !!!!!!!!!!!!!!
/PREP7                                  !进入前处理层
/units,si                               !定义国际单位制
!!!!!!!!!!!!!!!!!!!!!!!!! !!!!!!!!!!!!!!!!!!!!几何模型的建立!!!!!!!!!! !!!! !!!! !!!! !!!! !!!! !!!! !!!! !
CYL4, , ,1.15, , , ,4.44                !定义入土圆柱段（半径1.15m，顶面高程4.44m）
CYLIND,1.15,0,4.44,4.64,0,360,          !定义出露圆柱段（半径1.15m，底面高程4.44m
                                        顶面高程4.64m）
VGLUE,all                               !将各段连接成整体
CM,pile,VOLU                            !定义桩组
VGEN,2,pile, , , , ,10, ,0              !拷贝桩离开地面10m

BLOCK,-10,10, -10,10, -20,0,            !定义地基尺寸为长×宽×高=20m×20m×20m，
                                        地面高程为0m
VGEN, ,Pile, , , , , -4.44, , ,1        !移动桩到地面下4.44m
VOVLAP,all                              !将桩嵌入地基中，并在地基中挖出桩的轮廓
vdele,pile,,,1                          !将地基中的桩体删除，形成桩孔
allsel,all                              !将桩孔的底面延伸至地基底面
asel,s,loc,z, -4.43, -4.45
allsel,below,area
```

```
VEXT,all, , ,0,0, −15.56,,,,              !延伸的长度为−(20m−4.44m)=−15.56m
allsel,all
vsel,s,loc,z, −20.1,0.1
allsel,below,volu
vovlap,all                                !将地基进行搭接布尔操作处理
allsel,all
wproff,,90.000000,                        !工作平面绕 WX 轴旋转 90°
VSBW,all
wpoff,0,0, −5                             !工作平面沿 WY 轴正向移动 5m
VSBW,ALL
wpoff,0,0,10                              !工作平面沿 WY 轴负向移动 5m
VSBW,ALL
wpro,,,90.000000                          !工作平面绕 WY 轴旋转 90°
VSBW,all
wpoff,0,0, −5                             !工作平面沿 WX 轴正向移动 5m
VSBW,ALL
wpoff,0,0,10                              !工作平面沿 WX 轴负向移动 5m
VSBW,ALL
wpro,,90.000000,                          !工作平面绕 WX 轴旋转 90°
wpoff,0,0,4.44                            !工作平面沿竖直方向(WZ 方向)向下移动 4.44m
VSBW,all
wpoff,0,0,5                               !工作平面沿竖直方向(WZ 方向)向下移动 5m
VSBW,all
!!!!!!!!!!!!!!!!!!!!!!!!! !!!!!!!!!!!!!!!!!!!!网格模型的建立!!!!!!!!!! !!!! !!!! !!!! !!!! !!!! !!!! !!!! !
!桩网格划分
ET,1,SOLID45                              !定义单元类型
vsel,s,loc,z,0,20                         !选择桩
ALLSEL,BELOW,VOLU                         !排除其他体
LESIZE,all,0.3, , , , , , ,1              !定义单元长度为 0.3m

!地基网格划分
allsel,all                                !选择所有对象
lsel,s,loc,z, −9,0.1                      !选择地基和桩接触的线
ALLSEL,BELOW,line
lsel,r,loc,x, −2,2
```

```
allsel,below,line
lsel,r,loc,y,-2,2
allsel,below,line
lsel,u,loc,x,-0.05,0.05
lsel,u,loc,y,-0.05,0.05
allsel,below,line
LESIZE,all,0.2, , , , , , ,1                !定义单元长度为 0.2m

allsel,all                                  !选择所有对象
vsel,s,loc,z,-9.5,1
vsel,r,loc,x,-4,4
vsel,r,loc,y,-4,4
allsel,below,volu
/replot
lsel,r,loc,x,-5.1,-4.9
ALLSEL,BELOW,line
LESIZE,all,0.3, , , , , , ,1                !定义单元长度为 0.3m

allsel,all                                  !选择所有对象
vsel,s,loc,z,-9.5,1
vsel,r,loc,x,-4,4
vsel,r,loc,y,-4,4
allsel,below,volu
/replot
lsel,r,loc,x,4.9,5.1
ALLSEL,BELOW,line
LESIZE,all,0.3, , , , , , ,1                !定义单元长度为 0.3m

allsel,all                                  !选择所有对象
vsel,s,loc,z,-9.5,1
vsel,r,loc,x,-4,4
vsel,r,loc,y,-4,4
allsel,below,volu
/replot
lsel,r,loc,y,-5.1,-4.9
```

```
ALLSEL,BELOW,line
LESIZE,all,0.3, , , , , , ,1                   !定义单元长度为 0.3m

allsel,all                                     !选择所有对象
vsel,s,loc,z,-9.5,1
vsel,r,loc,x,-4,4
vsel,r,loc,y,-4,4
allsel,below,volu
/replot
lsel,r,loc,y,4.9,5.1
ALLSEL,BELOW,line
LESIZE,all,0.3, , , , , , ,1                   !定义单元长度为 0.3m

allsel,all                                     !选择所有对象
vsel,s,loc,z,-9.5,1
vsel,r,loc,x,-4,4
vsel,r,loc,y,-4,4
allsel,below,volu
/replot
lsel,r,loc,x,-0.1,0.1
ALLSEL,BELOW,line
lsel,u,loc,y,-1.5,1.5
ALLSEL,BELOW,line
LESIZE,all,0.2, , , , , , ,1                   !定义单元长度为 0.2m

allsel,all                                     !选择所有对象
vsel,s,loc,z,-9.5,1
vsel,r,loc,x,-4,4
vsel,r,loc,y,-4,4
allsel,below,volu
/replot
lsel,r,loc,y,-0.1,0.1
ALLSEL,BELOW,line
lsel,u,loc,x,-1.5,1.5
ALLSEL,BELOW,line
```

```
LESIZE,all,0.2, , , , , , ,1                !定义单元长度为 0.2m
/replot
allsel,all                                   !选择所有对象
vsel,s,loc,z,-9.5,1
vsel,r,loc,x,-4,4
vsel,r,loc,y,-4,4
allsel,below,volu
VSWEEP,all                                   !单元剖分

allsel,all                                   !选择所有对象
vsel,s,loc,z,-9.5,1
vsel,r,loc,x,-4,4
vsel,r,loc,y,-4,4
allsel,below,volu
cm,MIDUP,volu                                !定义中间上面组名为 MIDUP
ALLSEL,ALL
CMSEL,U,MIDUP
ALLSEL,BELOW,VOLU
VSEL,S,LOC,Z,-20,-15
VSEL,R,LOC,X,-5,5
VSEL,R,LOC,Y,-5,5
ALLSEL,BELOW,VOLU
CM,MIDDOWN,VOLU                              !定义中间下面组 MIDDOWN

ALLSEL,ALL                                   !选择所有对象
CMSEL,U,MIDUP
CMSEL,U,MIDDOWN
vsel,u,loc,z,0,20
ALLSEL,BELOW,VOLU
!选择地基边界线
LESIZE,all,0.5, , , , , , ,1                !定义单元长度为 0.5m
VSWEEP,all                                   !单元剖分

allsel,all                                   !选择所有对象
vsel,s,loc,z,0,20                            !选择桩
```

```
ALLSEL,BELOW,VOLU
VSWEEP,all                              !桩单元剖分

!材料的定义
vsel,s,loc,z,－21,0.1
allsel,below,volu
EMODIF,all,MAT,2,
allsel,all
!建模结束

!显示离散网格体系
/NUMBER,1
/PNUM,MAT,1
/REPLOT
```

## A.2 掏挖基础数值网格模型建立命令流

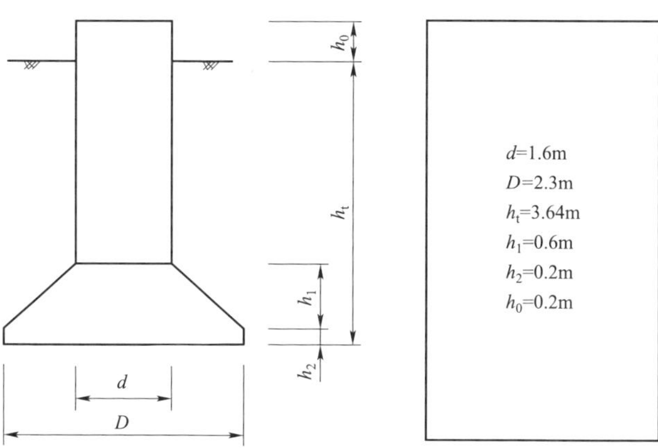


图 A-2 掏挖基础尺寸示意图

```
!!!!! !!!!!!!!!!! !!!!! !!!!!!!!!!!!!!!!!!!!!!!!!!!!!!!!!!!!!!!!!!!!!!!!!!!!!!!!!!!!!!!!!!!!!!!!!!!!!!!
/PREP7                                  !进入前处理层
/units,si                               !定义国际单位制
!!!!!!!!!!!!!!      !!!!!!!!!!!!!!!!!!!!!!!!!几何模型的建立!!!!!!!!!!!!!!!!!!!!!!!!!!!!!!!!!!!!!
CYL4, , ,1.15, , , ,0.2                 !定义扩底圆柱段（半径 1.15m,顶面高程 0.2m）
CONE,1.15,0.8,0.2,0.8,0,360,            !定义扩底圆台段（底半径 1.15m,顶半径 0.8m,
                                        底面高程 0.2m,顶面高程 0.8m）
```

```
CYLIND,0.8,0,0.8,3.64,0,360,           !定义直圆柱段（底半径 0.8m,底面高程 0.8m,顶面高程 3.64m）
CYLIND,0.8,0,3.64,3.84,0,360,          !定义出露直圆柱段（底半径 0.8m,底面高程 3.64m,顶面高程 3.84m）
VGLUE,all                              !将各段连接成整体
CM,pile,VOLU                           !定义桩组
VGEN,2,pile, , , , ,10, ,0             !拷贝基础离开地面 10m
BLOCK,–10,10, –10,10, –20,0,           !定义地基的尺寸为长×宽×高=20×20×20,地面高程为 0m
VGEN, ,Pile, , , , , –3.64, , ,1       !移动基础到地面下 3.64m
VOVLAP,all                             !将基础嵌入地基中，并在地基中挖出基础的轮廓
vdele,pile,,,1                         !将地基中的基础删除，在地基中形成基础的孔位
allsel,all                             !将地基中基础孔位延伸至地基底面
asel,s,loc,z, –3.6, –3.7
allsel,below,area
VEXT,all, , ,0,0, –16.36,,,,           !延伸的长度为– (20m–3.64m)= –16.36m
allsel,all
vsel,s,loc,z, –20.1,0.1
allsel,below,volu
vovlap,all                             !将地基进行搭接布尔操作处理
allsel,all
wpro,,90.000000,                       !工作平面绕 WX 轴旋转 90°
VSBW,all
wpoff,0,0, –5                          !工作平面沿 WY 轴正向移动 5m
VSBW,ALL
wpoff,0,0,10                           !工作平面沿 WY 轴负向移动 5m
VSBW,ALL
wpro,,,90.000000                       !工作平面绕 WY 轴旋转 90°
VSBW,all
wpoff,0,0, –5                          !工作平面沿 WX 轴正向移动 5m
VSBW,ALL
wpoff,0,0,10                           !工作平面沿 WX 轴负向移动 5m
VSBW,ALL
```

```
wpro,,90.000000,                    !工作平面绕 WX 轴旋转 90°
wpoff,0,0,2.84                      !工作平面沿竖直方向(WZ 方向)向下移动 2.84m
VSBW,all
wpoff,0,0,0.6                       !工作平面沿竖直方向(WZ 方向)向下移动 0.6m
VSBW,all
wpoff,0,0,0.2                       !工作平面沿竖直方向(WZ 方向)向下移动 0.2m
VSBW,all
wpoff,0,0,5                         !工作平面沿竖直方向(WZ 方向)向下移动 5m
VSBW,all
!!!!!!!!!!!!!! !!!!!!!!!!!!!!!!!!!!!!!!!网格模型的建立!!!!!!!!!!!!!!!!!!!!!!!!!!!!!!!!!!!
!掏挖基础网格划分
ET,1,SOLID45                        !定义单元类型
vsel,s,loc,z,0,20                   !选择基础
ALLSEL,BELOW,VOLU                         !排除其他体
LESIZE,all,0.2, , , , , , ,1        !单元尺寸为 0.2m
!地基网格划分
allsel,all                          !选择所有对象
lsel,s,loc,z,-8,0.1                 !选择地基和基础接触的线
ALLSEL,BELOW,line
lsel,r,loc,x,-2,2
allsel,below,line
lsel,r,loc,y,-2,2
allsel,below,line
lsel,u,loc,x,-0.05,0.05
lsel,u,loc,y,-0.05,0.05
allsel,below,line
LESIZE,all,0.2, , , , , , ,1        !单元尺寸为 0.2m

!选择地基内侧边界线
allsel,all                          !选择所有对象
vsel,s,loc,z,-9,1
vsel,r,loc,x,-4,4
vsel,r,loc,y,-4,4
allsel,below,volu
/replot
```

```
lsel,r,loc,x,-5.1,-4.9
ALLSEL,BELOW,line
LESIZE,all,0.3, , , , , , ,1                !单元尺寸为 0.3m
allsel,all                                  !选择所有对象
vsel,s,loc,z,-9,1
vsel,r,loc,x,-4,4
vsel,r,loc,y,-4,4
allsel,below,volu
/replot
lsel,r,loc,x,4.9,5.1
ALLSEL,BELOW,line
LESIZE,all,0.3, , , , , , ,1                !单元尺寸为 0.7m

allsel,all                                  !选择所有对象
vsel,s,loc,z,-9,1
vsel,r,loc,x,-4,4
vsel,r,loc,y,-4,4
allsel,below,volu
/replot
lsel,r,loc,y,-5.1,-4.9
ALLSEL,BELOW,line
LESIZE,all,0.3, , , , , , ,1                !单元尺寸为 0.3m

allsel,all                                  !选择所有对象
vsel,s,loc,z,-9,1
vsel,r,loc,x,-4,4
vsel,r,loc,y,-4,4
allsel,below,volu
/replot
lsel,r,loc,y,4.9,5.1
ALLSEL,BELOW,line
LESIZE,all,0.3, , , , , , ,1                !单元尺寸为 0.3m

allsel,all                                  !选择所有对象
vsel,s,loc,z,-9,1
```

```
vsel,r,loc,x,-4,4
vsel,r,loc,y,-4,4
allsel,below,volu
/replot
lsel,r,loc,x,-0.1,0.1
ALLSEL,BELOW,line
lsel,u,loc,y,-1.5,1.5
ALLSEL,BELOW,line
LESIZE,all,0.2,,,,,,,1                !单元尺寸为 0.2m

allsel,all                            !选择所有对象
vsel,s,loc,z,-9,1
vsel,r,loc,x,-4,4
vsel,r,loc,y,-4,4
allsel,below,volu
/replot
lsel,r,loc,y,-0.1,0.1
ALLSEL,BELOW,line
lsel,u,loc,x,-1.5,1.5
ALLSEL,BELOW,line
LESIZE,all,0.2,,,,,,,1                !单元尺寸为 0.2m
/replot
allsel,all                            !选择所有对象
vsel,s,loc,z,-9,1
vsel,r,loc,x,-4,4
vsel,r,loc,y,-4,4
allsel,below,volu
VSWEEP,all                            !单元剖分

allsel,all                            !选择所有对象
vsel,s,loc,z,-9,1
vsel,r,loc,x,-4,4
vsel,r,loc,y,-4,4
allsel,below,volu
cm,midup,volu                         !定义中间上面组名为 midup
```

```
ALLSEL,ALL
CMSEL,U,MIDUP
ALLSEL,BELOW,VOLU
VSEL,S,LOC,Z,-20,-15
VSEL,R,LOC,X,-5,5
VSEL,R,LOC,Y,-5,5
ALLSEL,BELOW,VOLU
CM,MIDDOWN,VOLU                         !定义中间下面组 middown

ALLSEL,ALL                              !选择所有对象
CMSEL,U,MIDUP
CMSEL,U,MIDdown
vsel,u,loc,z,0,20
ALLSEL,BELOW,VOLU
!选择地基边界线
LESIZE,all,0.5, , , , , , ,1            !单元尺寸为 0.5m
VSWEEP,all                              !单元剖分

allsel,all                              !选择所有对象
vsel,s,loc,z,0,20                       !选择基础
ALLSEL,BELOW,VOLU
VSWEEP,all                              !基础单元剖分

!材料的定义
vsel,s,loc,z,-21,0.1
allsel,below,volu
EMODIF,all,MAT,2,
allsel,all
!建模结束

!显示
/NUMBER,1
/PNUM,MAT,1
/REPLOT
```

## A.3　嵌固基础数值网格模型建立命令流

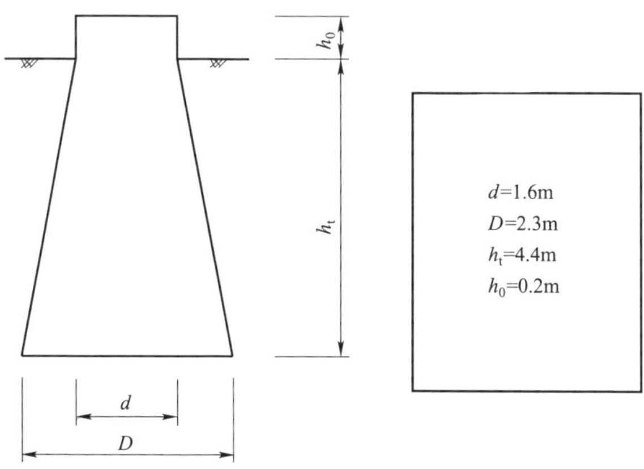


图 A-3　嵌固基础尺寸示意图

```
!!!!!!!!!!!!!!!!!!!!!!!!!!!!!!!!!!!!!!!!!!!!!!!!!!!!!!!!!!!!!!!!!!!!!!!!!!!!!! !!!!!!!!!!!!!!!!!!!!!!!!!!!!!! !!!!!!!!!!
/PREP7                                      !进入前处理层
/units,si                                   !定义国际单位制
!!!!!!!!!!!!!!!!!!!!!!!!!!!!!几何模型的建立!!!!!!!!!!!!!!!!!!!!!!!!!!!!!!!!!!!!!!
CONE,1.15,0.8,0,4.44,0,360,                 !定义入岩圆台段（底半径 1.15m，顶半径
                                            0.8m，底面高程 0m，顶面高程 4.44m）
CYLIND,0.8,0,4.44,4.64,0,360,               !定义出露圆柱段（半径= 0.8m，底面高程
                                            4.44m 顶面高程 4.64m）
VGLUE,all                                        !将各段连接成整体
CM,pile,VOLU                                     !定义桩组
VGEN,2,pile, , , , ,10, ,0                  !拷贝基础离开地面 10m
BLOCK,–10,10,–10,10,–20,0,                  !定义地基的尺寸为长×宽×高=20m×20m×
                                            20m，地面高程为 0m
VGEN, ,Pile, , , , ,–4.44, , ,1             !移动基础到地面下 4.44m
VOVLAP,all                                  !将基础嵌入地基中
vdele,pile,,,1                              !将基础删除
allsel,all                                  !将基础底面延伸至地基底面
asel,s,loc,z,–4.43,–4.45
allsel,below,area
VEXT,all, , ,0,0,–15.56,,,,                 !延伸的长度为–(20m–4.44m)=–15.56m
allsel,all
```

```
vsel,s,loc,z,–20.1,0.1
allsel,below,volu
vovlap,all                              !将地基进行搭接布尔操作处理
allsel,all
wproff,,90.000000,                      !工作平面绕 WX 轴旋转 90°
VSBW,all
wpoff,0,0,–5                            !工作平面沿 WY 轴正向移动 5m
VSBW,ALL
wpoff,0,0,10                            !工作平面沿 WY 轴负向移动 5m
VSBW,ALL
wpro,,,90.000000                        !工作平面绕 WY 轴旋转 90°
VSBW,all
wpoff,0,0,–5                            !工作平面沿 WX 轴正向移动 5m
VSBW,ALL
wpoff,0,0,10                            !工作平面沿 WX 轴负向移动 5m
VSBW,ALL
wpro,,90.000000,                        !工作平面绕 WX 轴旋转 90°
wpoff,0,0,4.44                          !工作平面沿竖直方向(WZ 方向)向下移动 4.44m
VSBW,all
wpoff,0,0,5                             !工作平面沿竖直方向(WZ 方向)向下移动 5m
VSBW,all
!!!!!!!!!!!!!!!!!!!!!! 网格模型的建立!!!!!!!!!!!!!!!!!!!!!!!!!!!!!!!!!!!!!!!!
!嵌固基础网格划分
ET,1,SOLID45                            !定义单元类型
vsel,s,loc,z,0,20                       !选择基础
ALLSEL,BELOW,VOLU                            !排除其他体
LESIZE,all,0.3, , , , , , ,1            !定义单元长度为 0.3m

!地基网格划分
allsel,all                              !选择所有对象
lsel,s,loc,z,–9,0.1                     !选择地基和基础接触的线
ALLSEL,BELOW,line
lsel,r,loc,x,–2,2
allsel,below,line
lsel,r,loc,y,–2,2
```

```
allsel,below,line
lsel,u,loc,x,-0.05,0.05
lsel,u,loc,y,-0.05,0.05
allsel,below,line
LESIZE,all,0.2,,,,,,,1                    !定义单元长度为 0.2m

allsel,all                                 !选择所有对象
vsel,s,loc,z,-9.5,1
vsel,r,loc,x,-4,4
vsel,r,loc,y,-4,4
allsel,below,volu
/replot
lsel,r,loc,x,-5.1,-4.9
ALLSEL,BELOW,line
LESIZE,all,0.3,,,,,,,1                    !定义单元长度为 0.3m

allsel,all                                 !选择所有对象
vsel,s,loc,z,-9.5,1
vsel,r,loc,x,-4,4
vsel,r,loc,y,-4,4
allsel,below,volu
/replot
lsel,r,loc,x,4.9,5.1
ALLSEL,BELOW,line
LESIZE,all,0.3,,,,,,,1                    !定义单元长度为 0.3m

allsel,all                                 !选择所有对象
vsel,s,loc,z,-9.5,1
vsel,r,loc,x,-4,4
vsel,r,loc,y,-4,4
allsel,below,volu
/replot
lsel,r,loc,y,-5.1,-4.9
ALLSEL,BELOW,line
LESIZE,all,0.3,,,,,,,1                    !定义单元长度为 0.3m
```

```
allsel,all                              !选择所有对象
vsel,s,loc,z,-9.5,1
vsel,r,loc,x,-4,4
vsel,r,loc,y,-4,4
allsel,below,volu
/replot
lsel,r,loc,y,4.9,5.1
ALLSEL,BELOW,line
LESIZE,all,0.3, , , , , , ,1            !定义单元长度为0.3m

allsel,all                              !选择所有对象
vsel,s,loc,z,-9.5,1
vsel,r,loc,x,-4,4
vsel,r,loc,y,-4,4
allsel,below,volu
/replot
lsel,r,loc,x,-0.1,0.1
ALLSEL,BELOW,line
lsel,u,loc,y,-1.5,1.5
ALLSEL,BELOW,line
LESIZE,all,0.2, , , , , , ,1            !定义单元长度为0.2m

allsel,all                              !选择所有对象
vsel,s,loc,z,-9.5,1
vsel,r,loc,x,-4,4
vsel,r,loc,y,-4,4
allsel,below,volu
/replot
lsel,r,loc,y,-0.1,0.1
ALLSEL,BELOW,line
lsel,u,loc,x,-1.5,1.5
ALLSEL,BELOW,line
LESIZE,all,0.2, , , , , , ,1            !定义单元长度为0.2m
/replot
allsel,all                              !选择所有对象
```

```
vsel,s,loc,z,-9.5,1
vsel,r,loc,x,-4,4
vsel,r,loc,y,-4,4
allsel,below,volu
VSWEEP,all                          !单元剖分

allsel,all                          !选择所有对象
vsel,s,loc,z,-9.5,1
vsel,r,loc,x,-4,4
vsel,r,loc,y,-4,4
allsel,below,volu
cm,MIDUP,volu                       !定义中间上面组名为 MIDUP
ALLSEL,ALL
CMSEL,U,MIDUP
ALLSEL,BELOW,VOLU
VSEL,S,LOC,Z,-20,-15
VSEL,R,LOC,X,-5,5
VSEL,R,LOC,Y,-5,5
ALLSEL,BELOW,VOLU
CM,MIDDOWN,VOLU                     !定义中间下面组 MIDDOWN

ALLSEL,ALL                          !选择所有对象
CMSEL,U,MIDUP
CMSEL,U,MIDDOWN
vsel,u,loc,z,0,20
ALLSEL,BELOW,VOLU
!选择地基边界线
LESIZE,all,0.5,,,,,,,1              !定义单元长度为 0.5m
VSWEEP,all                          !单元剖分

allsel,all                          !选择所有对象
vsel,s,loc,z,0,20                   !选择基础
ALLSEL,BELOW,VOLU
VSWEEP,all                          !基础单元剖分
```

```
!材料的定义
vsel,s,loc,z,-21,0.1
allsel,below,volu
EMODIF,all,MAT,2,
allsel,all
!建模结束

!显示离散网格体系
/NUMBER,1
/PNUM,MAT,1
/REPLOT
```

# 附录 B　架空输电线路杆塔基础地基基础体系数值模拟建模步骤

本专著详细介绍了五种常见结构型式的杆塔基础几何模型建立和数值网格划分（数值网格模型）的操作步骤，其他结构型式基础的数值网格模型的建立虽与上文所述略有差异，但整体思路和操作步骤基本相同。为了便于读者更好、更加全面地掌握数值建模技术，现对目前架空输电线路工程中常用杆塔基础数值网格模型建模步骤和操作细节进行概括和总结，见表 B－1。

表 B－1　架空输电线路工程中常用杆塔基础数值网格模型建模步骤及操作细节

<table>
<tr><th colspan="2">常见杆塔基础分类</th><th>数值网格模型的建模步骤及操作细节</th></tr>
<tr><td rowspan="2">开挖基础</td><td>刚性台阶基础</td><td rowspan="2">步骤：① 根据基础尺寸确定地基计算域尺寸；② 利用 ANSYS 软件建立基础几何模型；③ 利用 ANSYS 软件建立地基计算域几何模型；④ 通过布尔“减法”操作在地基计算域中生成基础孔；⑤ 通过一系列布尔操作完成几何模型的建立；⑥ 进行地基基础几何模型的网格划分。<br>操作细节：具体操作细节参照 3.1 掏挖基础地基基础体系几何模型和网格模型的建立</td></tr>
<tr><td>柔性板式基础</td></tr>
<tr><td colspan="2">掏挖基础</td><td>步骤：① 根据基础尺寸确定地基计算域尺寸；② 利用 ANSYS 软件建立基础几何模型；③ 利用 ANSYS 软件建立地基计算域几何模型；④ 通过布尔“减法”操作在地基计算域中生成基础孔；⑤ 通过一系列布尔操作完成几何模型的建立；⑥ 进行地基基础几何模型的网格划分。<br>操作细节：具体操作细节见 3.1 掏挖基础地基基础体系几何模型和网格模型的建立</td></tr>
<tr><td rowspan="2">岩石基础</td><td>岩石锚杆基础</td><td>步骤：① 根据锚杆尺寸确定地基计算域尺寸；② 利用 ANSYS 软件建立地基计算域几何模型；③ 进行地基计算域几何模型的网格划分；④ 将网格模型导入 FLAC3D 软件进行锚杆单元的建立。<br>操作细节：具体操作细节参照 3.1 岩石锚杆基础、短桩锚杆复合基础地基基础体系几何模型和网格模型的建立</td></tr>
<tr><td>岩石嵌固基础</td><td>步骤：① 根据基础尺寸确定地基计算域尺寸；② 利用 ANSYS 软件建立基础几何模型；③ 利用 ANSYS 软件建立地基计算域几何模型；④ 通过布尔“减法”操作在地基计算域中生成基础孔；⑤ 通过一系列布尔操作完成几何模型的建立；⑥ 进行地基基础几何模型的网格划分。<br>操作细节：具体操作细节参照 3.1 岩石嵌固基础地基基础体系几何模型和网格模型的建立</td></tr>
<tr><td colspan="2">桩基础</td><td>步骤：① 根据基础尺寸确定地基计算域尺寸；② 利用 ANSYS 软件建立基础几何模型；③ 利用 ANSYS 软件建立地基计算域几何模型；④ 通过布尔“减法”操作在地基计算域中生成基础孔；⑤ 通过一系列布尔操作完成几何模型的建立；⑥ 进行地基基础几何模型的网格划分。<br>操作细节：具体操作细节见 3.1 桩基础地基基础体系几何模型和网格模型的建立</td></tr>
<tr><td rowspan="2">复合基础</td><td>掏挖岩石锚杆复合基础</td><td rowspan="2">步骤：① 根据锚杆尺寸确定地基计算域尺寸；② 利用 ANSYS 软件建立基础几何模型；③ 利用 ANSYS 软件建立地基计算域几何模型；④ 进行地基基础几何模型的网格划分；⑤ 将网格模型导入 FLAC3D 软件进行锚杆单元的建立。<br>操作细节：具体操作细节见 3.1 短桩锚杆复合基础地基基础体系几何模型和网格模型的建立</td></tr>
<tr><td>开挖岩石锚杆复合基础</td></tr>
</table>

# 附录C 基于FLAC3D的杆塔基础地基变形破坏模拟程序通用命令流（以掏挖基础为例）

```
;;;;;;;;;;;;;;;;;;;;;;;;;;;;;;;;;;调用模型文件;;;;;;;;;;;;;;;;;;;;;;;;;;;;;;;;

new
restore model.sav
;;;;;;;;;;;;;;;;;;;;;;;;;;;;;;;;;;定义掏挖基础和土层;;;;;;;;;;;;;;;;;;;;;;;;;;;;;;;;
group soil range x  -11 11 y  -11 11 z  -16.36 3.64
group pile range group soil not
plot add surface yellow range group soil
plot add surface red range group pile
plot show
;;;;;;;;;;;;;;;;;;;;;;;;;;;;;;;;;;; 掏挖基础的密度计算;;;;;;;;;;;;;;;;;;;;;;;;;;;;;;;;;;
def midu
r1=1.15                    ;基底半径
r2=0.8                     ;立柱半径
h2=0.6                     ;扩底圆台段高度
h3=0.2                     ;扩底圆柱段高度
h1=2.84                    ;立柱入土段长度
h4=0.2                     ;露头高度
G=204000
v=3.14159*r1*r1*h3+3.14159*r2*r2*(h1+h4)+3.14159*h2*(r1*r1+r1*r2+r2*r2)/3
rozi=G/v/9.8
end
midu
;;;;;;;;;;;;;;;;;;;;;;;;;;;;;;;;;;;定义材料参数;;;;;;;;;;;;;;;;;;;;;;;;;;;;;;
model elas range group pile
prop young 25e09 poisson 0.167 dens rozi range group pile
model mohr range group soil
prop young 3.5e07 poisson 0.3 cohe 13.5e03 fric 46.5 ten 13.5e03 dil 5 dens 2270 rang group soil
;;;;;;;;;;;;;;;;;;;;;;;;;;;;;;;;;定义重力加速度;;;;;;;;;;;;;;;;;;;;;;;;;;;;;
```

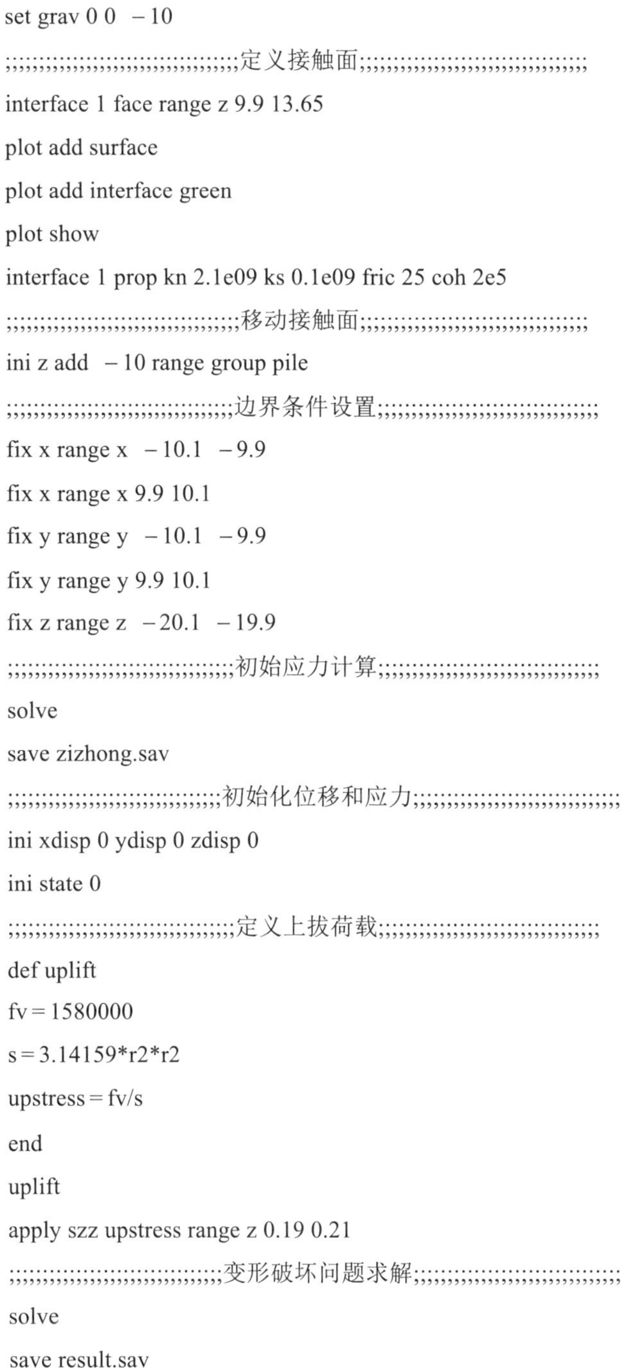

```
set grav 0 0 -10
;;;;;;;;;;;;;;;;;;;;;;;;;;;;;;;;;定义接触面;;;;;;;;;;;;;;;;;;;;;;;;;;;;;;;;
interface 1 face range z 9.9 13.65
plot add surface
plot add interface green
plot show
interface 1 prop kn 2.1e09 ks 0.1e09 fric 25 coh 2e5
;;;;;;;;;;;;;;;;;;;;;;;;;;;;;;;;;移动接触面;;;;;;;;;;;;;;;;;;;;;;;;;;;;;;;;
ini z add -10 range group pile
;;;;;;;;;;;;;;;;;;;;;;;;;;;;;;;;边界条件设置;;;;;;;;;;;;;;;;;;;;;;;;;;;;;;
fix x range x -10.1 -9.9
fix x range x 9.9 10.1
fix y range y -10.1 -9.9
fix y range y 9.9 10.1
fix z range z -20.1 -19.9
;;;;;;;;;;;;;;;;;;;;;;;;;;;;;;;;初始应力计算;;;;;;;;;;;;;;;;;;;;;;;;;;;;;;
solve
save zizhong.sav
;;;;;;;;;;;;;;;;;;;;;;;;;;;;;;初始化位移和应力;;;;;;;;;;;;;;;;;;;;;;;;;;;;
ini xdisp 0 ydisp 0 zdisp 0
ini state 0
;;;;;;;;;;;;;;;;;;;;;;;;;;;;;;;;定义上拔荷载;;;;;;;;;;;;;;;;;;;;;;;;;;;;;;
def uplift
fv=1580000
s=3.14159*r2*r2
upstress=fv/s
end
uplift
apply szz upstress range z 0.19 0.21
;;;;;;;;;;;;;;;;;;;;;;;;;;;;;;变形破坏问题求解;;;;;;;;;;;;;;;;;;;;;;;;;;;;
solve
save result.sav
```

# 参 考 文 献


[1] 郑颖人，沈珠江，龚晓南．岩土塑性力学原理［M］．北京：中国建筑工业出版社，2002．

[2] 龚晓南．土塑性力学．2版［M］．杭州：浙江大学出版社，1997．

[3] 郑颖人，陈祖煜，王恭先，等．边坡与滑坡工程治理［M］．北京：人民交通出版社，2007．

[4] 罗先启，刘德富．西北口面板堆石坝面板温度应力分析，《第六届全国水利水电工程青年学术词论会论文集》［C］．北京：水利水电出版社，1995．

[5] Feng Xiating，Katsuyama K，Wang Yongjia，et al. A new direction：intelligent rock mechanics and rock engineering［J］．Int．J．of Rock Mech．Min．Sci．，1997，34（1）：135－141．

[6] 冯夏庭，刁心宏．智能岩石力学（1）—导论［J］．岩石力学与工程学报，1999，18（2）：222－226．

[7] 冯夏庭，杨成祥．智能岩石力学（2）—参数与模型的智能辨识［J］．岩石力学与工程学报，1999，18（3）：350－353．

[8] 盛谦．深挖岩质边坡开挖扰动区与工程岩体力学性状研究［D］．中国科学院研究生院博士学位论文，2002．

[9] 胡斌．高边坡岩体流变参数的智能识别和长期稳定性研究［D］．中国科学院研究生院博士学位论文，2005．

[10] 陈炳瑞．岩石工程长期稳定性智能反馈分析方法及应用研究［D］．东北大学博士学位论文，2006．

[11] 江权．高地应力下硬岩弹脆塑性劣化本构模型与大型地下洞室群围岩稳定性分析［D］．中国科学院研究生院博士学位论文，2007．

[12] 张传庆．基于破坏接近度的岩石工程安全性评价方法的研究［D］．中国科学院研究生院博士学位论文，2007．

[13] 张振华．深切河谷岸坡开挖过程动态预警方法研究［D］．中国科学院研究生院博士论文，2008．

[14] Itasca Consulting Group Inc.. Fast language analysis of continua in 3 dimensions（version 3.0）［M］．［S.l.］：User's Manual. Itasca Consulting Group，Inc.，2005．

[15] 孙钧，蒋树屏，袁勇，等．岩土力学反演问题的随机理论与方法［M］．汕头：汕头大学出版社，1996．

[16] 杨林德，朱合华，等．岩土工程问题的反演理论与工程实践［M］．北京：科学出版社，1996．64－72．

[17] Sakurai，S. Field measurements for the design of the Washuzan tunnel in Japan s［C］，Proc

5th Congre of the Int Soc for Rock Mechanic，Melbourne，10－15，April，Publ Rotterdam，A.A.Balkema，Vol1，P215－218，1983.

［18］王芝银，刘怀恒．粘弹塑性有限元分析及其在岩石力学与工程中的应用［J］．西安矿业学院学报，1985（1）：62－73.

［19］陈子荫．围岩力学分析中的解析方法［M］．北京：煤炭工业出版社，1994．303－315.

［20］樱井春辅．地下洞室设计和监控的一种途径［J］．虽达丛译，1986（4）：13－15.

［21］杨志法，等．有限元法图谱［M］．北京：科学出版社，1988：15－42.

［22］Gioda G，Pandolfi A，Cividini A．A comparative evaluation of some backs analysis algorithms and their application to in－situ load tests［C］．In：Proc 2nd Symp on Field Measurement in Geom，1987：1131－1144.

［23］郑颖人，张德徽，高效伟．应变空间弹塑性反演计算的边界元法［C］．第一届全国计算岩土力学研讨会论文集．峨嵋：西南交通大学出版社，1987.

［24］吕爱钟，王泳嘉．隧道位移反分析的测点最优布置［C］．第四届全国岩土力学数值分析方法谈论会论文集．武汉：武汉测绘科技大学出版社，1991．121－128.

［25］朱永全，景诗庭，张清．桃坪隧道围岩参数的随机反演［J］．石家庄铁道学院学报 1995，8（2）：38－41.

［26］蒋树屏，赵阳．复杂地质条件下公路隧道围岩监控量测与非确定性反分析研究［J］．岩石力学与工程学报，2004，23（20）：3460－3464.

［27］Zhang Q．The application of neural network to rock mechanics and rock engineering［J］．Int．J．of Rock Mech．Min．Sci．1997，34（1）：135－141.

［28］李端有，李迪，马水山．三峡永久船闸开挖边坡岩体力学参数反分析［J］．长江科学院报，1998，15（2）：10－13.

［29］蒋中明，徐卫亚，邵建富．基于人工神经网络的初始场应力三维反分析［J］．河海大学学报，2002，30（3）：52－56.

［30］周保生，朱维申．巷道围岩参数的人工神经网络预测［J］．岩土力学，1999，20（1）：22－26.

［31］李晓红，靳晓光，亢会明，卢义玉．隧道位移智能化反分析及其应用［J］．地下空间，2001，21（4）：299－304.

［32］姜谙男，冯夏庭，高玮，茹忠亮．大型洞室群收敛位移分析的集成智能研究［J］．岩石力学与工程学报，2002，21（2）：2501－2505.

［33］周建春，魏琴，刘光栋．采用 BP 神经网络反演隧道围岩力学参数［J］．岩石力学与工程学报，2004，23（6）：941－945.

［34］戴荣，李仲奎．三维地应力场 BP 反分析的改进［J］．岩石力学与工程学报，2005，24（1）：83－88.

［35］杨林德，颜建平，王悦照，王启耀．围岩变形的时效特征与预测［J］．岩石力学与工

程学报，2005，24（2）：212－216.
［36］郭凌云，肖明．大型洞室群参数反演研究及工程应用［J］．岩土工程技术，2005，19（3）：118－122.
［37］陈育民，徐鼎平．FLAC/FLAC3D 基础与工程实例．2 版［M］．北京：中国水利水电出版社．
［38］童瑞铭，鲁先龙，等．戈壁滩地区输电线路碎石地基杆塔基础研究技术报告［R］．北京：中国电力科学研究院，2009.
［39］崔强．组合荷载作用下扩底基础上拔土体破坏模式及抗拔极限承载力计算方法理论研究［R］．北京：中国电力科学研究院，2011.
［40］崔强．黄土地基大荷载杆塔原状土直柱基础承载特性试验［R］．北京：中国电力科学研究院，2013.
［41］崔强，杨文智．短桩－岩石锚杆复合基础研究［R］．北京：中国电力科学研究院，2017.
［42］崔强，张振华，鲁先龙，等．扩底基础上拔土体破坏模式及滑动面特征研究［J］．金属矿山，2010（11）：161－164.
［43］张振华，崔强，安占礼．上拔与水平荷载综合作用下某碎石土场地扩底基础地基土体破裂面形态分析［J］．固体力学学报，2014，35 卷专刊`：41－47.
［44］崔强，童瑞铭．上拔荷载作用下的输电线路掏挖基础地基土变形与强度参数反演研究［J］．建筑科学，2014，30 卷增刊－2：46－52.
［45］丁士君，鲁先龙，滕军林．原状土掏挖式基础扩底自立稳定分析［J］．电力建设，2009，30（05）：39－41.
［46］曾二贤，冯衡，胡星，等．输电线路掏挖基础的孔壁稳定性分析及判别［J］．电力建设，2010，31（08）：17－20.
［47］鲁先龙，程永峰．戈壁抗拔基础承载性能试验与计算［M］．北京：中国电力出版社，2015，104－112.
［48］彭柏兴，王星华．红层软岩工程特性及其大直径嵌岩桩若干问题研究［D］．中南大学博士学位论文，2008.
［49］崔强，张振华，安占礼，鲁先龙．组合荷载作用下扩底基础地基土体破坏模式及滑动面几何特征分析［J］．电网与清洁能源，2013，29（3）：12－18.
［50］崔强，孟宪乔，杨少春．扩径率与入岩深度对岩基挖孔基础抗拔承载特性影响的试验研究［J］．岩土力学，2016，S2：195－202.
［51］崔强，何西伟，曹丹金，等．输电线路掏挖基础机械成孔过程中孔壁土体稳定性分析［J］．冰川冻土，2016，（6）922－928.
［52］崔强，童瑞铭，刘生奎．基础尺寸对碎石土地基扩底基础上拔承载力影响的现场试验研究［J］．土木建筑与环境工程，2016，38（6）：17－23.
［53］崔强，周亚辉，童瑞铭．上拔扩底基础与地基土体承载特性差异性分析［J］．岩土力

学，2016，S2：476－482.

［54］崔强，邢明，杨文智，等. 喀斯特地区短桩锚杆复合基础现场抗拔试验及设计方法研究［J］. 岩石力学与工程学报，2018，37（11）：2621－2630.

［55］崔强，程永锋，鲁先龙等. 强风化岩中挖孔基础抗拔试验及荷载位移曲线模型参数研究［J］. 岩土力学，2018，39（12）：1371－1384.

# 索　引